普通高等教育新形态一体化教材
普通高等院校生命科学精品教材

生命科学导论（医学版）

（第三版）

主　编　闫云君

副主编　徐　莉　唐朝晖

编　委　高尚邦　张后今　张珞颖　刘秀丽

华中科技大学出版社
http://www.hustp.com
中国·武汉

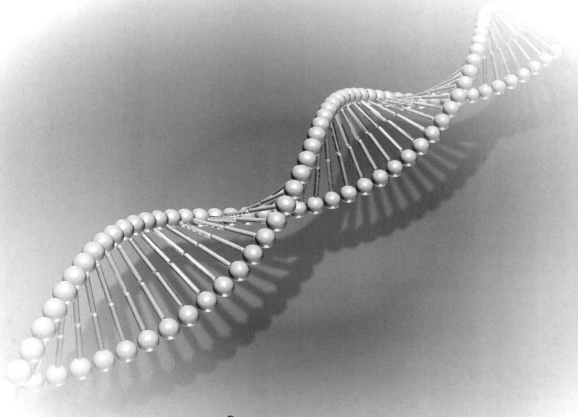

内 容 提 要

《生命科学导论(医学版)》(第三版)是医学专业学生通用教材,是为了普及生命科学基本理论体系和基本知识,特别是医学专业没有涉及的宏观生物学理论而编写的,因此在内容的设置上强调了基础性、系统性和宏观性。全书主要包括:生物多样性与生命的基本特征,生命的物质基础、生物体的结构和机能,生命的起源,物种进化,生态系统、环境与健康,现代生命科学与人类未来,生命科学的研究方法,以及生命科学的体系。

本书可供医学高等院校各专业本科生学习使用,还可作为从事医学相关专业的教学人员的参考书。

图书在版编目(CIP)数据

生命科学导论:医学版/闫云君主编. —3 版. —武汉:华中科技大学出版社,2020.11(2023.8 重印)
ISBN 978-7-5680-6617-4

Ⅰ.①生… Ⅱ.①闫… Ⅲ.①生命科学-高等学校-教材 Ⅳ.①Q1-0

中国版本图书馆 CIP 数据核字(2020)第 214771 号

生命科学导论(医学版)(第三版)
Shengming Kexue Daolun(Yixue Ban)(Di-san Ban)

闫云君 主编

策划编辑:王汉江
责任编辑:王汉江
封面设计:刘　婷
责任监印:徐　露
出版发行:华中科技大学出版社(中国·武汉)　　电话:(027)81321913
　　　　　武汉市东湖新技术开发区华工科技园　　邮编:430223
录　　排:华中科技大学惠友文印中心
印　　刷:武汉市籍缘印刷厂
开　　本:787mm×1092mm　1/16
印　　张:15.75
字　　数:484 千字(含网络资源 96 千字)
版　　次:2023 年 8 月第 3 版第 2 次印刷
定　　价:46.00 元

线上作业及资源网的使用说明

建议学员在 PC 端完成注册、登录、完善个人信息及验证学习码的操作。

一、PC 端学员学习码验证操作步骤

1. 登录

（1）登录网址 http://dzdq. hustp. com，完成注册后点击登录。输入账号、密码（学员自设）后，提示登录成功。

（2）完善个人信息（姓名、学号、班级、学院、任课老师等信息请如实填写，因线上作业计入平时成绩），将个人信息补充完整后，点击保存即可完成注册登录。

2. 学习码验证

（1）刮开本书封底所附学习码的防伪涂层，可以看到一串学习码。

（2）在个人中心页点击"学习码验证"，输入学习码，点击"验证"按钮，即可验证成功。点击"学习码验证"→"已激活学习码"，即可查看刚才激活的课程学习码。

3. 查看课程

点击"我的资源"→"我的课程"，即可看到新激活的课程，点击课程，进入课程详情页。

4. 做题测试

点开"进入学习"按钮即可查看相关资源，进入习题页，选择具体章节开始做题。做完之后点击"我要交卷"按钮，随后学员即可看到本次答题的分数统计。

二、手机端学员扫码操作步骤

1. 手机扫描二维码，提示登录；新用户先注册，然后再登录。

2. 登录之后，按页面要求完善个人信息。

3. 按要求输入本书的学习码。

4. 学习码验证成功后，即可扫码看到对应的习题。

5. 习题答题完毕后提交，即可看到本次答题的分数统计。

扫码领课

任课老师可根据学员线上作业情况给出平时成绩。

若在操作上遇到什么问题可咨询陈老师（QQ:514009164）和王老师（QQ:14458270）。

郑重声明:本教材一书一码,请妥善保管。请勿购买盗版图书。

前言

2007 年笔者从科学技术部回到学校任教,承担了华中科技大学同济医学院医学专业本科生"生命科学导论"课程的教学任务,牵头编写了讲义,制作了多媒体课件,经过 3 年试用,学生反映尚可。因此,根据华中科技大学同济医学院教学改革的有关要求,并结合医学专业学生的实际情况,笔者在上述讲义基础上编写了《生命科学导论(医学版)》教材。

在编写这本教材时,笔者有一些基本的考虑:既然是医学专业的"生命科学导论"课程,就应该对学生普及生命科学基本理论体系和基本知识,特别是医学专业没有涉及的宏观生物学理论。因此,对该教材中涉及医学的内容尽量予以弱化,但并不忽略医学本身的重要性,而是在生命科学体系的背景下理解医学,让学生有一个全景式认识,树立"既能看清树木,又能知晓森林"的全局观。为此,本教材在内容设置上强调了基础性、系统性和宏观性,并把医学纳入生命科学范畴,力求二者融为一体。

针对医学院各专业特点,以提高医学专业学生的生命科学理论素养、形成初步概念体系和理论体系及系统和宏观思维方式为目标,本教材在内容上以当代科学对生命本质的认识为纲,多角度展示生命科学发展对人类健康、社会发展及生产实践的重要指导和推动作用,以及学科交叉融合对生命科学发展的深远影响。通过介绍生命科学基本知识、生命科学领域的最新进展和发展方向,医学专业学生初步建立起现代生命科学知识理论体系;帮助医学专业学生了解生命科学的学科特征及其对医学发展的重要意义;提高医学专业学生的科学素养,促进知识迁移,主动适应职业需求变化,增强社会实践能力和社会责任感。

本教材在编写过程中涉及了一些不太熟悉领域的内容,参考了相关书籍,查询了网络,引用了相关经典教材的部分内容,并尽最大努力标明来源出处,如仍有少许疏忽,在此致歉,并敬请相关方面谅解,笔者会在以后的版本中给予修正和补充。另外,由于笔者水平有限,文中难免有不妥之处,敬请读者批评、指正。

信息技术的快速发展,推进了教育教学的信息化。为适应这股信息化潮流,我们在 2014年第二版的基础上,对分类学内容进行了删减,增加了一些必要内容及最新科技进展的相关知识,如在"病毒"章节中引入了"SARS""新型冠状病毒"等内容,在"生物体的基本结构"中加入了主要亚细胞的介绍,在"生物体的主要机能"中加入"光合作用""衰老"等内容,在"生命科学的发展趋势"中加入"合成生物学""仿生学"等内容,在"研究方法"中加入"冷冻电镜"等生命科学研究的尖端技术,以期在内容上更趋完善。同时,按照立体教材的要求,补充了课件(PPT)、现场教学视频,以及课后作业等电子资源,力求线上线下相互呼应、融通,提高学生的学习效果。

　　本教材的编写和出版离不开许多人的关心与帮助。华中科技大学生命科学与技术学院的刘曼西教授提供了"生命科学导论"课程的雏形多媒体,这是本书的起点,同时还要感谢她给予笔者的指导和无私帮助。感谢同课程组的袁明雄副教授、付春华教授、栗茂腾教授对本书编写和出版提供的宝贵意见与帮助。另外,徐莉副教授、唐朝晖教授为本教材的编写付出了大量心血,并全程参与稿件审校。在此,感谢所有对本教材出版有过帮助的人!

闫云君

2020 年 11 月

目录

绪 论

0.1 什么是生命?

生命科学的终极目标是回答生命的本质问题。在日常生活中,人们能很容易地区分什么是生物,什么是非生物,但是从科学的角度,很难全面而准确地回答什么是生命。可以说,迄今为止,尚未有一个为多数科学家所接受的关于生命的定义,其中的缘由在于人们很难用简单的定义概括如此复杂而又丰富多彩的生命形式。与此同时,人们对生命现象的一些基本问题还不十分明了,如生命的产生与生物进化机制,这些问题仍然等待人类进一步探索。

尽管生物种类繁多,数量非常巨大,生命现象错综复杂,但随着对生命现象研究的深入,可归纳出以下一些生命的共性特征。

(1) 化学成分的同一性。从元素组成看,生命体都是由 C、H、O、N、P、S、Ca 等元素构成的。从分子成分看,生命体中有蛋白质、核酸、脂肪、糖类、维生素等多种有机分子。

(2) 严整有序的结构。除病毒外,生命的基本单位是细胞,细胞内的各结构单元(细胞器)都有特定的结构和功能。生物界本身就是一个多层有序结构,其基本次序是:原子→分子→生物大分子→细胞器→细胞→组织→器官→系统→个体→种群→群落→生态系统→生物圈。每一个层次中的各个结构单元都有各自特定的功能和结构,它们的协调活动构成了复杂有序的生命系统。

(3) 新陈代谢。生物不断从外界吸收物质和能量,这些物质在生物体内发生一系列变化,最后以代谢最终产物排出体外,并伴随各种生命活动释放出热能。

(4) 生长发育特性。生物能通过新陈代谢的作用而不断地生长、发育,遗传因素在其中起决定性作用,外界环境因素也有很大影响。

(5) 繁殖和遗传变异。生物能不断地繁殖下一代,使生命得以延续。生物的遗传是由基因决定的,生物的某些性状会发生变异;没有可遗传的变异,生物就不可能进化。

(6) 应激能力。生物接受外界刺激后会产生应激反应。

(7) 进化。生物表现出明确的不断演变和进化的趋势,地球上的生命从原始的单细胞生物开始,经过了多细胞生物形成、各生物物种辐射产生,以及高等智能生物人类出现等重要的发展阶段后,形成了今天庞大的生物体系。

0.2　什么是生命科学?

生命科学(life science or bioscience)是研究生命现象,生命活动的本质、特征和发生、发展规律,以及各种生物之间和生物与环境之间相互关系的科学,用于有效地控制生命活动,能动地改造生物界,造福人类。生命科学与人类生存、人民健康、经济建设和社会发展有着密切关系,是当今全球范围内最受关注的基础自然科学。它系统地阐述与生命特性有关的重大课题,对于生命科学的深入了解无疑也将促进物理、化学等其他知识领域的发展。例如,我们对单一神经元的活动了如指掌,但对数以百亿计的神经元组合成大脑后如何产生智力却一无所知。随着对这一问题的逐步深入研究也将会相应地改变人类的知识结构。生命科学研究不但依赖物理、化学知识,也依靠它们提供的仪器,如光学和电子显微镜、蛋白质电泳仪、超速离心机、X射线仪、核磁共振分光计、正电子发射断层扫描仪等。生命科学学家也是由各个学科领域汇聚而来,学科间的交叉渗透产生了许多前景无限的发展点与新兴学科。

生命科学已研究或正在研究的重大课题包括:生物物质的化学本质是什么? 这些物质在体内是如何相互转化并表现出生命特征的? 生物大分子的组成和结构是怎样的? 细胞是怎样工作的? 形形色色的细胞怎样完成多种多样的功能? 基因作为遗传物质是怎样起作用的? 什么机制促使细胞复制? 一个受精卵细胞在发育成由许多不同类型的细胞构成的高度分化的多细胞生物的过程中怎样使用其遗传信息? 多种类型细胞是怎样结合起来形成器官和组织的? 物种是怎样形成的? 什么因素引起进化? 人类现在仍在进化吗? 在一个特定的生态小生境中物种之间的关系怎样? 何种因素支配着此生境中每一物种的数量? 动物行为的生理学基础是什么? 记忆是怎样形成的? 记忆存储在什么地方? 哪些因素能够影响学习和记忆? 智力由何而来? 除了在地球上,宇宙空间还有其他有智慧的生物吗? 生命是怎样起源的?

0.3　什么是医学?

医学(medicine)是以治疗、预防生理疾病和提高人体生理机体健康为目的的学科。狭义的医学是指疾病的治疗和机体有效功能的极限恢复,广义的医学还包括养生学和由此衍生的营养学。现在世界上的医学主要包括西方微观西医学和东方宏观中医学两大体系。医学的科学性在于应用基础医学的理论使之不断得到完善和实践的验证。

医学可分为现代医学(通常说的西医学)和传统医学(包括中医学、藏医学、蒙医学等)多种医学体系。不同地区和民族都有相应的一些医学体系,印度传统医学系统被认为很发达。医学研究领域大方向包括基础医学、临床医学、检验医学、预防医学、保健医学及康复医学等。

0.4　20 世纪的生命科学

20 世纪是自然科学发展史上最辉煌的时代。进入 20 世纪以来,科学技术的发展无论在深度还是广度上都远远超过了过去几千年的总和。其间,相对论、量子理论的提出对物理学产生了深远的影响,使得人们不得不承认 20 世纪是物理学的世纪。然而,以 20 世纪 50 年代初所建立的 DNA 双螺旋结构模型为标志,近 50 年来生命科学在分子水平上的研究取得了重大进展,特别是 20 世纪最后 20 年生命科学的迅猛发展令世人瞩目;人类基因组计划的完成标志着生命科学已进入大科学时代,并引领全球进入"组学"时代;1996 年体细胞克隆绵羊多莉的诞生是 20 世纪自然科学最激动人心的科研成果之一;利用基因操作技术培育的转基因食品已摆上了普通百姓的餐桌;基因治疗已开始用于临床来挽救生命。可以预期,随着生命科学的发展,在不久的将来世界还将会有更多的奇迹出现。

根据权威统计,科学引文索引(science citation index,SCI)共收录全世界 4623 种科技刊物,其中,影响因子最高的前 50 种刊物就有 43 种为生命科学刊物,占 86%。随着分子生物学的飞速发展,促使传统的物理学、化学、数学及计算机科学等众多应用科学交叉到生命科学领域,一个以生命科学为核心、多学科协同发展的自然科学新时代已经到来。由此,世界科技界公认 21 世纪是生命科学的世纪,人类已经走进生命科学世纪。

0.5　适应 21 世纪科技挑战的人才培养

21 世纪是生命科学的世纪,生命科学全方位的发展呼唤着培养更多高水平的复合型科技人才。目前,大学生中所普遍存在的问题已经暴露了高校在人才培养结构和模式上的缺陷和不足,那种细分专业、过于强调专业化培养的模式使学生知识面过窄,思维僵化,缺乏创新,已经不适应科技进步和社会发展所需要的宽口径、厚基础、创造性的复合型人才。生命科学涉及面广,与其他学科的交叉融合面宽,对于医科学生尤其必要。

"生命科学导论(医学类)"是一门融合基础知识与前沿进展的综合性课程,是医学专业学生一门重要的通识课,其包括以下主要内容。

(1) 生物多样性与生命的基本特征。

(2) 生命的物质基础、生物体的结构和机能。

(3) 生命的起源。

(4) 物种进化。

(5) 生态系统、环境与健康。

(6) 现代生命科学与人类未来。

(7) 生命科学的研究方法。

(8) 生命科学的体系。

开设本课程主要是为了加深学生对生命的形态特征、生命科学探索和生命科学的重要性等几个方面的认识;通过这些内容的介绍使学生对生命的定义、发展历史和研究热点及生命科学的研究方法有一个初步而全面的印象,产生学习兴趣;通过学习掌握生命的共同特征、生命科学的主要研究方法,了解生命科学的发展历史、生物多样性及与自然的和谐等内容。

第 1 章　生物多样性与生命的基本特征

1.1　生物的分类

1.1.1　生物分类学概述

生物分类学是研究生物分类方法和原理的生物学分支学科。分类就是遵循分类学的原理和方法,对生物的各种类群进行命名和等级划分。

地球上现有的生物物种数以百万计,而且千变万化,各不相同,如果不予分类,不建立科学分类系统,那么便无从识别,难以研究和利用。由于分类的对象是形形色色的物种,都是进化的产物,因此从理论意义上讲,分类学是对生物进化的历史总结。

分类学是一门综合性学科,从古老的形态学到现代分子生物学的新成就,生物学的各个分支都可作为分类依据。分类学亦有其自己的分支学科,如以染色体为依据的细胞分类学,以血清反应为依据的血清分类学,以化学成分为依据的化学分类学,等等。动物、植物和细菌作为三门分类学各有其特点,病毒分类则尚未正式采用双名制和阶元系统。

1.1.2　生物分类学的历史

人类在很早以前就能识别生物类别并给以名称。如汉初的《尔雅》把动物分为虫、鱼、鸟、兽等四类。虫包括大部分无脊椎动物,鱼包括鱼类、两栖类、爬行类等低级脊椎动物及鲸和虾、蟹、贝类等,鸟是指鸟类,兽是指哺乳动物。这是中国古代最早的动物分类,四类名称的产生时期不晚于西周。这个分类和瑞典植物学家林奈(C. Linnaeus)的六纲系统相比,只少了两栖纲和蠕虫纲。

古希腊哲学家亚里士多德(Aristotle)首次把生物分为能动的动物和不能动的植物两大界。他采取性状对比的方法区分生物类,如把热血动物归为一类,以与冷血动物相区别;把动物按构造的完善程度依次排列,给人以自然阶梯的概念。

17世纪末,英国植物学家雷(J. Ray)曾把当时所知的植物种类进行了属和种的描述,所著的《植物研究的新方法》是林奈之前最全面的一本植物分类总结。雷还提出将"杂交不育"作为区分物种的标准。

近代分类学诞生于18世纪,它的奠基人是瑞典的林奈。林奈为分类学解决了两个关键问题:一是建立了双名制,对每一物种都给以一个学名,学名由两个拉丁名词组成,第一个名词代表属名,第二个名词代表种名;二是确立了阶元系统,把自然界分为植物、动物和矿物三界,在动植物界下又设有纲、目、属、种四个级别。

每一物种都隶属一定的分类系统,占有一定的分类地位,可以按阶元查对检索。林奈在1753年出版的《植物种志》和1758年第10版《自然系统》中首次将阶元系统应用于植物和动物分类。这两部经典著作标志着近代分类学的诞生。

林奈相信物种不变,他的著作《自然系统》中没有亲缘概念,其中六个动物纲是按哺乳类、鸟类、两栖类、鱼类、昆虫、蠕虫的顺序排列的。法国的拉马克(J. Lamarck)把这个颠倒了的系统扳正过来,从低级到高级排列成进化系统,并把动物区分为脊椎动物和无脊椎动物两类,并沿用至今。

由于林奈的进化观点在当时没有得到公认,因而对分类学影响不大。直到1859年达尔文(C. R. Darwin)的《物种起源》出版,进化思想才在分类学中得到贯彻。达尔文明确了分类研究的意义在于探索生物之间的亲缘关系,使分类系统成为生物系谱——系统分类学由此诞生。

1.1.3　生物分类学的基本内容

分类系统是阶元系统,通常包括七个主要级别:种、属、科、目、纲、门、界。种,即物种,是基本单元,近缘的种归为属,近缘的属归为科,科隶属于目,目隶属于纲,纲隶属于门,门隶属于界。

随着研究的进展,分类层次不断增加,单元上下还可附加次生单元,如总纲(超纲)、亚纲、次纲、总目(超目)、亚目、次目、总科(超科)、亚科等。此外,还可增设新的单元,如股、群、族、组等,其中最常设的是族,介于亚科和属之间。

列入阶元系统中的各级单元都有一个科学名称,分类工作的基本程序就是把研究对象归入一定的系统和级别,成为物类单元。所以,分类和命名是分不开的。种和属的学名后常附有命名人姓氏,以表明来源,便于查找文献。变种学名亦采取三名制,分类名称要求稳定,一个属或种(包括种下单元)只能有一个学名,一个学名只能用于一个对象(属或种)。如果一个学名有两个或多个对象者,便是"异物同名",必须对其核定最早命名对象,而其他同名对象则另取新名,这称为"优先律"。动物和植物分类学界各自制定了命名法规,所以在动物界和植物界间不存在异物同名问题。"优先律"是稳定学名的重要原则。

林奈首创的双名法规则如下:

属名　＋　种名　＋　(变种名)　＋　命名人

名词　　形容词　　　形容词　　　常用缩写(第一个字母大写)

属名首字母大写,生物学名部分均为拉丁文,并为斜体;命名人姓名部分为正体。如:

Homo sapiens L.

智人　聪明的

动物学运用双名法起始于1758年,植物学运用双名法起始于1820年,细菌学则起始于1980年1月1日。

鉴定学名是取得物种有关资料的手段,即使是前所未知的新种类,只要鉴定出其分类隶属,即可预见其一定特征。分类系统是检索系统,也是信息存取系统。许多分类著作,如基于区系调查的动植物志记述了某一国家或地区的动、植物种类情况,作为基本资料都能为鉴定、查考、研究服务。

物种是指一个动物或植物群,其所有成员在形态上极为相似,以至可以认为它们是一些变异很小的相同有机体,它们中各成员间可以正常交配并繁育出有生殖能力的后代。物种是生物分类的基本单元,也是生物繁殖的基本单元。

物种概念反映时代思潮。在林奈时代,人们相信物种是不变的,同种个体符合于同一"模式"。模式概念源于古希腊哲学,应用到整个分类系统,即假定所有阶元系统中的各级物类单元都各自符合于一个模式。

物种的变与不变曾经是进化论和特创论斗争的焦点,两种观点势不两立。但是分类学的事实说明,每一物种各有自己的特征,没有两个物种完全相同;而每个物种又保持一系列祖传特征,据之可以决定其界、门、纲、目、科、属、种的分类地位,并反映其进化历史。

分类工作的基本内容是区分物种和归并物种,前者是种级和种下分类,后者是种上分类。种群概念提高了种级分类水平,改进了种下分类,其要点是以亚种代替变种。亚种一般是指地理亚种,是种群的地理分化,具有一定的区别特征和分布范围。亚种分类反映物种分化,突出了物种的空间概念。

变种这一术语的用法过去很杂,有的指个体变异,有的指群体类型,意义很不明确,因此在动物分类中已被废除。在植物分类中,一般用于区分居群内部的不连续变体。生态型是生活在一定生境而具有一定生态特征的种内类型,常用于植物分类。人工选育的动、植物种下单元称为品种。

由于种内、种间变异错综复杂,有时分类学家对种的划分分歧很大。根据外部形态的异同程度而划分的物种称为形态种。对各种形态特征的重要性认识不一,使划分的种因人而异,尤其是分类学家对某些特征的"加权"常使它们比其他特征更具重要性,从而造成主观偏见。

一个物种或物类,乃至整个植物界和动物界,都有自己的历史。研究系统发育就是探索种类之间的历史渊源,以阐明亲缘关系,为分类提供理论依据。在分类学派中有综合(进化)分类学、分支系统学和数值分类学三大流派,其基本原理都有许多共同之处,区别在于各自强调不同的方面。

特征对比是分类的基本方法。所谓对比是异同的对比:"异"是区分种类的根据,"同"是合并种类的根据。分析分类特征,首先要考虑反映共同起源的共同特征,但其中有同源和非同源的不同。例如,鸟类的翼和兽类的前肢是同源器官,可以追溯到共同祖先,是"同源特征";恒温对于鸟兽是分别起源的,并非来自共同祖先,是"非同源特征"。系统分类采用同源特征,而非非同源特征。

林奈把生物分为两大类群,即固着的植物和活动的动物。两百多年来,随着科学的发展,人们逐渐发现这个两界系统存在着不少问题,但直到 20 世纪 50 年代,这种分类仍为一般教科书所遵从,基本上没有变动。

最初的问题产生于中间类型,如眼虫综合了动、植物两界的双重特征,既有叶绿体而营光合作用,又能行动而摄取食物。植物学家把它们列为藻类,称为裸藻;动物学家把它们列为原生动物,称为眼虫。中间类型是进化的证据,也成为分类学的难题。

为了解决这一难题,在 19 世纪 60 年代,人们建议设立一个由低等生物所组成的第三界,取名为原生生物界,包括细菌、藻类、真菌和原生动物。这个三界系统解决了动、植物界限难分的问题,但未被接受。整整 100 年后,直到 20 世纪 50 年代,该系统才开始流行了一段时间,为不少教科书所采用。

生命发展经历了几个重要阶段。最初的生命应是非细胞形态的生命,在细胞出现之前,必须有个"非细胞"或"前细胞"阶段。病毒即是一类非细胞生物,只是关于它们的来历,是原始类型还是次生类型,尚无定论。

从非细胞到细胞是生物发展的第二个重要阶段。早期的细胞是原核细胞,早期的生物称为原核生物(细菌、蓝藻)。原核细胞构造简单,没有核膜,没有复杂的细胞器。

从原核到真核是生物发展的第三个重要阶段。真核细胞具有核膜,整个细胞分化为细胞核和细胞质两个部分。细胞核内具有复杂的染色体装置,成为遗传中心;细胞质内具有复杂的细胞器结构,成为代谢中心。核质分化的真核细胞,其机体水平远远高于原核细胞。

从单细胞真核生物到多细胞真核生物是生物发展的第四个重要阶段。随着多细胞体系的出现,发展出了复杂的组织结构和器官系统,最后产生了高级的被子植物和哺乳动物。

植物、菌类和动物组成生态系统的三个环节。绿色植物是自养生物,是自然界的生产者。它们通过叶绿素进行光合作用,把无机物质合成为有机养分,供应自己的同时又提供给异养生物。菌类是异养生物,是自然界的分解者。它们从植物得到有机食料,又把有机食料分解为无机物质,反过来为植物提供生产原料。动物亦是异养生物,它们是消费者,是地球上最后出现的一类生物。

即使没有动物,植物和菌类仍可以存在,因为它们已经具备了自然界物质循环的两个基本环节,能够完成循环过程中合成与分解的统一。但是,如果没有动物,生物界不可能这样丰富多彩,更不可能产生人类。植物、菌类和动物代表生物进化的三条路线和三大进化方向。

1.1.4　自然分类证据

1.1.4.1　同功器官和同源器官

同功器官(analogous organ)指在功能上相同,有时形状也相似,但其来源与基本结构均不同。如蝶翼与鸟翼均为飞翔器官,但蝶翼是膜状结构,由皮肤扩展形成,而鸟翼是由脊椎动物前肢形成的,内有骨骼、外有羽毛。又如鱼鳃与陆栖脊椎动物的肺均为呼吸器官,但鱼鳃的鳃丝来自外胚层,而肺来自内胚层。

同源器官(homologous organ)指不同生物的某些器官基本结构、各部分和生物体的相互关系及胚胎发育的过程彼此相同,但在外形上有时并不相似,功能上也有差别。脊椎动物的前肢如鸟的翅膀、蝙蝠的翼膜、鲸的胸鳍、狗的前肢及人的上肢,虽然具有不同的外形,功能也并不尽相同,但却有相同的基本结构:内部骨骼都是由肱骨、前臂骨(桡骨、尺骨)、腕骨、掌骨和指骨组成;各部分骨块和动物身体的相对位置相同;在胚胎发育上从相同的胚胎原基以相似的过程发育而来。它们的一致性证明这些动物是从共同的祖先进化来的。但是这些动物在不同的环境中生活,向着不同的方向进化发展,该器官为了适应于不同的功能,因而产生了表面形态上的分歧。陆生脊椎动物的肺和鱼鳔也是同源器官。从胚胎发育看,肺和鳔同出于胚胎期原肠管的突出;从进化上看,两栖类的肺是从古代总鳍鱼的鳔演变而来的。植物也同样具有同源器官,如马铃薯的块茎和葡萄的卷须都是茎的变态,豌豆的卷须和小檗的刺都与叶是同源器官。在比较解剖学中特别注意同源器官的研究,它们为生物进化提供了直接的证据。

1.1.4.2　生物的科学分类

通常根据对物种间生物化学、免疫学、遗传学及分子生物学的研究结果,确定物种间亲缘关系并将其应用到分类学中。生物间免疫反应的强弱、同源的生物大分子的氨基酸顺序的差异、DNA 和 RNA 的核苷酸顺序的差异等都是极为有效的分类标准。如血红蛋白和细胞色素 c,两者在进化过程中均较保守,物种间差异较小,可用来确定不同物种间亲缘关系的远近。

细胞色素 c 是具有 104～112 个氨基酸的多肽,在进化上保守,200 万年才发生 1% 的改变。人与各种生物的细胞色素 c 的氨基酸差异如下:

黑猩猩—0;　猕猴—1;　狗—11;　金枪鱼—21;　酵母菌—45

利用生物大分子进化状况绘出生物界的系统树,和利用化石、比较形态学编制的系统树,是基本一致的,这说明以前利用形态特征制定的系统分类是正确的。

抗体抗原反应:抗血清(物种 A)+血清(物种 B),其中发生强沉淀的其亲缘关系较近(表1-1)。

表 1-1　家兔抗人血清与几种动物血清的滴定比值

人	黑猩猩	大猩猩	长臂猿	狒狒	蛛猴	狐猴	刺猬	猪
100	97	92	79	75	58	37	17	8

1.1.4.3　系统树

根据古生物学、比较形态学、分子生物学等知识,按亲缘关系将所有的生物门类排成一个树形图。系统树由海克尔(E. Haeckel)提出,他绘制了动物界和植物界全部的系统树,给生物学以很大的推动。但也有人认为,生物的系统关系不一定是树形的,把系统的图解(diagram)称为系统树是不恰当的。时至今日,科学家仍继续制作各种系统树,并且已相当普及。

图 1-1　魏泰克的五界系统示意图

1.1.4.4　生物的分界

1969 年,美国生物学家魏泰克(R. H. Whittaker)在已区分了植物与动物、原核生物与真核生物的基础上,又根据真菌与植物在营养方式和结构上的差异,把生物界分成了原核生物界、原生生物界、真菌界、植物界和动物界五界,即五界系统(图 1-1)。

五界系统反映了生物进化的三个阶段和多细胞阶段的三个分支,是有纵有横的分类。从纵的方面看,它显示了生命历史的三大阶段:原核阶段、真核单细胞阶段和真核多细胞阶段。从横的方面看,它展现了生物进化的三大方向:营光合作用的植物、吸收式营养的真菌和摄食式营养的动物。缺点是原生生物界仍然庞杂,包括全部原生动物和红藻、褐藻、绿藻以外的其他真核藻类,往往与动、植物混淆不清;病毒这一大类非细胞生物还没有被包括进去等。五界分类系统由于得到现代分子生物学资料的有力支持,很快被广泛接受,目前已成为生物分类的基础。

20 世纪 70 年代以来,我国学者陈世骧(1977 年)及国外一些学者对五界系统提出修订,针对五界系统存在的问题提出了一个更为完善的两总界(六界)系统,即原核总界和真核总界,六界包括病毒界、裂殖界、蓝藻界、真菌界、植物界、动物界。

表 1-2 列举了五界系统中五大生物类群之间的主要区别。

表 1-2　生物的分界

五界系统	原核生物界	原生生物界	真菌界	植物界	动物界
细胞	原核	真核	真核	真核	真核
纤毛	细菌鞭毛	鞭毛	9+2	9+2	9+2 或鞭毛(9+2)
细胞壁	有	有或无	有	有	无
细胞数	单细胞或群体			多细胞	
营养方式	异养,自养(光能、化能)	异养,光能自养	异养	光能自养	异养

1.2　生物的主要类群

1.2.1　病毒

1.2.1.1　简介

病毒(virus)是一类体积微小、结构简单、只含一种类型核酸(DNA 或 RNA)、严格活细胞内寄生、以复制方式增殖的非细胞型微生物。病毒不是真正的生物,能结晶,不具细胞形态,不具备代谢必需的酶系,也不能产生 ATP,所以病毒不能独立进行各种生命活动。由于病毒结构非常简单,常被用于研究分子生物学的材料。动、植物的很多疾病均由病毒引起,如艾滋病由人类免疫缺陷病毒(human immunodeficiency virus,HIV)引起,流行性乙型脑炎病毒(epidemic type B encephalitis virus)和森林脑炎病毒(forest encephalitis virus)引起脊椎动物急性或隐性的短期感染。在其媒介(蚊或蜱)体内由于没有特异性免疫,病毒可长期繁殖存在。烟草花叶病毒(tobacco mosaic virus,TMV)是最早分离出来的病毒。当 TMV 被纯化或结晶,将结晶病毒注入烟草中,病毒仍然能恢复活性,繁殖生长,并引起烟草患病。

1.2.1.2　病毒结构

病毒很小,多数单个病毒粒子的直径在 100 nm 左右,即把 1 万个左右的病毒粒子排列起来用肉眼才能勉强看到。病毒颗粒由核酸芯子和蛋白质衣壳构成。核酸芯子为 DNA 或 RNA 分子,一般只能含其中一种,单链或双链,核苷酸数目从几千个到 25 万个。蛋白质衣壳由衣壳体亚单位按一定的规律排列而成,给予病毒不同的形态。

动物病毒往往外被囊膜,是细胞膜或核膜的一部分,表面有糖蛋白分子。糖蛋白分子识别寄主细胞膜上的受体后,病毒就能侵入寄主细胞。

1.2.1.3　病毒类型

病毒必须在活的细胞中过寄生生活才能生存,因此各种生物的细胞便成为病毒的"家"。根据宿主的不同,可将病毒分为动物病毒、植物病毒、细菌病毒(噬菌体)和拟病毒(寄生在病毒中的病毒)等多种类型。

　　寄生在人或其他动物身上的病毒称为动物病毒,如人类的天花、肝炎、流行感冒、麻疹等疾病,动物的鸡瘟、口蹄疫等,都是因为病毒寄生于人体及家禽细胞而引起的。

　　寄生在植物体上的称为植物病毒,如烟草花叶病、大白菜孤丁病、马铃薯的退化病都是由植物病毒引起的。

　　还有一类寄生在细菌体内,以菌为食,因此称为噬菌体(phage),是细菌病毒。

　　有的病毒甚至没有蛋白质,只含有具有单独侵染性的较小型的核糖核酸(RNA)分子(类病毒),或只含有不具备侵染性的 RNA 分子(拟病毒)和没有核酸而有感染性的蛋白质颗粒(朊病毒)。我们把后三类统称为亚病毒。

1.2.1.4　病毒的繁殖

病毒只有在进入细胞后才能进行繁殖。

1. 噬菌体繁殖过程

　　噬菌体首先识别寄主细胞,之后尾丝、尾部顶端附着于寄主细胞壁,将核酸分子注入细菌(有壁)细胞内,然后在细菌细胞内复制噬菌体 DNA,接着以噬菌体的 DNA 为模板转录 mRNA,mRNA 翻译为蛋白质,组装成新的病毒个体。其特点是噬菌体繁殖所需的 ATP、酶、核苷酸、氨基酸等均由寄主细胞提供。

　　噬菌体又分为溶菌性噬菌体和溶原性噬菌体。溶菌性噬菌体使细菌破裂死亡,溶菌周期(病毒侵入和释出所需时间)为 20～30 min。溶原性噬菌体(lysogenic phage)亦称为温和噬菌体(temperate phage),其基因与寄主菌染色体整合,不产生子代噬菌体,但噬菌体 DNA 能随细菌 DNA 复制,并随细菌的分裂而传代。但是,溶原性噬菌体有时也可以脱离寄主 DNA 进入溶菌周期,从而在寄主细胞内复制增殖,产生许多子代噬菌体,并最终裂解细菌(图1-2)。

图 1-2　病毒侵入模拟图

(引自 Russell Kightley Media)

2. 真核细胞病毒的繁殖

　　动物病毒由动物吞入(吞毒作用),囊膜与寄主细胞膜融合,病毒衣壳被酶消化;植物病毒随昆虫(蚜虫)的口器进入细胞,然后通过胞间连丝在植物体内扩散。病毒核酸在寄主细胞质内复制或核内复制,并以病毒核酸为模板转录病毒 mRNA;病毒 mRNA 在细胞的核糖体上翻译、合成蛋白质,组装成衣壳;再由核酸、衣壳组装成新病毒,随细胞破裂而释放,几千个到 100 万个,并携带来自细胞膜或核膜的囊膜(图1-3)。

3. RNA 病毒的复制

　　RNA 病毒的复制包括 RNA→RNA 的复制和 RNA→DNA→RNA 的复制。

　　1) RNA→RNA 的复制

　　(1) 含正链 RNA 的病毒:进入寄主细胞后,首先合成复制酶和相关蛋白,然后由复制酶以正链 RNA 为模板,合成负链 RNA,再以负链 RNA 为模板,合成新的病毒 RNA,并与先合成的蛋白质组装成病毒颗粒,如脊髓灰质炎病毒。

（2）含有负链 RNA 的病毒：侵入寄主细胞后，借助病毒带入的复制酶以负链 RNA 为模板，合成正链 RNA，再以正链 RNA 为模板合成新的负链 RNA，同时由正链 RNA 合成复制酶及相关蛋白，再组装成新的病毒颗粒，如狂犬病病毒。

（3）含有双链 RNA 的病毒：侵入寄主细胞后在病毒复制酶的作用下，以双链 RNA 为模板进行不对称转录，合成正链 RNA，再以正链 RNA 为模板合成负链 RNA，形成病毒 RNA 分子，同时由正链 RNA 翻译出复制酶及相关蛋白，组装成新的病毒颗粒，如呼肠孤病毒。

2）RNA→DNA→RNA 的复制

逆转录病毒：含正链 RNA，在病毒特有的逆转录酶的催化下合成负链 DNA，进一步生成双链 DNA（前病毒），然后由寄主细胞酶系统以负链 DNA 为模板合成病毒的正链 RNA，同时翻译出病毒蛋白和逆转录酶，组成新的病毒颗粒，如 HIV 病毒。

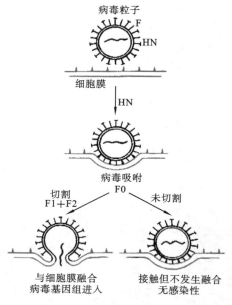

图 1-3　副黏病毒通过膜融合侵入

1.2.1.5　病毒病

病毒病非常广泛，如动物的口蹄疫，人的天花、乙型肝炎、艾滋病、狂犬病、脊髓灰质炎等。以下重点介绍艾滋病及新型冠状病毒肺炎。

1. 艾滋病

人的艾滋病是由人类免疫缺陷病毒（HIV）感染引起的。HIV 为一种逆转录病毒，含 2 个单链 RNA 分子，HIV 把人体免疫系统中最重要的 T4 淋巴组织作为攻击目标，大量破坏 T4 淋巴组织，产生高致命性的内衰竭。这种病毒在地域内终生传染，破坏人的免疫平衡，使人体成为各种疾病的载体。免疫系统被 HIV 破坏后，人体由于抵抗能力过低，丧失复制免疫细胞的机会，并感染其他的疾病，最终导致各种复合感染而死亡。HIV 在寄主细胞内逆转录成 DNA，再整入染色体成原病毒而潜伏，人和其他哺乳动物的免疫系统对此无能为力。它可重新产生新病毒，每繁殖一次都产生变异，使得寄主细胞的免疫系统不能发挥作用，一般药物也不起作用。HIV 在人体内的潜伏期平均为 9 年至 10 年，在发展成艾滋病以前，病人外表看上去正常，他们可以在没有任何症状的情况下生活和工作很多年。

目前，人类正在积极研制艾滋病的治疗方法及药物，鸡尾酒疗法是其中效果较好的一种。鸡尾酒疗法原指"高效抗逆转录病毒治疗"（HAART），由美籍华裔科学家何大一于 1996 年提出，是通过三种或三种以上的抗病毒药物联合使用来治疗艾滋病。该疗法的应用可以减少单一用药产生的抗药性，最大限度地抑制病毒的复制，使被破坏的机体免疫功能部分甚至全部恢复，从而延缓病程进展，延长患者生命，提高生活质量。该疗法把蛋白酶抑制剂与多种抗病毒的药物混合使用，从而使艾滋病得到有效控制。越来越多的科学家相信，混合药物疗法是对付艾滋病的最有效治疗方法，既可阻止艾滋病病毒繁殖，又可防止体内产生抗药性的病毒。

近年来,人类在艾滋病疫苗的研究上取得了较大的进步,2013 年 6 月 21 日,研究人员在南非第六届艾滋病大会上宣布:目前世界上唯一被证明部分有效的 RV144 艾滋病疫苗,已在南非展开试验。RV144 艾滋病疫苗已经过 20 多年的研制,2009 年曾在泰国进行过试验,这种疫苗能够帮助部分人避免感染,但有效性只有 31.2%,下一次大规模的艾滋病疫苗测试,也将在南非展开。

2. 新型冠状病毒肺炎

新型冠状病毒肺炎(Corona Virus Disease 2019,COVID-19)是新型冠状病毒感染人类导致的严重呼吸道疾病。COVID-19 为有包膜的正链 RNA 病毒,其病毒基因组大小约 30 kb,其刺突糖蛋白(S)特异性识别和结合宿主的细胞表面受体(ACE2)。冠状病毒结构示意图如图 1-4 所示。

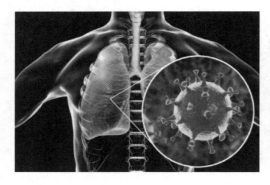
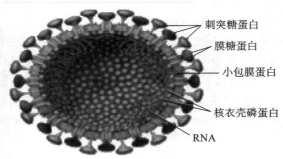

刺突糖蛋白
膜糖蛋白
小包膜蛋白
核衣壳磷蛋白
RNA

图 1-4　冠状病毒示意图

COVID-19 的临床表现以发热、乏力、干咳为主,早期呈现多发小斑片影及间质改变,进而发展为双肺多发磨玻璃影、浸润影,严重者可出现肺实变。少数患者伴有鼻塞、流涕、腹泻等症状。重症病例多在一周后出现呼吸困难,严重者快速进展为急性呼吸窘迫综合征、脓毒症休克、难以纠正的代谢性酸中毒和出凝血功能障碍。对患者的咽拭子、痰、下呼吸道分泌物、血液等标本采用实时荧光 RT-PCR 检测,可检测出新型冠状病毒核酸呈阳性。病毒潜伏期一般为14 天。飞沫隔离、空气隔离和接触隔离能有效阻断病毒的传播和扩散,防止疫情的进一步蔓延。

COVID-19 暴发后,世界各国积极探索了 COVID-19 的治疗策略及其疫苗的研制,并取得突破性的进展。我国陈薇院士团队研发的重组新型冠状病毒疫苗(腺病毒载体)(Ad5-nCoV),于北京时间 2020 年 3 月 16 日在武汉开展 I 期临床试验(108 人参与);4 月 12 日 508人参与 II 期临床试验,首次验证了 55 岁以上年长人群的免疫效果,单次接种 28 天,99.5%受试者产生特异性抗体,89%受试者产生特异性细胞免疫反应,有望为人体对抗 COVID-19 感染提供"双重保护反应";III 期临床试验正在有序推进。国药集团中国生物承担研发的灭活疫苗目前已经进入 III 期临床试验阶段,在北京和武汉两个生物制品研究所分别建设了高等级生物安全生产设施,2020 年 8 月 COVID-19 灭活疫苗生产车间已通过国家相关部门组织的生物安全联合检查,是目前全球最大的 COVID-19 灭活疫苗生产车间,并已具备大规模量产的能力。美国第一针新型冠状病毒肺炎 mRNA 疫苗,于美国西雅图时间 2020 年 3 月 16 日开展临床试验。①

1.2.1.6　亚病毒

1. 类病毒

类病毒(viroid)是一类仅由裸露的 RNA 组成的颗粒,RNA 长 300～400 个碱基。类病毒的大小仅是正常病毒的十分之一。类病毒通常感染高等植物,是几种重要经济作物的病原,如造成马铃薯纺锤块茎病、柑橘裂皮症和黄瓜白果病等。其特点是无蛋白质外壳,仅有一个由 300 多个核苷酸构成的单链环状或线形的 RNA 分子。类病毒可能来自于基因中的某些内含子。

2. 朊病毒

朊病毒(prion),又称朊粒。朊粒是一种不含有核酸成分的朊蛋白(prion protein)。朊粒存在于脑神经细胞中,主要侵染中枢神经系统,引起中枢神经系统的渐进性退化,最终导致死亡。朊粒引起的疾病包括人的克-雅氏症(Creutzfeldt-Jakob disease),羊、猴子和老鼠等的瘙痒症(scrapie),牛的海绵状脑病(bovine spongiform encephalopathy)或称为疯牛症(mad cow disease)。朊粒的主要成分是蛋白酶抗性蛋白(proteinase resistant protein,PrP),不含核酸,是正常的蛋白质(称为 PrP^C)因为翻译后的错误修饰而形成的一种具有三维结构的错误折叠蛋白(称为 PrP^{Sc})(图1-5)。朊粒一旦形成,就能以自己为模板,指导同类蛋白进行同样的错误折叠,这些蛋

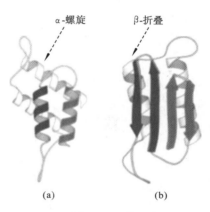

图 1-5　朊粒

(a) 正常(PrP^C)的朊粒三维结构图;
(b) 异常(PrP^{Sc})的朊粒三维结构图

白最终形成淀粉样的颗粒沉淀在大脑中,导致脑细胞破裂,使脑组织出现许多空洞。目前,已经证明疯牛症可以传染给人类,但传播途径尚未完全清楚,其大致的入侵途径为:侵入寄主细胞→在寄主细胞中繁殖→引起寄主中枢神经病变。朊粒不含核酸却能复制,这是众多生物科学家的一个未解之谜。

3. 拟病毒

拟病毒(virusoid)也称为类类病毒,它是一种环状单链 RNA。它的侵染对象是植物病毒。被侵染的植物病毒称为辅助病毒,拟病毒必须通过辅助病毒才能复制。单独的辅助病毒或拟病毒都不能使植物受到感染。

拟病毒有两种分子结构,一是环状,二是线状,是由同一种 RNA 分子所呈现的两种不同构型,其中线状 RNA 可能是环状 RNA 的前体。拟病毒在核苷酸组成、大小和二级结构上均与类病毒相似,但其单独没有侵染性,必须依赖于辅助病毒才能进行侵染和复制,其复制需要辅助病毒编码的 RNA 依赖性的 RNA 聚合酶;其 RNA 不具有编码能力,需要利用辅助病毒的外壳蛋白,并与辅助病毒基因组 RNA 一起包裹在同一病毒粒子内才能编码。如丁型肝炎病毒就是一种依赖于乙型肝炎病毒生活的拟病毒。

———————————

① 本段所介绍的 COVID-19 疫苗的研制进展情况截至 2020 年 10 月。

1.2.1.7 干扰素

干扰素是一组具有多种功能的活性蛋白质(主要是糖蛋白),是一种由单核细胞和淋巴细胞产生的细胞因子。它们具有广谱的抗病毒、影响细胞生长,以及分化、调节免疫功能等多种生物活性。

(1)作用:抵抗病毒感染的第一道防线,激活杀伤细胞,杀死被感染的细胞,使相邻细胞有对病毒的抵抗能力。

(2)产生机制:活病毒或加热杀死的病毒或细菌的内毒素等诱导细胞产生干扰素。

干扰素的产生和作用机制如图 1-6 所示。

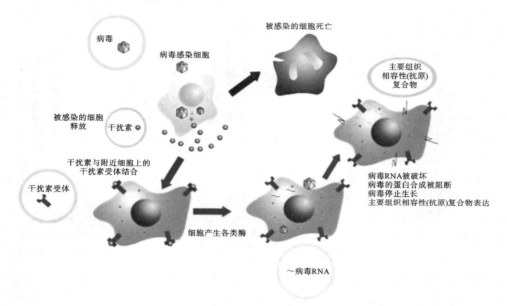

图 1-6 干扰素的产生与作用机制

1.2.1.8 病毒的起源

病毒的起源是指病毒的来源及其演化。病毒在自然界中分布极为广泛,几乎所有的动物、植物和微生物群落都携带有病毒或其部分基因组。这些病毒是怎样产生和进化的已成为生命科学的重要课题,涉及生命起源、遗传变异及物种进化等许多领域。

关于病毒的起源问题,归纳起来主要有三种假说。

(1)认为病毒是原始生物物种的后裔。按照生物进化的一般规律,地球上还没有出现细胞的时候就已存在一些大分子的生命物质,如蛋白质和核酸等。经过多少万年漫长时间的进化,一些原始生命物质逐渐在结构上复杂起来,开始具备细胞构造而成为单细胞生物,其中有一些进一步进化为多细胞生物乃至高级动、植物。但是,也有一些原始生命物质继续保持非细胞形态,并且逐渐适应在其他生物细胞内营寄生方式生活,这就是病毒。寄生于细菌等微生物者,称为细菌病毒,即噬菌体;寄生于植物者,称为植物病毒;寄生于动物者,称为动物病毒。某些动物病毒与植物病毒在结构组成上是相似的或同源的,如人类鼻病毒的结构蛋白与某些植物病毒相似,这说明它们之间在起源上有联系,似乎有利于这一假说。但是反对这一假说的人认为,既然病毒缺乏独立的自我复制能力,必须依赖寄主细胞进行增殖,那么就很难想象病毒是起源于细胞形态存在之前,而不是细胞形态存在之后。

(2)认为病毒来源于细胞核酸。病毒的基因组可能就是细胞的染色体或线粒体的基因物质。由于某种原因,这些核酸脱离细胞而独立存在,进而经过进一步演化而具备专性寄生的特性。这就是所谓的内源性学说。这一学说将逆转录病毒视为细胞 DNA 片段的 RNA 转录产物。近年发现某些 RNA 肿瘤病毒中存在癌基因,但在正常机体细胞中存在与之相似的基因,称为原癌基因,且癌基因和原癌基因的序列高度同源。这些发现似乎支持内源性学说,因为病毒的癌基因可能是随某些细胞核酸脱落或逃逸出来的一个组成成分。当然,DNA 肿瘤病毒中也发现有癌基因。但是,迄今在细胞内一直没有找到相应的细胞原癌基因,这是有待进一步探索和说明的问题。

(3)认为病毒是某些较高级微生物的退行性生命物质。这些微生物在退化过程中丢失了某些遗传信息,以致不能自身增殖而必须依赖较高级细胞,最终逐渐演化为现在的病毒。

从辩证唯物主义和进化论的观点看,多数学者倾向于将病毒看作原始生命形态的发展产物。

1.2.2　原核生物

原核生物(prokaryotes)包括细菌、放线菌、支原体、立克次氏体、衣原体和蓝细菌等,是一类由原核细胞构成的低等生物。它们的共同特征是:没有成形的且具有核膜包裹的细胞核,只有一个主要由一条裸露 DNA 链构成的核区(nuclear region),称为拟核;除细胞膜外,细胞质内无其他像膜一样的结构,即没有完全的细胞器;主要进行二分裂生殖。

1.2.2.1　细菌

1. 简介

广义的细菌(bacteria)即为原核生物,包括真细菌(eubacteria)和古生菌(archaea)两大类群。其中除少数属古生菌外,多数的原核生物都是真细菌。真细菌可粗分为 6 种类型,即狭义细菌、放线菌、蓝细菌、支原体、立克次氏体和衣原体。本节介绍的狭义细菌也即人们通常所说的细菌。

狭义细菌为生物的主要类群之一,是自然界中分布最广、个体数量最多的有机体,也是大自然物质循环的主要参与者,据估计其总数有 $5×10^{13}$ 个。细菌形状细短,结构简单,缺乏细胞核、细胞骨架及膜状细胞器,如线粒体和叶绿体,多以二分裂方式进行繁殖,主要由细胞壁、细胞膜、细胞质、核质体等部分构成,有的细菌还有荚膜、鞭毛、菌毛等特殊结构。细菌的个体非常小,绝大多数细菌的直径在 $0.5～5$ μm 之间,因此大多数只能在显微镜下观察到。细菌根据形状可分为三类,即球菌、杆菌和螺旋菌(包括弧形菌)(图 1-7);还可利用细菌生活方式进行分类,即分为腐生生活、寄生生活及自养生活。英国人罗伯特·虎克(R. Hooke)是细菌的最早发现者。

细菌广泛分布于土壤和水中,或者与其他生物共生。人体自身也带有相当多的细菌。据估计,人体内及表皮上的细菌细胞总数约是人体细胞总数的 10 倍。此外,也有部分细菌种类分布在极端环境中,如温泉,甚至是在放射性废弃物中,它们被归类为嗜极生物,其中最著名的种类之一海栖热袍菌(*Thermotoga maritima*)是在意大利的一座海底火山中发现的。然而,

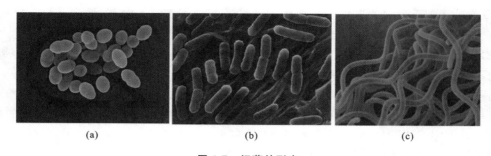

图 1-7　细菌的形态

(a) 球菌；(b) 杆菌；(c) 螺旋菌

尽管细菌种类众多,科学家研究并命名过的种类只占其中很小的一部分。只有约一半种类的细菌能在实验室进行培养。

细菌的营养方式包括自养和异养,其中异养腐生细菌是生态系统中重要的分解者,它使得碳循环能顺利进行。部分细菌具有固氮作用,使氮元素转换为生物能利用的氨氮和硝态氮形式。

2. 结构

细菌是原核细胞,无细胞器,无核膜,DNA 散布在细胞质中。多数细菌具有鞭毛,无微管蛋白,无 9+2 结构,与真核细胞无同源性。细胞壁(支原体除外)的成分为肽聚糖,而非纤维素。肽聚糖是一种含乙酰胞壁酸的多糖物质,为细菌所特有。青霉素能抑制肽聚糖的生成,因而能杀菌。

3. 革兰氏染色

革兰氏染色法是细菌学中广泛使用的一种鉴别染色法,于 1884 年由丹麦医师革兰(Christian Gram)创立。未经染色的细菌,由于其与周围环境折光率差别甚小,故在显微镜下极难观察。染色后细菌与环境形成鲜明对比,可以清楚地观察到细菌形态、排列及某些结构特征,从而可用于分类鉴定。染色后除可以看到细菌形态外,还可根据染色结果将细菌分为两大类:不被酒精脱色而保留紫色者为革兰氏阳性菌(G^+),被酒精脱色复染成红色者为革兰氏阴性菌(G^-)。革兰氏染色原理尚不确定,可能与细菌所携带的核糖核酸、细菌细胞壁结构通透性、等电点等因素有关。致病菌,如金黄色葡萄球菌、绿色溶血性链球菌、肺炎球菌、白喉杆菌、炭疽杆菌等属革兰氏阳性菌;百日咳杆菌、大肠杆菌、伤寒杆菌、痢疾杆菌、霍乱弧菌、流行性脑膜炎双球菌、淋病双球菌等均属革兰氏阴性菌。根据细菌的革兰氏染色性质可以缩小鉴定范围,有利于进一步分离鉴定,以对疾病作出诊断。又由于各种抗生素的抗菌谱不同,革兰氏染色还可作为选用抗生素的参考。

革兰氏染色法属于复染法,一般包括初染、媒染、脱色、复染四个步骤,具体操作方法是:涂片固定—草酸铵结晶紫染 1 min—自来水冲洗—加碘液覆盖涂面染 1 min—水洗,用吸水纸吸去水分—加 95% 酒精数滴,轻轻摇动进行脱色,30 s 后水洗,吸去水分—番红染色液(稀)染 10 s后用自来水冲洗—干燥,镜检染色结果。革兰氏阳性菌体都呈紫色,革兰氏阴性菌体都呈红色。

4. 繁殖

细菌在正常环境条件下进行二分裂,速度快,分裂一次约为 20 min,当环境条件恶劣时则形成孢子。链霉菌在菌丝末端形成外孢子,有的在细菌内也可形成内孢子,即芽孢。芽孢在沸水中可存活 1 h 或更长,在冰冻条件下可生活十几年或上百年。因此,只有在蒸汽高温(120 ℃)高压灭菌条件下才能杀死孢子。肉毒梭菌为厌氧菌,其孢子在沸水中不死,因此要彻底灭菌。

5. 营养和呼吸

细菌营养类型包括自养型和异养型。自养型细菌分为光合自养型和化能自养型。光合自养型细菌需要光能,进行厌氧呼吸,无叶绿体,效率低,相当于光系统Ⅰ,无水的光解。化能自养型细菌以无机物为底物获取能量,如氧化胺、亚硝酸盐(硝化细菌),硫化氢(硫细菌),氢、氧结合成水(氢细菌)。异养型细菌以有机物为底物,如食物腐烂或寄生获取能量。

细菌呼吸类型包括需氧型和厌氧型。需氧型细菌无线粒体,电子传递系统在细胞膜的内面。厌氧型细菌又分为专性厌氧和兼性厌氧。专性厌氧型如肉毒梭菌、破伤风菌,兼性厌氧型如大肠杆菌等。

6. 人体细菌

人体细菌包括共栖细菌和致病细菌两大类。共栖细菌如大肠杆菌,能为人体提供维生素,并阻止有害细菌入侵。而较多的是致病细菌,如:破伤风杆菌致破伤风;结核杆菌致结核;伤寒杆菌致伤寒。

致病菌的致病原理:病原菌释放的内毒素或外毒素使人体致病。外毒素为蛋白质,毒性强,不耐热,热处理后毒性消失;内毒素为脂类和多糖的复合物,毒性弱,但热稳定。

预防或治疗细菌病的措施如下。

(1)疫苗:抗原、抗体、杀菌,为主动免疫。

(2)抗毒素:抗体、中和外毒素。

(3)抗血清:抗体、杀菌。

(4)药物治疗:磺胺类药,20 世纪 30 年代人工合成,廉价,副作用大;抗生素,20 世纪 20 年代发现,第二次世界大战时广泛使用,廉价,效果好。

7. 植物细菌病

植物细菌病又称为冠瘿病或植物肿瘤(图 1-8),别(异)名为根癌病、根瘤病、黑瘤病、肿根病。

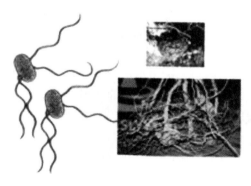

图 1-8　冠瘿病

寄主植物包括菊属(*Dendranthema* spp.)、李属(*Prunus* spp.)、油梨(*Persea americana*)、柑橘属(*Citrus* spp.)、板栗属(*Castanea* spp.)、山茶属(*Camellia* spp.)、梨属(*Pyrus* spp.)、槭属(*Acer* spp.)、猕猴桃属(*Actinidia* spp.)、杨属(*Populus* spp.)、柳属(*Salix* spp.)、桦木属(*Betula* spp.)、臭椿(*Ailanthus altissima*)、冷杉属(*Abies* spp.)、龙舌兰(*Agave salmiana*)、丁香属(*Syringa* spp.)、悬钩子属(*Rubus* spp.)、无花果(*Ficus carica*)、油橄榄(*Olea europea*)、山楂属(*Crataegus* spp.)、苹果属(*Malus* spp.)、柿树属(*Diospyros* spp.)、葡萄属(*Yitis* spp.)、胡桃属(*Juglans* spp.)、铁苋菜属(*Acalypha* spp.)、蔷薇属(*Rosa* spp.)等。国内主要分布在辽宁、湖南、陕西、甘肃、新疆等省份及自治区。

病原为根癌土壤杆菌,属革兰氏阴性菌,有荚膜,不形成芽孢,杆状,(0.4～0.8)μm×(1.0～3.0)μm,1～4根周生鞭毛,如1根则多侧生;好气性,需氧呼吸,最适生长温度为25～28℃,最适pH值为6.0;菌落通常为圆形,隆起,光滑,白色至灰白色,半透明;培养时以氨基酸、硝酸盐和铵盐作为唯一碳源。在甘露醇硝酸盐甘油磷酸盐琼脂上,具有晕圈或形成褐色黏性生长物,并常有白色沉淀物。

病原菌在病瘤中、土壤中或土壤中的寄主残体内越冬,存活1年以上,2年内得不到侵染机会即失去生命活力。由伤口侵入,在寄主细胞壁上有一种糖蛋白是侵染附着点,嫁接、害虫和中耕造成的伤口均可引起此病侵染,只有携带Ti质粒的菌株才具有致病性。在微碱性、土壤黏重、排水不良的圃地,以及切接苗木、幼苗上发病多且重。病害开始时发展较快,从侵入到显现症状需2～3个月。

传播途径:病原菌栖息于土壤及病瘤的表层,可通过灌溉水、雨水、地下害虫等自然传播,主要是通过带病苗木、插条、接穗或幼树等人为调运进行远距离传播。

适生范围:该病原菌为土壤习居菌,在我国大部分地区均有分布,因此适应范围非常广泛。

被害植物多表现为根部腐烂或呈粒状物。冠瘿病通过携带Ti质粒的菌株侵染植物的根茎部,引起过度增生而形成瘿瘤。寄主范围广泛,可侵染331个属的640多种植物,受害苗木或树木生长衰弱,如果根茎和主干上的病瘤环成一圈,则生长趋于停滞,叶片发黄而早落,甚至死亡。近年来,随着林果业和花卉业的迅速发展,苗木调运频繁,病害扩散加剧,给花农和林农造成严重经济损失。该病主要发生在幼苗和幼树干基部和根部,有时也发生在根的其他部分。

主要防治措施如下。

(1) 加强检疫,严禁从疫区调入带病苗木,发现带病苗木应及时销毁。

(2) 在寄主植物生长期间,对初发病的带病植株,可采取切除病瘤,并用石硫合剂或波尔多液涂抹伤口,或拔除销毁。

(3) 利用放射土壤杆菌(*Agrobacterium radiobacter*)K84菌株产生一种细菌素Agrocin 84(简称为A84),它能够有选择性地抑制致病性的放射土壤杆菌而对非致病性的菌株没有影响,可对核果类果树根癌病进行生物防治。

举例:农杆菌。

农杆菌(*Agrobacterium*)是生活在植物根的表面依靠根组织渗透出来的营养物质生存的一类普遍存在于土壤中的革兰氏阴性细菌(图1-9)。

农杆菌主要有两种:根瘤农杆菌(*Agrobacterium tumefaciens*)和发根农杆菌(*Agrobacterium rhizogenes*)。根瘤农杆菌能在自然条件下趋化性地感染140多种双子叶植

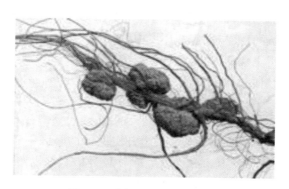

图 1-9　农杆菌造成的冠瘿瘤

物或裸子植物的受伤部位,并诱导产生冠瘿瘤。引发冠瘿瘤的原因是,Ti 质粒上的 T-DNA 上有 8 个左右的基因在植物细胞内表达,指导合成一种非常寻常的化合物冠瘿碱,进而引起细胞癌变。而发根农杆菌则诱导产生发状根,其特征是大量增生高度分支的根系。

根瘤农杆菌的 Ti 质粒和发根农杆菌的 Ri 质粒上有一段 T-DNA,农杆菌通过侵染植物伤口进入细胞后,可将 T-DNA 插入到植物基因组中。因此,农杆菌是一种天然的植物遗传转化体系,被誉为"自然界最小的遗传工程师"。可以通过将目的基因插入到经过改造的 T-DNA 区,借助农杆菌的感染实现外源基因向植物细胞的转移和整合,然后通过细胞和组织培养技术,得到转基因植物。

农杆菌介导法起初只被用于双子叶植物中。近年来,农杆菌的介导转化在一些单子叶植物,尤其是水稻种植中也得到了广泛应用。此外,生物技术学家还可通过发根农杆菌转化,在液体培养基中培养高密度的根,作为一种在转基因植物中获得大量蛋白质的方法。

8. 细菌和工业

细菌在人类轻工业上被广泛应用,可用于食品发酵,制作奶酪、火腿、酱、醋;用于药物,改善肠道菌落;通过基因工程生产原本含量很低的蛋白质;作为植物转基因的工具(如农杆菌)和重要的分子生物学实验工具(如大肠杆菌);提高农作物生产能力(如苏云金杆菌、根瘤菌等);用于生产抗生素和重要的生化制剂(如放线菌素 D)。此外,细菌还可用于污水处理、提取贵金属等。

9. 细菌和物质循环

细菌是自然界最主要的分解者,对自然界有机物的分解及氮素循环等具有重要作用,如固氮菌。根瘤菌与豆科植物互利共生,为豆科植物提供氮素。

10. 古细菌

古细菌是最古老的生命体,若将地球年龄比作一年,那么古细菌早在 3 月 20 日就出现了。

古细菌一些奇特的生活习性和与此相关的潜在生物技术开发前景长期以来一直吸引着许多研究者。古细菌常被发现生活于各种极端自然环境中,如大洋底部的高压热溢口、热泉、盐碱湖等。事实上,在这个星球上古细菌代表着生命的极限,确定了生物圈的范围。如一种称为热网菌(*Pyrodictium*)的古细菌能够在高达 113 ℃的温度下生长,这是迄今为止发现的生物生长的最高温度。近年来,利用分子生物学方法,人们发现古细菌还广泛分布于各种自然环境中,如土壤、海水、沼泽地等。

目前,可在实验室培养的古细菌主要包括三大类:产甲烷菌、极端嗜盐菌和极端嗜热菌。产甲烷菌生活于富含有机质且严格厌氧的环境中,如沼泽地、水稻田、反刍动物的反刍胃等,参与地球上的碳素循环,负责甲烷的生物合成;极端嗜盐菌生活于盐湖、盐田及盐腌制品表面,它能够在盐饱和环境中生长,而当盐浓度低于 10% 时则不能生长;极端嗜热菌通常分布于含硫或硫化物的陆相或水相地质热点,如含硫的热泉、泥潭、海底热溢口等,绝大多数极端嗜热菌严格厌氧,在获得能量时能完成硫的转化。

尽管生活习性大相径庭,古细菌的各个类群却有共同的且区别于其他生物的细胞学和生物化学特征。如古细菌细胞膜含有由分支碳氢链与 D-磷酸甘油以醚键相连而成的脂类,而细菌及真核生物细胞膜则含有由不分支脂肪酸与 L-磷酸甘油以酯键相连而成的脂类;细菌细胞壁的主要成分是肽聚糖,而古细菌细胞壁不含肽聚糖。

有趣的是,虽然与细菌相似,如古细菌染色体 DNA 呈闭合环状,基因也组织成操纵子,但在 DNA 复制、转录、翻译等方面,古细菌却具有明显的真核特征:采用非甲酰化甲硫氨酰 tRNA 作为起始 tRNA,启动子、转录因子、DNA 聚合酶、RNA 聚合酶等均与真核生物相似。

比较生物化学研究结果表明,古细菌与细菌有着本质区别,这种区别与两者表现在系统发育上亲缘关系的疏远是一致的。

1.2.2.2　放线菌

放线菌(*Actinomycetes*)为原核生物的一个类群,为革兰氏阳性细菌,大多数有发达的分枝菌丝,菌丝纤细,直径为 $0.5\sim1$ μm,近于杆状细菌(图 1-10)。放线菌以无性孢子和菌体断裂方式繁殖,绝大多数为异养型需氧菌,有的种类可在高温下分解纤维素等复杂有机质。放线菌在自然界中分布很广,绝大多数为腐生,少数寄生,能产生种类繁多的抗生素。据估计,在已发现的 4000 多种抗生素中有 2/3 是放线菌产生的,与人类关系十分密切。重要的属有链霉菌属、小单孢菌属和诺卡氏菌属等。链霉菌属是放线菌中种类最多、分布最广、形态特征最典型的类群。

图 1-10　放线菌的形态

放线菌的形态比细菌复杂些，但仍属于单细胞。放线菌菌丝细胞的结构与细菌基本相同。根据菌丝形态和功能的不同，放线菌菌丝可分为基内菌丝、气生菌丝和孢子丝三种。

基内菌丝匍匐生长于营养基质表面或伸向基质内部，它们像植物的根一样，具有吸收水分和养分的功能，有些还能产生各种色素，把培养基染成各种美丽的颜色。放线菌中多数种类的基内菌丝无隔膜，不断裂，如链霉菌属和小单孢菌属等。但有一类放线菌，如诺卡氏菌属放线菌的基内菌丝生长一定时间后形成横隔膜，继而断裂成球状或杆状小体。

气生菌丝是基内菌丝长出培养基外并伸向空间的菌丝。在显微镜下观察时，一般气生菌丝颜色较深且比基内菌丝粗，而基内菌丝色浅、发亮。有的放线菌气生菌丝发达，有的则稀疏，还有的种类无气生菌丝。

孢子丝是当气生菌丝发育到一定程度时，其上分化出的可形成孢子的菌丝。放线菌孢子丝的形态多样，有直形、弯曲、钩状、螺旋状、一级轮生和二级轮生等多种，是放线菌定种的重要标志之一（图 1-11）。

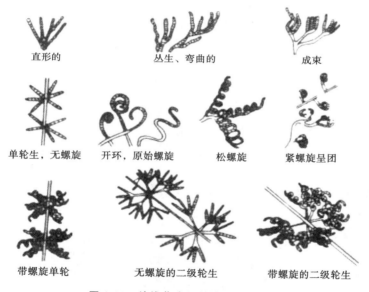

直形的　　　丛生、弯曲的　　　成束

单轮生，无螺旋　　开环，原始螺旋　　松螺旋　　紧螺旋呈团

带螺旋单轮　　无螺旋的二级轮生　　带螺旋的二级轮生

图 1-11　放线菌孢子丝的多样化形态

孢子丝发育到一定阶段便分化为分生孢子。在光学显微镜下，孢子呈球状、椭球状、杆状、圆柱状、瓜子状、梭状和半月状等。孢子的颜色十分丰富，表面的纹饰因种而异，在电子显微镜下清晰可见，有的光滑，有的呈褶皱、疣状、刺状、毛发状或鳞片状，刺又有粗细、大小、长短和疏密之分。

少数放线菌通过在菌丝上形成孢子囊，并在其内形成孢囊孢子进行繁殖。生孢囊放线菌的特点是形成典型孢囊，孢囊着生的位置因种而异。有的菌孢囊长在气丝上，有的长在基丝上。孢囊形成有两种形式：有些属的孢囊是由孢子丝卷绕而成的；有些属的孢囊是由孢囊梗逐渐膨大形成的。孢囊外围都有囊壁，无壁者一般称为假孢囊。孢囊有圆形、棒状、指状、瓶状或不规则状之分。孢囊内原生质分化为孢囊孢子，带鞭毛者遇水游动，如游动放线菌属；无鞭毛者则不游动，如链孢囊菌属。

(1) 链霉菌属(*Streptomyces*)。最高等的放线菌,有发育良好的分枝菌丝,菌丝无横隔,分化为营养菌丝、气生菌丝和孢子丝,孢子丝再形成分生孢子。孢子丝和孢子的形态、颜色因种而异,是种类划分的主要识别性状之一。目前已报道有千余种,主要分布于土壤中。已知放线菌所产抗生素的 90% 由链霉菌属产生,主要代表如产生链霉素的灰色链霉菌。

(2) 小单孢菌属(*Micromonospora*)。菌丝体纤细,直径为 $0.3\sim0.6\ \mu m$,有分枝,不断裂,只形成营养菌丝,深入培养基内,不形成气生菌丝。孢子单生、无柄,着生在或长或短的孢子梗上,孢子梗时常分枝成簇。菌落小,直径一般为 $2\sim3\ \mu m$,通常呈橙黄色或红色,边有深褐色、黑色、蓝色,表面覆盖一层粉末状的孢子。小单孢菌属一般为好气性腐生。大多分布在土壤或湖底泥土中,堆肥和厩肥中也有分布。约 30 余种,是产生抗生素较多的一个属,有的种还积累维生素 B_{12}。重要代表如产生庆大霉素的棘孢小单孢菌和绛红小单孢菌。

(3) 诺卡氏菌属(*Nocardia*),又名原放线菌属。在培养基上形成典型的分枝菌丝体,弯曲或不弯曲,多数为无气生菌丝,菌丝产生横隔膜,突然断裂成长短几乎一致的杆状、环状体,或带分叉的杆状体。每个杆状体内至少有一个核,因此可以复制并形成新的多核菌丝体。菌落一般比链霉菌菌落小,表面多皱,致密干燥,一触即碎。多为需氧型腐生菌,少数为厌氧型寄生菌。已报道有百余种,主要分布于土壤中。许多种类能产生抗生素,如利福霉素,有些种类还可用于石油脱蜡、烃类发酵及污水处理等。

1.2.2.3 衣原体

1. 生物学特性

衣原体(*Chlamydia*)是一种既不同于细菌也不同于病毒的微生物。衣原体与细菌的主要区别是其缺乏合成高能化合物 ATP、GTP 的酶,因此,衣原体所需的能量完全由依赖被感染的寄主细胞提供。而衣原体与病毒的主要区别在于其具有 DNA、RNA 两种核酸,以及核糖体和一个近似细胞壁膜,并以二分裂方式进行增殖,能被抗生素抑制。衣原体属于原核类生物(图 1-12)。

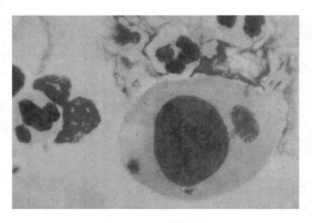

图 1-12　衣原体形态

2. 名称和分类

衣原体是以鹦鹉热病原体和沙眼病原体为代表的专性寄生性微生物。最早是由宫川米次等(1935 年)从腹股沟淋巴肉芽肿患者的染色体中作为宫川小体而发现的,被命名为宫川氏体

(Miyagawanella)。其后又相继出现很多其他名称，如作为立克次氏体的亲缘种被称为 Rickettsia formis、Neorickettsia 等，也有作为病毒类而称为鹦鹉热和腹股沟淋巴肉芽肿病毒 (psittacosis lymphogranuloma virus，PLV)、鹦鹉热病毒群(psittacosis virus group)等，相当混乱。现已按伯杰氏系统细菌分类法归为衣原体目(Chlamydiales)。然而，目前尚有许多不明之处。侵染粒子呈直径为 0.3 μm 的球状，可用光学显微镜观察到；在被细胞壁和细胞膜包裹的细胞质中有核糖体；核酸同时含有 DNA 和 RNA；已证明有葡萄糖代谢活性和蛋白质合成能力；在细胞液泡内增殖，不进入细胞质内。侵染粒子通过吞噬作用进入细胞内，转化为称为网状结构体的粒子。网状结构体通过分裂增殖，在侵染后期成熟为侵染粒子。因此，在增殖周期中虽没有保持作为粒子的连续性潜伏期，然而由于没有证实网状结构体的侵染性，所以从表观看有一个相当于潜伏期的时期。为此，曾作为病毒进行分类。1957 年开始将衣原体归合为细菌类。

衣原体广泛寄生于人、哺乳动物及禽类，仅少数致病。根据抗原构造、包涵体的性质、对磺胺敏感性等的不同，将衣原体属分为沙眼衣原体、鹦鹉热衣原体、肺炎衣原体 3 种。其中沙眼衣原体又有 3 个变种，即沙眼生物变种、性病淋巴肉芽肿(lymphogranuloma venereum，LGV)生物变种和鼠生物变种。沙眼生物变种还有A～K及其亚型共 14 个血清型，LGV 生物变种有 4 个血清型。

3．生活史

衣原体有两种存在形态，分别称为原体和始体。原体有感染性，它是一种不能运动的球状细胞。原体逐渐伸长，形成无感染性的个体，称为始体，这是一种薄壁的球状细胞，形态较大。

4．衣原体的类型和相关疾病

已知与人类疾病有关的衣原体有三种，分别是鹦鹉热衣原体、沙眼衣原体和肺炎衣原体。这三种衣原体均可引起肺部感染。鹦鹉热衣原体可通过感染有该种衣原体的禽类，如鹦鹉、孔雀、鸡、鸭、鸽等的组织、血液和粪便，以接触和吸入的方式感染人类。沙眼衣原体和肺炎衣原体主要在人类之间以呼吸道飞沫、母婴接触和性接触等方式传播。

5．衣原体的基本特征

衣原体是一类在真核细胞内专营寄生生活的微生物。研究发现，这类微生物与革兰氏阴性细菌有很多相似特征。主要表现为：①有 DNA 和 RNA 两种核酸；②具有独特发育周期，有类似细菌的二分裂繁殖；③具有黏肽组成的细胞壁；④含有核糖体；⑤具有独立的酶系统，能分解葡萄糖并释放 CO_2，有些还能合成叶酸盐，但缺乏产生代谢能量的作用，必须依靠寄主细胞的代谢中间产物，因而表现为严格的细胞内寄生；⑥对许多抗生素和磺胺类药物敏感，能抑制生长。

6．致病性与免疫性

1）致病机理

衣原体能产生类似革兰氏阴性菌内的内毒素，静脉注射小白鼠，能迅速致死。体外试验提示，衣原体表面脂多糖和蛋白质促使其吸附于易感细胞，促进易感细胞对衣原体的内吞作用，并能阻止与吞噬体和溶酶体融合，从而使衣原体在吞噬体内繁殖。受衣原体感染的细胞代谢被抑制，最终被破坏。

2）所致疾病

沙眼：由沙眼生物变种 A、B、Ba、C 血清型引起，主要经直接或间接接触传播，即眼—眼或眼—手—眼的途径传播。在沙眼衣原体感染眼结膜上皮细胞后，在其中增殖并在胞浆内形成散在型、帽型、桑葚型或填塞型包涵体。该病发病缓慢,早期出现眼睑结膜急性或亚急性炎症,表现出流泪、有黏液脓性分泌物、结膜充血等症状与体征。后期转为慢性,出现结膜瘢痕、眼睑内翻、倒睫、角膜血管翳引起的角膜损害,以致影响视力最终导致失明。据统计,沙眼居致盲病因的首位。1956年,我国学者汤飞凡等用鸡胚卵黄囊接种法在世界上首次成功分离出沙眼衣原体,从而促进了有关研究的发展。

包涵体包膜炎:由沙眼生物变种 D~K 血清型引起,包括婴儿及成人两种。前者系婴儿经产道感染,引起急性化脓性结膜炎(包涵体脓漏眼),不侵染角膜,能自愈。成人感染可因两性接触、经手至眼的途径或者来自污染的游泳池水,引起滤泡性结膜炎(又称为游泳池结膜炎)。病变类似沙眼,但不出现角膜血管翳,亦无结膜瘢痕形成,一般经数周或数月痊愈,无后遗症。

泌尿生殖道感染:经性接触传播,由沙眼生物变种 D~K 血清型引起。男性多表现为尿道炎,不经治疗可缓解,但多数转变成慢性,周期性加重,并可合并附睾炎、直肠炎等。女性能引起尿道炎、宫颈炎等,输卵管炎是较严重的并发症。该血清型有时也能引起沙眼衣原体性肺炎。

性病淋巴肉芽肿:由 LGV 生物变种引起,通过两性接触传播,是一种性病。男性侵染腹股沟淋巴结,引起化脓性淋巴结炎和慢性淋巴肉芽肿。女性可侵染会阴、肛门、直肠,出现会阴—肛门—直肠组织狭窄。

呼吸道感染:由肺炎衣原体及鹦鹉热衣原体引起。肺炎衣原体引起急性呼吸道感染,以肺炎多见,也可致气管炎、咽炎等。鹦鹉热原为野生鸟类及家畜的自然感染,也可经呼吸道传给人类,引起呼吸道感染和肺炎。

1.2.2.4　立克次氏体

1909年,美国医生立克次(H. T. Ricketts)首次发现落基山斑疹伤寒的独特病原体并被它夺去生命,故名立克次氏体(*Rickettsia*)。它是一类专性寄生于真核细胞内的革兰氏阴性原核生物,介于细菌与病毒之间,而又比较接近细菌。它一般呈球状或杆状(图 1-13),主要寄生于节肢动物,有的会通过蚤、虱、蜱、螨传入人体,引发如斑疹伤寒、战壕热等疾病。立克次氏体的特点如下。

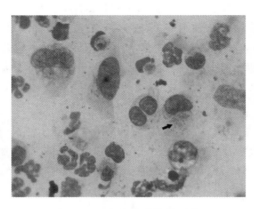

图 1-13　立克次氏体的形态

(1) 细胞大小为(0.3~0.6)μm×(0.8~2.0)μm,一般不能通过细菌滤器,在光学显微镜下清晰可见。

（2）细胞呈球状、杆状或丝状，有的多形。

（3）有细胞壁，表现为革兰氏阴性。

（4）除少数外，均为专性真核细胞内寄生，寄主一般为虱、蚤等节肢动物，并可传至人或其他脊椎动物。

（5）二分裂繁殖，但繁殖速度较细菌慢，一般 9～12 h 繁殖一代。

（6）有不完整的产能代谢途径，大多只能利用谷氨酸和谷氨酰胺产能，而不能利用葡萄糖或有机酸。

（7）大多数不能用人工培养基培养，须用鸡胚、敏感动物及动物组织细胞培养。

（8）对热、光照、干燥及化学药物抵抗力差，60 ℃时 30 min 即可杀死，100 ℃时很快死亡；对一般消毒剂、磺胺类药物及四环素、氯霉素、红霉素、青霉素等抗生素敏感。

（9）基因组小，如普氏立克次氏体的基因组仅为 1.1 Mb。

立克次氏体在虱等节肢动物的胃肠道上皮细胞中增殖，并大量存在于其粪便中。人受到虱等叮咬，立克次氏体便随粪便从抓破的伤口或直接从昆虫口器进入人的血液，并在其中繁殖，从而使人感染患病。当节肢动物再叮咬人时，人血中的立克次氏体又进入其体内增殖，如此循环。

立克次氏体可引起人与动物患多种疾病，如立氏立克次氏体可引起人类患落基山斑点热，普氏立克次氏体可引起人类患流行性斑疹伤寒，穆氏立克次氏体可引起人类患地方性斑疹伤寒，伯氏考克斯氏体可引起人类患 Q 热，恙虫热立克次氏体可引起人类患恙虫热。它与衣原体的区别在于其细胞较大，无滤过性，合成能力较强，不形成包涵体。

1.2.2.5　支原体

支原体（*Mycoplasma*）又称为霉形体，是目前发现的最小、最简单的细胞，也是唯一一种没有细胞壁的原核细胞。它广泛分布于自然界，有 80 余种。与人类有关的支原体有肺炎支原体、人型支原体、解脲支原体和生殖器支原体等。

支原体是在 1898 年被发现的，其大小介于细菌和病毒之间，结构比较简单，多数成球形，唯一可见的细胞器是核糖体，没有细胞壁，只有三层结构的细胞膜，故具有较大可变性。支原体可以在特殊的培养基上接种生长，并进行临床诊断。与泌尿生殖道感染有关的主要是解脲支原体和人型支原体两种，有 20%～30% 的非淋菌性尿道炎病人是由以上两种支原体引起的，是非淋菌性尿道炎及宫颈炎的第二大致病菌。在成年人的泌尿生殖道中解脲支原体和人型支原体感染率主要与性活动有关，即与性交次数的多少、性交对象的数量有关，不论男女两性都是如此。据统计，女性的支原体感染率更高，说明女性生殖道比男性生殖道更易生长支原体。此外，解脲支原体的感染率要比人型支原体的感染率高。

1. 形态与结构

支原体的直径为 0.2～0.3 μm，可通过细菌滤器，常给细胞培养工作造成污染。支原体因无细胞壁，不能维持固定形态而呈多形性。革兰氏染色不易着色，常用 Giemsa 染色法将其染成淡紫色。其细胞膜中胆固醇含量较高，约占 36%，对保持细胞膜的完整性具有一定作用。凡能作用于胆固醇的物质（如两性霉素 B、皂素等）均可引起支原体膜的破坏而使支原体死亡。支原体基因组为一环状双链 DNA，相对分子质量小，仅为大肠杆菌的五分之一，合成与代谢也很有限。肺炎支原体的一端有一种特殊的末端结构(terminal structure),能使支原体黏附于呼吸道黏膜上皮细胞表面,与致病性有关。

2. 培养特性

支原体的营养要求比一般细菌高,除基础营养物质外还需加入 $10\%\sim20\%$ 人或动物血清以提供支原体所需的胆固醇。最适 pH 值为 $7.8\sim8.0$,低于 7.0 则支原体死亡。

大多数支原体兼性厌氧,有些菌株在初分离时加入 5% 的 CO_2 生长更好。生长缓慢,在琼脂含量较少的固体培养基上孵育 $2\sim3$ d 出现典型的"荷包蛋样"菌落:圆形,直径为 $10\sim16~\mu m$,核心部分较厚,向下伸入培养基中,周边为一层薄透明颗粒区。此外,支原体还能在鸡胚绒毛尿囊膜或培养细胞中生长。

繁殖方式多样,主要为二分裂,还有断裂、分枝、出芽等方式。支原体分裂和其 DNA 复制不同步,可形成多核长丝体。

3. 抵抗力

支原体对热的抵抗力与细菌相似。对环境渗透压敏感,渗透压的突变可致细胞破裂。对重金属盐、苯酚(石炭酸)、来苏尔和一些表面活性剂的抵抗力较细菌敏感,但对醋酸铊、结晶紫和亚锑酸盐的抵抗力比细菌强。对影响壁合成的抗生素如青霉素不敏感,但红霉素、四环素、链霉素及氯霉素等作用于支原体核糖体的抗生素可抑制或影响蛋白质合成,有杀灭支原体的作用。

4. 致病性与免疫性

支原体不侵入机体组织与血液,而是在呼吸道或泌尿生殖道上皮细胞黏附并定居,通过不同机制引起细胞损伤,如获取细胞膜上的脂质与胆固醇造成膜的损伤,释放神经外毒素、磷酸酶及过氧化氢等,引起机体应急反应。

巨噬细胞、IgG 及 IgM 对支原体均有一定杀伤作用。在儿童中,致敏淋巴细胞可增强机体对肺炎支原体的抵抗力。

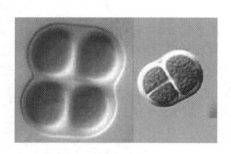

图 1-14　蓝藻的形态

1.2.2.6　蓝藻(蓝细菌)

1. 简介

蓝藻(*Cyanobacteria*)是原核生物,又称为蓝绿藻(图 1-14)。大多数蓝藻的细胞壁外面有胶质衣,因此又称为黏藻。在所有藻类生物中,蓝藻是最简单、最原始的一种。所有蓝藻都含有一种特殊的蓝色色素,蓝藻因此得名。但蓝藻也不全是蓝色的,不同的蓝藻含有一些不同的色素,有的含有叶绿素,有的含有蓝藻叶黄素,有的含有胡萝卜素,有的含有蓝藻藻蓝素,还有的含有蓝藻藻红素。

2. 分类

蓝藻属蓝藻门,分为两纲,即色球藻纲和藻殖段纲。色球藻纲藻体为单细胞体或群体,藻殖段纲藻体为丝状体,有藻殖段。蓝藻在地球上出现在距今 35 亿年前~33 亿年前,已知蓝藻约 2000 种,中国已有记录的约 900 种。蓝藻分布十分广泛,遍及世界各地,但约 75% 为淡水产,少数海产。有些蓝藻可生活在 60～85 ℃的温泉中;有些能与菌、苔藓、蕨类和裸子植物共生;有些还可穿入钙质岩石或介壳中(如穿钙藻类)或土壤深层(如土壤蓝藻)。蓝藻是单细胞生物,没有细胞核,但细胞中央含有核物质,通常呈颗粒状或网状,染色质和色素均匀分布在细胞质中。其核物质没有核膜和核仁,但具有核的功能,故称为原核或拟核。蓝藻中还有一种环状 DNA——质粒,在基因工程中担当载体。

3. 形态

蓝藻不具叶绿体、线粒体、高尔基体、中心体、内质网和液泡等细胞器,含叶绿素 a、数种叶黄素和胡萝卜素,还含有藻胆素(藻红素、藻蓝素和别藻蓝素的总称)。一般叶绿素 a 和藻蓝素含量较大,细胞多呈蓝绿色。但也有少数种类含较多藻红素,藻体多呈红色,如产于红海的一种红海束毛藻,它含藻红素量多,藻体呈红色,而且繁殖快,使海水呈红色,红海由此而得名。蓝藻虽无叶绿体,但在电子显微镜下可见细胞质中有很多光合膜,称为类囊体,各种光合色素附于其上,光合作用在此进行。蓝藻细胞壁和细菌细胞壁的化学组成类似,主要为黏肽。储藏的光合产物主要为蓝藻淀粉和蓝藻颗粒体等。细胞壁分内外两层,内层是纤维素,也有少数人认为是果胶和半纤维素;外层是胶质衣鞘,以果胶为主,或有少量纤维素;内壁可继续向外分泌胶质到胶鞘中。有些种类的胶鞘很坚密,有些种类胶鞘易水化,相邻细胞的胶鞘可互溶。胶鞘中含有棕、红、灰等非光合作用色素。蓝藻藻体包括有单细胞、群体和丝状体,最简单的是单细胞体。有些单细胞体由于细胞分裂后子细胞包埋在胶化的母细胞壁内而成为群体。若反复分裂,群体中的细胞数增多,较大群体可破裂成数个较小群体。有些单细胞体因为附着生活,有基部和顶部的分化。丝状体是由于细胞按同一个分裂面反复分裂使得子细胞相接而成。丝状体也可连接为群体,包在公共的胶鞘中,为多细胞个体组成的群体。

4. 繁殖

蓝藻有两类繁殖方式。一类为营养繁殖,包括细胞直接分裂(裂殖)、群体破裂和丝状体产生藻殖段等;另一类为某些蓝藻可产生内生孢子或外生孢子,进行无性生殖,孢子无鞭毛。目前尚未发现蓝藻有真正的有性生殖。

5. 利用价值

蓝藻是最早的光合放氧生物,对地球从无氧大气环境变为有氧环境起了巨大作用。有不少蓝藻(如鱼腥藻)含有固氮酶,可直接进行生物固氮,以提高土壤肥力,使作物增产。还有的蓝藻可作为人类食品,如发菜和普通念珠藻(地木耳)、螺旋藻等。

6. 危害

在富营养化水体中,有些蓝藻常于夏季大量繁殖,并在水面形成一层蓝绿色且有腥臭味的浮沫,称为“水华”(图 1-15),大规模暴发时称为“绿潮”,在海洋发生时称为“赤潮”。绿潮引起水质恶化,严重时耗尽水中氧气,造成鱼类死亡。更为严重的是,蓝藻中的有些种类(如微囊藻)还能分泌毒素(简称 MC)。MC 除直接对鱼类、人畜产生毒害之外,也是肝癌的重要诱因。MC 耐热,不易被沸水分解,但可被活性炭吸附,因此可利用活性炭净水器对被污染水源进行净化。蓝藻等藻类是鲢鱼的食物,可以通过投放此类鱼苗治理藻类,防止藻类暴发。

7. 蓝藻暴发原因

蓝藻暴发的原因在于水体的富营养化。过量氮、磷营养主要来自以下源头。

(1)化肥流失。化肥是很多富营养化区域的主要养分来源,如密西西比河流域 67% 的氮

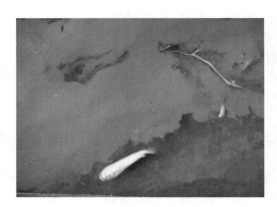

图 1-15   大规模的蓝藻暴发引起"水华"
(引自人民图片网)

流入水体,随之进入墨西哥湾;波罗的海和太湖中超过 50% 的氮来自化肥流失。

(2) 生活污水,包括人类的生活废水和含磷清洁剂。

(3) 畜禽养殖排放。畜禽的粪便含有大量营养废物如氮和磷,都能导致水体富营养化。

(4) 工业污染,包括化肥厂和废水排放。

(5) 矿物燃料燃烧。波罗的海约 30% 的氮和密西西比河约 13% 的氮源于此。

1.2.2.7 原绿藻

原绿藻(*Prochloron*)是原绿藻门的唯一种,为原核生物,单细胞,草绿色,聚生在珊瑚礁潮下带上部某些胶质的壳状动物体上,特别是死珊瑚体上的海鞘类动物。在光学显微镜下,原绿藻细胞呈球形,直径为 $8 \sim 12\ \mu m$,原生质体明显分为无色的中央区和翠绿色的周围区两部分,没有细胞核和叶绿体。细胞分裂与蓝藻类似,为二分裂。光合色素有叶绿素 a、叶绿素 b 及 β-胡萝卜素,a/b 值平均为 $5.6 \sim 6.0$,比其他绿藻类 a/b 值(一般为 $2 \sim 3$)高出许多。原绿藻最早是于 1975 年在墨西哥的下加利福尼亚半岛被发现的,现已在许多热带海域包括中国的西沙群岛和海南岛的三亚西瑁洲岛均有发现。这种原始海藻都与死珊瑚上的胶质海鞘类动物共生。在我国,这些海鞘类动物也可生长在少数藻类如角网藻的藻体上。迄今,原绿藻门下只发现一个种。一般认为它由蓝藻进化而来。

1.2.3   真核生物

真核生物(eukaryote)是由真核细胞构成的生物的总称,包括原生生物界、真菌界、植物界和动物界。

1.2.3.1 真菌界

真菌(fungus)为真核微生物,体形微小,个体结构简单,较低等,又分为黏菌亚界和真菌亚界。真菌大多数具有分枝或不分枝的菌丝,真菌大小相差很大。一般为腐食性营养或吸收营养,但黏菌为吞噬营养。

1. 黏菌亚界

黏菌亚界(Myxomycophyta)是介于动物和真菌之间的一类生物(图 1-16),约有 500 种。

在它们的生活史中,一段是动物性的,一段是植物性的。其营养体是一团裸露的原生质体,多核,无叶绿素,能作变形虫式运动,吞食固体食物,与原生动物的变形虫相似;在生殖时产生具纤维素细胞壁的孢子,表现出植物性状。黏菌的大多数种类生活在森林阴暗和潮湿的地方,多在腐木、落叶或其他湿润的有机物上,只有少数几种寄生在经济植物上,危害寄主。

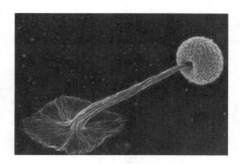

图 1-16　黏菌的形态

1) 黏菌的生活史

黏菌的营养阶段为自养生活、无细胞壁、多核的变形虫状原生质所组成的原生质团。处于营养阶段的黏菌具负趋光性,在黑暗潮湿的环境中以细菌、酵母菌和其他有机颗粒为食。当营养耗尽时向有光处迁移,并在光暗交界处向子实体阶段过渡,原生质团中的无数核(二倍体)同步进行减数分裂,形成孢子囊和孢子。孢子成熟后从囊中释放出来,在潮湿的表面上萌发,生出游动孢子。游动孢子可两两结合,成为二倍体合子,许多合子集聚在一起又形成多核原生质团。

2) 黏菌的形态

黏菌的营养阶段是一团裸露的原生质,内含许多二倍体核。原生质团呈黏稠状,无定形,有黄、红、粉红、灰色等颜色,可伸出伪足捕食。黏菌的孢子囊有柄或无柄,单个或成堆,拥有鲜艳的颜色。成熟孢子壁厚,色深,在不利条件下可存活数年之久。游动孢子一端有一根鞭毛,有时鞭毛也会消失。

3) 黏菌的繁殖

黏菌以裂殖方式进行无性繁殖,以形成孢子囊和孢子的方式进行有性生殖。

发网菌属(*Stemonitis*)是黏菌中最常见的种类,其变形体呈不规则网状,直径数厘米,能借助体形的改变在阴湿处腐木或枯叶上缓慢爬行,并能吞食固体食物。在繁殖时,变形体爬到干燥光亮的地方,形成很多发状突起,每个突起发育成一个具柄的孢子囊。孢子囊呈长筒形,外有包被。孢子囊柄伸入囊内部分称为囊轴,囊内有孢丝交织成孢网。之后原生质团中的许多核进行减数分裂,原生质团被割裂成许多块单核小原生质。每块小原生质分泌出细胞壁,形成一个孢子,藏在孢丝的网眼中。成熟时,包被破裂,借助孢网的弹力把孢子弹出。孢子在适合的环境下即可萌发成具有两条不等长鞭毛的游动细胞。游动细胞的鞭毛可收缩,使游动细胞变成一个变形菌胞。由游动细胞或变形菌胞两两配合,形成合子。合子不休眠,合子核进行多次有丝分裂,形成多数双倍体核,构成一个多核的变形体。

2. 真菌亚界

1) 概述

真菌是具有细胞核和细胞壁的异养生物(图 1-17)。真菌种属多,已报道的属达 1 万个以上,种超过 10 万个。除少数低等类型为单细胞外,其营养体大多是由纤细管状菌丝构成菌丝体。低等真菌的菌丝无隔膜,高等真菌的菌丝有隔膜,前者称为无隔菌丝,后者称为有隔菌丝。多数真菌的细胞壁中最具特征性的是含有甲壳质,其次是纤维素。常见真菌的细胞器有细胞核、线粒体、微体、核糖体、液泡、溶酶体、泡囊、内质网、微管和鞭毛等,常见内含物有肝糖、晶体和脂体等。

图 1-17　大型真菌

　　真菌通常又分为三大类,即酵母菌、霉菌和蕈菌(大型真菌),它们归属于不同的亚门。大型真菌是指能形成肉质或胶质的子实体或菌核,大多数属于担子菌亚门,少数属于子囊菌亚门。常见的大型真菌有香菇、草菇、金针菇、双孢蘑菇、平菇、木耳、银耳、竹荪、羊肚菌等。它们既是重要的菌类蔬菜,又是食品和制药工业的重要原料。

　　2) 真菌的营养体

　　真菌营养生长阶段的结构称为营养体。绝大多数真菌的营养体为可分枝的丝状体,单根丝状体称为菌丝,许多菌丝在一起统称菌丝体。菌丝体在基质上的生长形态称为菌落(colony)。菌丝在显微镜下观察时呈管状,具有细胞壁和细胞质,无色或有色。菌丝可无限生长,但直径是有限的,一般为 $2 \sim 30 \mu m$,最大的直径可达 $100 \mu m$。低等真菌的菌丝没有隔膜,而高等真菌的菌丝有许多隔膜。此外,少数真菌的营养体不是丝状体,而是无细胞壁且形状可变的原生质团或具细胞壁、卵圆形的单细胞。寄生在植物上的真菌往往以菌丝体在寄主的细胞间或穿过细胞扩展蔓延。

　　当菌丝体与寄主细胞壁或原生质接触后,营养物质因渗透压的作用进入菌丝体内。有些真菌如活体营养生物侵入寄主后,菌丝体在寄主细胞内形成吸收养分的特殊结构,称为吸器。吸器的形状不一,因种类而异,如白粉菌吸器为掌状,霜霉菌为丝状,锈菌为指状,白锈菌为小球状。有些真菌的菌丝体生长到一定阶段可形成疏松或紧密的组织体。菌丝组织体主要由菌核(sclerotium)、子座(stroma)和菌索(rhizomorph)等组成。菌核是由菌丝紧密交织而成的休眠体,内层是疏丝组织,外层是拟薄壁组织,表皮细胞壁厚,色深,较坚硬。菌核的功能主要是抵抗不良环境。但当条件适宜时,菌核能萌发产生新的营养菌丝或从上面形成新的繁殖体。菌核的形状和大小差异较大,通常似绿豆、鼠粪或不规则状。子座是由菌丝在寄主表面或表皮下交织形成的一种垫状结构,有时与寄主组织结合而成。子座的主要功能是形成产生孢子的结构,但也有助于度过不良环境。菌索是由菌丝体平行组成的长条形绳索状结构,外形与植物的根类似,也称为根状菌索。菌索可抵抗不良环境,也有助于菌体在基质上蔓延。

　　有些真菌菌丝或孢子中的某些细胞膨大变圆、原生质浓缩、细胞壁加厚而形成厚垣孢子(chlamydospore)。它能抵抗不良环境,待条件适宜时再萌发成菌丝。

3）真菌的繁殖体

当营养生活进行到一定时期时，真菌就开始转入繁殖阶段，形成各种繁殖体，即子实体（fruiting body）。真菌的繁殖体包括无性繁殖形成的无性孢子和有性生殖形成的有性孢子。

（1）无性繁殖。

无性繁殖（asexual reproduction）是指营养体不经过核配和减数分裂而产生后代的繁殖方式。它的基本特征是通常直接由菌丝分化产生无性孢子。常见的无性孢子有三种类型。

a. 游动孢子（zoospore）：形成于游动孢子囊（zoosporangium）内。游动孢子囊由菌丝或孢囊梗顶端膨大而成。游动孢子无细胞壁，有 1～2 根鞭毛，释放后能在水中游动。

b. 孢囊孢子（sporangiospore）：形成于孢囊孢子囊（sporangium）内。孢囊孢子囊由孢囊梗的顶端膨大而成。孢囊孢子有细胞壁，无鞭毛，释放后可随风飞散。

c. 分生孢子（conidium）：产生于由菌丝分化而形成的分生孢子梗（conidiophore）上，顶生、侧生或串生，形状、大小多样，单胞或多胞，无色或有色，成熟后从孢子梗上脱落。有些真菌的分生孢子和分生孢子梗还着生在分生孢子果内。孢子果主要有两种类型，即近球形的有孔口的分生孢子器（pycnidium）和杯状或盘状的分生孢子盘（acervulus）。

（2）有性生殖。

真菌生长发育到一定时期，一般是到后期，就进行有性生殖（sexual reproduction）。有性生殖是经过两性细胞结合后细胞核通过减数分裂产生孢子的繁殖方式。多数真菌由菌丝分化产生性器官，即配子囊（gametangium），通过雌、雄配子囊结合形成有性孢子。其整个过程可分为质配、核配和减数分裂三个阶段。第一阶段是质配，即经过两性细胞的融合，两者的细胞质和细胞核（n）合并在同一细胞中，形成双核期（n＋n）。第二阶段是核配，就是在融合的细胞内两个单倍体的细胞核结合成一个双倍体的核（2n）。第三阶段是减数分裂，双倍体细胞核经过两次连续分裂形成四个单倍体核（n），从而回到原来的单倍体阶段。经过有性生殖，真菌可产生四种类型的有性孢子。

a. 卵孢子（oospore）：卵菌的有性孢子，是由两个异型配子囊——雄器和藏卵器接触后，雄器的细胞质和细胞核经受精管进入藏卵器，与卵球核配，最后受精的卵球发育成厚壁、双倍体的卵孢子。

b. 接合孢子（zygospore）：接合菌的有性孢子，是由两个配子囊以配子囊结合的方式融合成一个细胞，并在这个细胞中进行质配和核配后形成的厚壁孢子。

c. 子囊孢子（ascospore）：子囊菌的有性孢子，通常是由两个异型配子囊——雄器和产囊体相结合，经质配、核配和减数分裂而形成的单倍体孢子。子囊孢子着生在无色透明、棒状或卵圆形的囊状结构即子囊（ascus）内。每个子囊中一般形成 8 个子囊孢子。子囊通常产生在具包被的子囊果内。子囊果通常有四种类型：球状而无孔口的闭囊壳（cleistothecium），瓶状或球状且有真正壳壁和固定孔口的子囊壳（perithecium），由子座溶解而成、无真正壳壁和固定孔口的子囊腔（locule），以及盘状或杯状的子囊盘（apothecium）。

d. 担孢子（basidiospore）：担子菌的有性孢子，通常直接由"＋"、"－"菌丝结合形成双核菌丝，之后双核菌丝的顶端细胞膨大成棒状担子（basidium）。在担子内的双核经过核配和减数分裂，最后在担子上产生 4 个外生的单倍体担孢子。

此外，有些低等真菌，如根肿菌和壶菌产生的有性孢子是一种由游动配子结合成合子，再由合子发育而成的厚壁休眠孢子(resting spore)。

4)真菌的起源和演化

关于真菌的起源和演化主要有两派看法。一派认为真菌是由藻类演化而来的。这些藻类因丧失色素而从自养变成异养,生理的变化引起了形态的改变。另一派认为除卵菌来自藻类外,其余的真菌来自原始鞭毛生物。

真菌是一种丰富的自然资源,人和动物每年消耗大量的真菌菌体和子实体。真菌也是重要的药材。真菌的某些代谢产物在工业上具有广泛用途,如乙醇、柠檬酸、甘油、酶制剂、甾醇、脂肪、塑料、促生素、维生素等,而且这些产物都能进行大规模的生产。真菌的腐解作用使许多重要化学元素得以再循环。真菌直接或间接地影响着地球生物圈的物质循环和能量转换。

5)常见真菌类群

常见真菌主要有霉菌、酵母菌等类群。

(1)霉菌:亦称为"丝状菌"。属真菌,体呈丝状,丛生,可产生多种形式的孢子。多腐生,种类多,常见的有根霉、毛霉、曲霉和青霉等。霉菌可用于生产工业原料,如柠檬酸、甲烯琥珀酸等;可用于食品加工,如酿造酱油;可用于制造抗生素,如青霉素、灰黄霉素;可用于生产农药,如"920"、白僵菌等。但有些霉菌又能引起工业原料和产品及农林产品霉变。另有一小部分霉菌可引起人与动物、植物患病,如头癣、脚癣及番薯腐烂病等。

(2)酵母菌:属真菌,体呈圆形、卵形或椭圆形,内有细胞核、液泡和颗粒体。通常以出芽方式繁殖,有的能进行二分裂,也有的能产生子囊孢子。酵母菌广泛分布于自然界,尤其在葡萄及其他各种果品和蔬菜上更为丰富,是重要的酵素,能分解碳水化合物且产生酒精和二氧化碳。工业生产上常用的有面包酵母、饲料酵母、酒精酵母和葡萄酒酵母等。有的能合成纤维素供医药使用,也有的用于石油发酵。啤酒酵母(*Saccharomyces*)属酵母菌属,细胞呈圆形、卵形或椭圆形,以出芽方式繁殖,能形成子囊孢子,在发酵工业上可用于发酵生产酒精或药用酵母,也可通过菌体的综合利用提取凝血质、麦角固醇、卵磷脂、辅酶 A 与细胞色素 c 等产品。

(3)红曲霉(*Monascus purpureus*):属囊菌纲,曲霉科,菌丝体呈紫红色。无性繁殖时,菌丝分枝顶端形成单独或一小串球形或梨形的分生孢子;有性生殖时,产生球形、橙红色的闭囊果,内生有八个子囊孢子的子囊。红曲霉可用于制造红曲、酿制红乳腐和生产糖化酶等。

(4)假丝酵母(*Candida*):该属能形成假菌丝、不产生子囊孢子的酵母。不少假丝酵母能利用正烷烃为碳源进行石油发酵脱蜡,同时产生高附加值产品。其中,氧化正烷烃能力较强的有解脂假丝酵母(*C. lipolytica*)、热带假丝酵母(*C. tropicalis*)等。有些种类可用于做饲料酵母,个别种类能引起人或动物患病。

(5)白色念珠菌(*Candida albicans*):亦称为"白色假丝酵母",是一种呈椭圆形、以出芽繁殖的假丝酵母,常存在于正常人的口腔、肠道、上呼吸道等处,能引起鹅口疮等口腔疾病。

(6)黄曲霉(*Aspergillus flavus*):半知菌类,是黄曲霉群的一种常见腐生真菌,多见于发霉的粮食、粮食制品或其他霉腐的有机物上。菌落生长较快,结构疏松,表面黄绿色,背面无色或略呈褐色。菌体由许多复杂的分枝菌丝构成。营养菌丝具有分隔作用,气生菌丝的一部分形成长而粗糙的分生孢子梗,梗的顶端产生烧瓶形或近球形的顶囊,囊的表面产生许多小梗,一般为双层,小梗上着生成串、表面粗糙的球形分生孢子。分生孢子梗、顶囊、小梗和分生孢子合称孢子穗。黄曲霉可用于生产淀粉酶、蛋白酶和磷酸二酯酶等,也是酿造工业中的常见菌种。近年来,发现其中某些菌株会产生引起人、畜肝脏癌变的黄曲霉毒素。早在公元 6 世纪,《齐民要术》中就有用"黄衣"、"黄蒸"两种麦曲制酱的记载,这两种黄色麦曲主要由黄曲霉一类微生物产生的大量孢子和蛋白酶、淀粉酶组成。

（7）白地霉（*Geotrichum candidum*）：属真菌,菌落平面扩散,组织轻软,乳白色。菌丝生长到一定阶段断裂成圆柱状的裂生孢子。菌体生长最适温度为 28 ℃,常见于牛奶和各种乳制品,如酸牛奶和乳酪中。在泡菜和酱中也常有白地霉。白地霉可用于制造核苦酸、酵母片等。近年发现,其所产脂肪酶对高度不饱和脂肪酸具有选择性,可用于 EPA 和 DHA 的富集。

真菌在生物学分类上属于藻菌植物中的真菌超纲,是具真核细胞型微生物。在自然界分布十分广泛,绝大多数对人类有利,如酿酒、制酱、发酵饲料、农田增肥、制造抗生素、生长蘑菇、食品加工等,并能提供中草药药源,如灵芝、茯苓、冬虫夏草等,都是真菌的产物或本身,或利用真菌的作用制备而成。但也有对人类有害的真菌,包括浅部真菌和深部真菌。前者侵犯人类皮肤、毛发、指甲,为慢性疾病,治疗起来非常顽固,但对身体影响较小;后者可侵犯人类全身内脏,严重时可导致死亡。此外,有些真菌寄生于粮食、饲料和食品中,能产生毒素引起中毒性真菌病。

6）相关名词

（1）抗生菌：亦称为拮抗菌,是能抑制别种微生物的生长发育,甚至将其杀死的一些微生物。其中有的能产生抗菌素,主要是放线菌及若干真菌和细菌。如链霉菌产生链霉素,青霉菌产生青霉素,多黏芽孢杆菌产生多黏菌素等。

（2）假菌丝：某些酵母如假丝酵母经出芽繁殖后,子细胞结成长链并有分枝,称为假菌丝。其细胞间连接处较为狭窄,如藕节状,一般没有隔膜。

（3）抗菌素：亦称为抗生素,主要指微生物所产生的能抑制或杀死其他微生物的化学物质,如青霉素、链霉素、金霉素、春雷霉素、庆大霉素等。从某些高等植物和动物组织中也可提取抗菌素。有些抗菌素,如氯霉素和环丝氨酸目前主要用化学合成方法进行生产。改变抗菌素的化学结构,可以获得性能较好的新抗菌素,如半合成的新型青霉素。在医学上,广泛应用抗菌素以治疗多种微生物感染性疾病和某些癌症。在畜牧兽医学上,抗菌素不仅用于防治某些传染病,有些还可用于促进家禽、家畜的生长。在农林业上,可用于防治植物的微生物性病害。在食品工业上,则可用于做某些食品的防腐剂。

3. 地衣

1）概述

地衣是一类特殊的生物。

从结构上看,地衣是藻类和真菌共生的复合体。共生的藻类包括蓝藻、绿藻,能利用其含有的叶绿素进行光合作用,为共生复合体提供有机养料;共生的真菌多数为子囊菌类,少数为担子菌类,为共生复合体吸收水分和无机盐,使之保持一定湿度并提供光合作用所需的原料。由于两种生物长期紧密联合地生活在一起,因而在形态、结构、生理、遗传等方面形成了既不同于藻类也不同于真菌的独特的固定有机物。地衣是目前生物界共生关系中最成功的典范。因此,地衣在本质上属于一类特殊的真菌,是地衣型真菌的统称。一些地衣分类学家曾经将地衣放在菌藻植物门（或地衣植物门）中,但目前很多人更倾向于将地衣按照其共生的真菌类型进行分类,把其归入到真菌中。全世界的地衣约有 2.5 万种。

从生活习性上看,地衣生长极慢,几十年仅长几厘米,干旱时进入休眠状态,因而地衣适应环境能力很强,能耐高温、低温、干旱等,无论高山、平原、森林还是沙漠,从严寒的南北两极到酷热赤道,都能找到地衣的踪迹。在岩石、树皮、苔藓、土壤甚至其他植物不能生长的地方,都有生活的地衣。地衣所分泌的地衣酸能够腐蚀分解岩石,因此地衣是世界的拓荒者,人们称为"植物的开路先锋"。

此外,地衣对空气中的污染物很敏感,可以用于作为监测空气质量的指示生物。根据地衣的生长特点可以进行地衣测年。地衣含有特殊的次生代谢物,可以用于药材,如地衣抗生素具有很强的抗菌活性;地衣多糖、石耳多糖等具有很高的抗癌活性,其中地衣多糖 GE-3 的硫酸盐衍生物还具有抗艾滋病活性。除此以外,地衣还可以食用、饲用和用于工业原料等。地衣资源的开发和利用还有待于人们进行深入的探讨和研究,以便服务于人类社会。

2) 地衣的形态构造

地衣形态可分为三种类型(图 1-18)。

（a）　　　　　　　　　（b）　　　　　　　　　（c）

图 1-18　地衣的三种形态
（a）壳状地衣;（b）叶状地衣;（c）枝状地衣

（1）壳状地衣(crustose lichens):地衣体为具各种颜色的壳状物,菌丝与树干或石壁紧贴,不易分离。如文字衣、茶渍衣。

（2）叶状地衣(foliose lichens):植物体扁平,叶片状,有背腹性,以假根或脐固着在基物上,易采下。如石耳、梅衣等。

（3）枝状地衣(fruticose lichens):植物体呈树枝状或丝状,直立或悬垂,仅基部附着在基物上。如松萝、地茶、石蕊等。

不同类型的地衣其内部构造也不完全相同。叶状地衣的横切面可分为四层,即上皮层、藻层或藻胞层、髓层和下皮层。上皮层和下皮层是由菌丝紧密交织而成的,也称为假皮层。藻胞层是在上皮层之下由藻类细胞聚集成的一层。髓层是由疏松排列的菌丝组成的。根据藻细胞在地衣体中的分布情况,通常又将地衣体的结构分为两种类型。

（1）异层型(heteromerous):藻类细胞排列于上皮层和髓层之间,形成明显的一层,即藻胞层。如梅衣属(*Parmelia*)、蜈蚣衣属(*Physcia*)、地茶属(*Thamnolia*)、松萝属等。

（2）同层型(homoenmerous):藻类细胞分散于上皮层之下的髓层菌丝之间,没有明显的藻胞层与髓层之分。这种类型的地衣较少,如胶衣属(*Collema*)。

一般来说,叶状地衣大多数为异层型,从下皮层上生出许多假根或脐固着于基物上。壳状地衣多数无皮层,或仅具上皮层,髓层菌丝直接与基物密切紧贴。枝状地衣也都是异层型,与异层型叶状地衣的构造基本相同,但枝状地衣各层的排列是圆环状,中央有一条中轴,如松萝属,或是中空,如地茶属。

3）药用地衣

松萝(*Usnea diffracta* Vain.)属于松萝科。植物体呈丝状,长 15～30 cm,成二叉式分枝,基部较粗,分枝少,先端分枝多。表面灰黄绿色,具光泽,有明显的环状裂沟,横截面中央有韧性丝状中轴,具弹性,可拉长,由菌丝组成,易与皮部分离;其外为藻环,常由环状沟纹分离或成短筒状。菌层产生少数子囊果。子囊果盘状,褐色;子囊棒状,内生 8 个椭圆形子囊孢子。松萝分布于我国大部分省区,生于深山老林树干或岩壁上。全草能止咳平喘,活血通络,清热解毒。松萝含有松萝酸、环萝酸、地衣聚糖。松萝酸有抗菌作用。在西南地区常作"海风藤"入药。

同属植物长松萝(*U. longissima* Ach.)全株细长不分枝,长可达 1.2 m,两侧密生细而短的侧枝,形似蜈蚣。其分布和功用同松萝。

雪茶(*Thamnolia vermicularis*(Sw.)Ach. ex Schaer.)属于地茶科。地衣体呈树枝状,白色至灰白色,长期保存则变土黄色。高 3～6 cm,直径 1～2 mm,常聚集成丛,分枝单一或顶端有二至三叉,长圆条形或扁带形。表面有皱纹凹陷,纵裂或小穿孔,中空。表层厚约 16.8 μm,藻层厚约 67.2 μm,髓层厚约 84 μm。雪茶分布于四川、陕西、云南等省,生于高寒山地或积雪处。全草能清热解毒,平肝降压,养心明目。

石耳(*Umbilicaria esculenta*(Miyoshi)Minks)属于石耳科。地衣体呈叶状,近圆形,边缘有波状起伏,浅裂,直径 2～15 cm。表面褐色,平滑或有剥落粉屑状小片,下面灰棕黑色至黑色,自中央伸出短柄(脐)。石耳分布于我国中部及南部各省,生于悬岩石壁上。全草可供食用,含有石耳酸、茶渍衣酸。石耳能清热解毒,止咳祛痰,利尿。

地衣入药的种类还有石蕊(*Cladonia rangiferina*(L.)Weber),全草能祛风,镇痛,凉血止血。冰岛衣(*Cetraria islandica*(L.)Ach.),全草能调肠胃,助消化。肺衣(*Lobaria pulmonaria* Hoffm.),全草能健脾、利尿、败毒、止痒。

4）药用地衣的研究进展

我国将地衣入药已有悠久历史,早在公元前 600 年西周时期的《诗经》中就有松萝的记载;南北朝时梁代陶弘景所著的《名医别录》中对石濡(石蕊)的功用记载是可明目益精气,又如女萝(松萝)能"疗痰热温疟,可为吐汤,利水道";明代李时珍的《本草纲目》中记载了许多地衣的形态、习性及药效,如石濡有"生津润喉,解热化痰"之功效;清代赵学敏的《本草纲目拾遗》中对雪茶的记载是"雪茶,出滇南,色白,久则色微黄",根据这段描述几乎可以确定该植物的种。

地衣含有抗菌作用较强的化学成分,即地衣次生代谢产物之一的地衣酸(lichenic acid)。地衣酸有多种类型。1944 年,人们开始研究地衣抗菌物质,迄今已知的地衣酸有 300 多种。据估计 50％以上地衣种类都具抗菌物质,如松萝酸(usnic acid)、地衣硬酸(liches terinic acid)、去甲环萝酸(evernic acid)、袋衣酸(physodic acid)、小红石蕊酸(didymic acid)、绵腹衣酸(anziaic acid)、柔扁枝衣酸(divaicatic acid)、石花酸(sekikaic acid)等。这些抗菌物质对革兰氏阳性细菌多具抗菌活性,对结核杆菌具高度抗性。地衣抗菌素在德国有"EVosin Ⅰ"(包括松萝酸及去甲环萝酸)、"EVosin Ⅱ"(包括松萝酸、袋衣酸及袋衣甾酸(physodalic acid))两种产品上市;在瑞士、奥地利、芬兰、俄罗斯等国则以松萝酸的多种剂型作为治疗新鲜创伤及表面化脓性伤口的有效外用抗菌素。

近年来,世界上对地衣进行抗癌成分的筛选研究证明,绝大多数地衣种类中所含的地衣多糖(lichenin)和异地衣多糖(isolichenin)均具有极高的抗癌活性。

此外,地衣中有的是生产高级香料的原料,如我国云南产扁枝衣(*Evernia mesomorpha* Nyl.)制得中国橡苔Ⅰ型香料,主香为柔扁枝衣酸乙酯;从尼泊尔星冰岛衣(*Cetrariastrum nepalensis* Awas.)中制得中国橡苔Ⅱ型香料,香气与法国橡苔相似,主香为赤星衣酸乙酯。还有一个值得研究的现象是在紫外线较强的高山上地衣生长繁茂,以及地衣对核爆炸后散落物所具有的惊人抗性,为人们提供了在地衣中寻找抗辐射药物的线索。总之,地衣作为药物资源的开发前景十分广阔。

1.2.3.2 植物界

广义上的植物是能够通过光合作用制造其所需食物的生物总称。在不同的生物分界系统中,植物的概念及其所包括的类群也不一样。如将生物分为植物和动物两界时,植物界(plant kingdom)包括藻类、菌类、地衣、苔藓、蕨类和种子植物;在五界系统中,植物界仅包括多细胞的光合自养类群,而菌类、地衣和单细胞藻类及原核生物的蓝藻则不包括在内。植物界和其他生物类群的主要区别是含有叶绿素,能进行光合作用,自己可以制造有机物。此外,它们绝大多数是固定生活在某一环境中,不能自由运动(小部分低等藻类例外),具细胞壁;细胞具全能性,即由一个植物细胞可培养成一个植物体。植物覆盖着地球陆地表面的绝大部分,在海洋、湖泊、河流和池塘中也是如此。它们的大小、寿命差异很大,从肉眼看不见的微小藻类到海洋中的巨藻,以及陆地上庞大的、寿命几千年的"世界爷"(北美红杉),都是植物。植物在自然界生物圈中的各种大大小小的生态系统中几乎都是唯一的初级生产者。植物和人类的关系极为密切,是人类和其他生物赖以生存的基础。广义的植物界包括藻类、地衣(藻类和真菌的共生体)、苔藓和维管植物。但是按魏泰克的五界系统或目前的六界系统,藻类中的金藻、甲藻、裸藻和单细胞绿藻是原生生物,而地衣植物是蓝绿藻与真菌的共生体,则根据真菌的类别划分到真菌中。因此,狭义的植物界仅包括藻类、苔藓和维管植物。已知的藻类有2.5万余种,苔藓有2万余种。维管植物级别最高,种属最多,包括蕨类和种子植物两类。据统计,现存的蕨类有1万种以上。种子植物中,裸子植物在中生代曾十分繁茂,现在仅存800余种,其中约有一半属松柏纲(Coniferopsida)。目前,生活的被子植物达30万余种,栽培植物中绝大部分都是被子植物。

一、分类

藻类在所有植物中最古老,大多数生活在水中。藻体体形大小差异很大,微小者需借助显微镜才能观察得到。生活在海洋中的硅藻直径仅$3.5\sim600\ \mu m$,是浮游生物中的浮游植物;大的如马尾藻、巨藻等可长达几米、几十米甚至上百米。藻类也有不同形状:一些呈简单的线状(直线的或有分枝的),另一些是扁平状或球状,并有凸凹不平的边缘。它们的结构非常简单,一般为单细胞、群体或多细胞体,无胚,自养,内部构造初具细胞上的分化而不具有真正的根、茎、叶分化。整个藻体是一个简单的、含有叶绿素、能进行光合作用的叶状体。藻类的生殖基本上是由单细胞的孢子或合子离开母体直接或经过短期休眠后萌发成新个体。

苔藓植物门(Bryophyta)属于高等植物。植物无花,无种子,以孢子繁殖。在全世界约有23000种苔藓植物,中国约有2800种。苔藓植物门包括苔纲(Hepaticae)、藓纲(Musci)和角苔纲(Anthocerotae)。苔纲包含至少330属,约8000种苔类植物;藓纲包含近700属,约15000种藓类植物;角苔纲有4属,近100种角苔类植物。苔藓植物是一群小型的多细胞绿色植物,多生于阴湿的环境中,最大种类也只有数十厘米。简单的苔藓植物种类与藻类相似,成扁平的叶状体;为比较高级的种类,其植物体已有假根和类似茎、叶分化。植物体的内部构造简单,假根是由单细胞或由一列细胞组成,无中柱,只在较高级的种类中有类似输导组织的细胞群。苔藓植物体的形态、构造虽然简单,但具有似茎、叶的分化,孢子散发在空中,对其陆生生活仍然有重要的生物学意义。

蕨类(Pteridophyta)是最低级的高等植物。蕨类繁盛于石炭纪,当时曾是高达20~30 m的高大植物,靠孢子繁衍后代。一些种类可食用、药用和观赏。地球上的优质煤基本上是由石炭纪大型蕨类植物形成的,这些蕨类中的绝大多数已在中生代前灭绝。它们的后代现在多生长在湿润阴暗的丛林里,且多为矮小类型。

种子植物(spermatophyte)是植物界最高等的类群。所有种子植物都有两个基本特征:①体内有维管组织——韧皮部和木质部;②能产生种子并用种子繁殖。种子植物可分为裸子植物和被子植物:裸子植物的种子裸露着,其外层没有果皮包被;被子植物的种子外层有果皮包被。种子植物包括一个在生活史中形成种子的所有植物的分类单位。种子植物已分化出20万余种,是现今地球表面绿色植物的主体。

二、藻类植物

藻类主要为水生,无维管束,能进行光合作用。体型大小各异,小至仅1 μm的单细胞的鞭毛藻,大至长达60 m的大型褐藻。一些权威专家继续将藻类归入植物或植物样生物,但藻类没有真正的根、茎、叶,也没有维管束。这点与苔藓植物相同。

藻类可由一个或少数细胞组成,也可由许多细胞聚合组成。丝状体可分枝(如*Sticheoclonium*属),可不分枝(如水绵属(*Spirogyra*))。有些藻类是单细胞的鞭毛藻(如*Oochromonas*属),而另一些藻类(如栅极藻属(*Scenedesmus*))则聚合成群体。绿藻类的松藻属(*Codium*)由无数分枝丝状体交织缠绕而成,部位不同的丝状体形态和功能各异。藻类虽然主要为水生,但无处不在,分布范围从温带森林到极地苔原。某些变种可生活于土壤中,能耐受长期缺水的条件;另一些生活于雪中,少数种能在温泉中繁盛生长。

藻类与其他真核生物一样有细胞核,拥有具膜的液泡和细胞器(如线粒体),大多数藻类生活需要氧气,用各种叶绿体分子(叶绿素、类胡萝卜素、藻胆蛋白等)进行光合作用。地球上光合作用的90%是由藻类进行的。据报道,在地球早期的历史上,藻类在创造富氧环境中发挥了重要作用。浮游的藻类是海洋食物链中非常重要的环节,所有高等水生生物最终都是依靠藻类生存的。此外,从史前时代起,藻类一直被用于牲畜饲料和人类食物。

藻类有广泛的商业用途。藻类制品包括由70多种红藻制成的琼脂糖类(如琼脂)。琼脂可用于鱼罐头制造、烹制鱼的包装、织物上浆及胶片和高级黏合剂的制造,又可用于汤、调味汁、果冻、糕饼糖霜等中。由角叉菜制成的角叉菜胶用途与琼脂相同,还可制成钠、钾、钙盐。藻酸是褐藻的组分之一,可制成能像丝一样纺成线的碱金属盐。

藻类可进行营养繁殖(细胞分裂或断裂)、无性繁殖(释出游动孢子或其他孢子)或有性生殖。有性生殖通常发生在生活史中的艰难时期,如生长季节结束时或处于不利的环境条件时。

(一)藻类的基本特征

关于藻类的概念古今不同。我国古书《说文》记载:"藻,水草也,或作藻。"可见,在我国古代所说的藻类是对水生植物的总称。在我国现代植物学中,仍然在一些水生高等植物的名称中冠以"藻"字,如金鱼藻、黑藻、茨藻、狐尾藻等,可能就源于此。与之相反,人们往往将一些水中或潮湿的地面和墙壁上生长的个体较小、黏滑的绿色植物统称为青苔,实际上这也并非现在所指的苔类,而主要是藻类。根据现代对藻类植物的认识,藻类并不是一个自然分类群,但它们却具有以下共同特征。

(1)植物体一般没有真正的根、茎、叶的分化。藻类植物的形态、构造很不一致,大小相差悬殊。如众所周知的小球藻(*Chlorella*)呈圆球形,是由单细胞构成的,直径仅数微米;生长在海洋里的巨藻(*Macrocystis*)结构复杂,体长可达 200 m 以上。尽管藻类植物个体的结构繁简不一,大小悬殊,但多无真正根、茎、叶的分化。有些大型藻类,如海产的海带(*Laminaria japonica*)、淡水的轮藻(*Chara*),在外形上虽然也可以把它们分为根、茎和叶三部分,但体内并没有维管系统,都不是真正的根、茎、叶。因此,藻类的植物体多称为叶状体或原植体。

(2)能进行光能无机营养。一般藻类的细胞内除含有与绿色高等植物相同的光合色素外,有些类群还具有更特殊的色素,而且多不呈绿色,因此它们的质体被称为色素体或载色体。藻类的营养方式也是多种多样的。如有些低等单细胞藻类,在一定条件下也能进行光能有机营养、化能无机营养或化能有机营养。但绝大多数藻类与高等植物一样,都能在光照条件下利用二氧化碳和水合成有机物质,以进行光能无机营养。

(3)生殖器官多由单细胞构成。高等植物产生孢子的孢子囊或产生配子的精子器和藏卵器一般都是由多细胞构成的,如苔藓植物和蕨类植物在产生卵细胞的颈卵器和产生精子的精子器外面都有一层不育细胞构成壁。但在藻类植物中,除极少数种类外,它们的生殖器官都是由单细胞构成的。

(4)合子不在母体内发育成胚。高等植物的雌、雄配子融合后形成合子(受精卵),都在母体内发育成多细胞的胚以后才脱离母体继续发育为新个体。但藻类植物的合子在母体内并不发育为胚,而是脱离母体后才进行细胞分裂并成长为新个体。如果用动物学的术语,那么高等植物是胎生,而藻类则是卵生。

(二)藻类植物的经济价值

(1)藻类植物是地球生态系统中重要的初级生产者。藻类绝大多数生活在水中,是浮游生物的重要组成部分,活的藻类,如硅藻、甲藻、金藻,能通过光合作用固定无机碳,使之转化为碳水化合物,从而为水域生产力提供基础。死的藻类则沉积于海底形成石油;硅藻死后,遗留的细胞壁沉积成硅藻土,可作耐火、绝热、填充、磨光等材料,又可供过滤糖汁等时使用。

(2)可作为水质监测指示植物。当水域被大量工业废水和生活污水及农田径流中的植物营养物质所污染时,形成水体富营养化,可以导致浮游植物大量繁殖以致水色较浓甚至出现藻团、浮膜的现象,此现象称为水华(图 1-19)。不同种类的藻类所导致的水华,水的颜色、气味等不同,可以作为水质监测的初步依据。

(3)可作为营养丰富的美味佳肴。人类食用藻类由来已久,海带、紫菜、发菜、裙带菜、石

图 1-19　2009 年春季东湖衣藻水华

莼、螺旋藻、石花菜等都是常见的食用藻类。有些藻类还作为药材治疗疾病,如红藻类的鹧鸪菜能够驱虫杀虫,健脾化痰消积,安神,能治疗小儿因虫积或食积而导致的腹胀腹痛、消化不良等;褐藻类的羊栖菜是人类微量元素和膳食纤维的宝库,能预防甲状腺肿大,具有降血压、降血脂、防治心脑血管疾病、增进大脑智力发展、消除放射性物质危害、防癌抗癌、减肥美容等功效,并对促进儿童骨骼生长,保持皮肤润滑,缓解大脑疲劳,防止衰老等亦有显著的作用。

(4)可以用于工业上提取各种藻胶。褐藻门的海带、昆布、裙带菜、鹿角菜、羊栖菜等可提取碘、甘露醇及褐藻胶的原料;巨藻、泡叶藻及其他马尾藻可提取褐藻胶的原料,用于食品、造纸、化工、纺织等;石花菜、马尾藻、石莼等可提取琼胶,用于医药、化学工业的原料和微生物学研究的培养剂;红藻门的角叉藻、麒麟菜、杉藻、沙菜、银杏藻、叉枝藻、蜈蚣藻、海萝和伊谷草等藻类可提取卡拉胶,用于食品工业。

(三)分门依据

藻类分门的主要依据是光合作用色素的种类和储存养分的种类,次要依据是细胞壁成分、鞭毛着生位置和类型、生殖方式和生活史。根据这些特征把藻类分为六个门,即金藻门、甲藻门、裸藻门、红藻门、褐藻门、绿藻门。

1. 金藻门

金藻门(Chrysophyta)亦称为金褐藻(golden-brown algae)(图 1-20),是一个原始的单细胞鞭毛类群,生活于海洋或淡水中。形状多样,特征是有墨角黄素和作为储藏养料的油滴。有性生殖罕见,多以游动孢子或不动孢子或细胞分裂行无性繁殖。色素体中含有叶绿素 a 和 c,还有丰富的 β-胡萝卜素及少量的叶黄素和墨角藻黄素,色素体多呈金黄色、黄绿色或褐色。植物体类型多样,包括单细胞或分枝丝状体,能运动或不能运动。产生的游动孢子多具两条不等长或等长的鞭毛,还有少数类群无鞭毛,但能伸出伪足作变形虫般的运动。细胞裸出或具以果胶质为基质的硅质鳞片,或具囊壳。金藻的繁殖方法为细胞纵分裂以形成两个子体细胞;为群体的种类除细胞纵分裂外,也常断裂成两个或更多的新群体。此门藻类最独特的无性繁殖方式是在原生质中形成不动孢子,多呈球形,有时为椭圆形。孢子萌发时,其原生质形成一个新个体。

金藻门约有 200 属，1000 余种，在中国约有 30 种，多分布于清洁的贫营养型淡水中，也有分布于半咸水或海水中，通常在冬、春和晚秋季节生长旺盛。一些种类常作为贫营养型水体的指示生物，如鱼鳞藻、锥囊藻等。

金藻含有大量 β-胡萝卜素和黄嘌呤等天然色素，呈黄绿色或金褐色。储藏物为由 β-1，3-葡聚糖的金藻多糖和油脂，不形成淀粉。细胞壁一般为两层叠合构成，有的含有硅酸。可按有无鞭毛及单细胞或群体来划分。无性繁殖有多种方式：靠细胞分裂（如异变形虫）、或靠游动孢子（如气球藻属）、内生孢子（如棕鞭藻属）、似亲孢子（如绿蛇藻属）、不动孢子（如黄丝藻）、厚壁孢子（如黄丝藻）等方式繁殖，尤其可形成内生孢子是这一门植物的显著特征。有性生殖也有多种方式：靠有鞭毛（黄丝藻）和无鞭毛（羽纹硅藻）的同型配子融合、异型配子融合（气球藻属）、自体受精（在硅藻形成复大孢子）等方式繁殖。

2. 甲藻门

甲藻门（Pyrrophyta）多为单细胞（图 1-21），少数群体或具分枝的丝状体，细胞核大而明显，有念珠状色质线，有核仁和核内体，有的具一个眼点，有的具单眼。有一个或多个色素体，呈黄绿色或棕黄色，偶为红色；色素体中除了含叶绿素 a、c 和 β-胡萝卜素外，还有几种特有色素，如硅甲黄素、甲藻黄素、新甲藻黄素、环甲藻素。储存养分为淀粉、淀粉状物质或脂肪。一般为自养，少数腐生或营寄生。

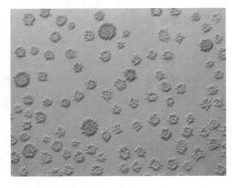

图 1-20　金藻的形态

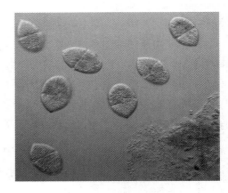

图 1-21　甲藻的形态

细胞呈球形、三角形、针形，前后略扁或左右略扁，前后端常有突出的角，除少数裸型种外，均有厚的纤维素细胞壁，称为壳。壳的构造复杂，是由多边形的板片排列而成，可分为上下两部，上部为上壳，下部为下壳。两部之间有一横沟，与横沟相垂直的还有一纵沟，纵沟的大部分在下壳。板片的数目及排列方式不同，可作为分类依据。壳面光滑，有的有穿孔或周围厚而中央薄的拟孔；有的壳面平直，有的具小刺或突起。一个细胞核，圆形、椭圆形、细长棒状或弯曲呈香肠状。核仁一至数个。染色体排列如串珠状，某些种的染色体为层片状，如双脚多甲藻。细胞质一般外层较浓、呈颗粒状，含有色素体，内层有细胞核和液泡，鞭毛孔附近的细胞质多呈液状，可伸出原生质线。色素体呈圆盘状，多数排列于细胞质的外层，但也有梭形或带状的呈放射状排列。许多原始种类只有一个或两个大片状色素体。有的无色素体，如海产尖尾藻。搏动泡在细胞中央，呈球状或椭球状，有的有两个搏动泡。有微细的管自鞭毛基部伸至体外，泡内有赭红色液状物。两条鞭毛生于腹面，一条环绕横沟为带状，横在沟内作波浪状摆动；另一条穿过纵沟伸向体外,为鞭状,也有线状或带状者,运动为拽动。两条鞭毛一起运动时,使藻体成螺旋状向前滚动。

甲藻的繁殖方式主要是靠细胞分裂和产生孢子,有的可产生芽孢。细胞分裂是由母细胞分裂为两个子细胞(图1-22);或是在母细胞体内产生两个或多个游动孢子,有的为不动孢子。此外,休眠型的芽孢也有发现。有性生殖仅在少数属种中有发现。

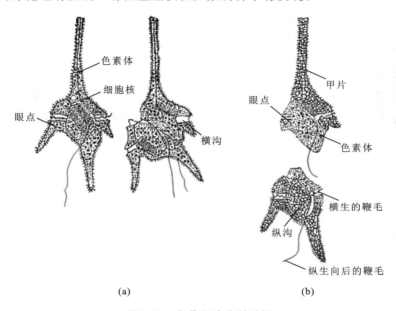

图 1-22 角藻细胞分裂过程

(a) 角藻母细胞;(b) 分裂为两个子细胞

甲藻分布很广,在淡水、半咸水、海水中均有分布,为主要的浮游藻类之一。海生种类很多,尤以热带海洋最多,在寒带海洋中种类少而数量多。许多甲藻具趋光性,只生活于一定光强的水层中,有些喜生于河口或沿岸海区,少数则可生于浅海沙滩上,呈绿色或棕色。生活于淡水中的种类多喜酸性水,当水中含腐殖质酸性时常有甲藻生存。某些种为寄生种,寄主有鱼、桡足类或其他无脊椎动物,有些则可与腔肠动物等共生。

甲藻对水温的要求较其他藻类表现明显,在水温恒定的水层与水温变化的水层分布的种类不同。在较为恒定的远洋水体生长着多数裸露种类,而易受海岸影响的海区则多为有甲壳的种类。在光照和水温适宜时,甲藻能在短时期内大量繁殖,与硅藻一样为海洋动物的主要饵料,故有"海洋牧草"之称。但同时,甲藻也是形成"赤潮"的原因之一,它使海水缺氧导致鱼虾死亡,危害海产养殖业。

由于每年有大量甲藻死亡后沉积到海底,因此它们是古代生油地层中的主要化石。在世界各国的石油勘探中,常把甲藻化石当作地层对比的主要依据。我国的辽河流域、河北和山东等地就可用 Deflandrea 和 Bohaidinca 对第三纪地质地层进行对比。又由于甲藻的生态适应范围较窄,便可用甲藻的化石研究古代地貌或古地理,如古代水体形态、水的含盐量及水深、水温、光照强度等。

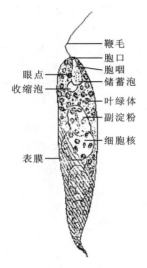

鞭毛
胞口
胞咽
眼点
收缩泡
储蓄泡
叶绿体
副淀粉
细胞核
表膜

图 1-23　裸藻的形态模式图

3. 裸藻门

裸藻门(Euglenophyta)均为无细胞壁的裸细胞(图 1-23)。裸藻和绿藻都具有叶绿素 a、b,β-胡萝卜素和三种叶黄素,还有其特有的裸藻淀粉(paramylum)。

裸藻淀粉聚集成各种形状的裸藻淀粉体(paramylum body)。在其叶绿体中有一个较大的蛋白质颗粒,称为造粉核(pyrenoid),其功用与裸藻淀粉的聚集有关。裸藻类的无色属种为动物性营养,吞食或腐生。繁殖方式主要为细胞纵裂。裸藻没有无性繁殖和有性生殖。

裸藻门的代表植物有海生裸藻(海产)、血红裸藻、旭红裸藻(两者可使水呈绿色)。个别种为冰雪藻,形成绿雪。

4. 红藻门

红藻藻体含有叶绿素 a、叶绿素 d、叶黄素和 β-胡萝卜素,以及大量的藻红蛋白和藻蓝蛋白,常因各类色素含量的不同使藻体呈现不同颜色,如鲜红色或粉红色、紫色、紫红色或暗紫红色等。红藻门(Rhodophyta)约有 760 属,4410 种,绝大多数为海产,少数生活在淡水中。其分布于世界各地,包括极地。我国已知有 127 属,300 余种,分布于南北各个海区,淡水种类极少。

红藻植物体外形多样,除少数是单细胞或群体外,绝大多数为多细胞体,其中有简单的单列细胞或多列细胞组成的丝状体,有由许多藻丝组成的圆柱状、亚圆柱状、叶状、囊状或壳状,分枝或不分枝的宏观藻体,少数有钙化。藻体直立或匍匐,基部由假根状分枝丝体或多细胞盘状固着器固着于基质上。红藻的细胞壁外层由琼胶和卡拉胶等胶质组成,因种类而异,内层为纤维素。红藻均含有色素体,形状常随种类而异。光合作用产物为红藻淀粉,小颗粒状,附着在色素体表面或存于细胞质中。

红藻的生殖分为无性繁殖和有性生殖两种。无性繁殖大多是由藻体产生单孢子或四分孢子,为单倍体,直接萌发为新个体。有性生殖均为卵式生殖。雄性生殖器官是精子囊,雌性生殖器官为果胞,是一个烧瓶状单细胞,内有一颗卵,其上端延伸为丝状突出体,为受精丝。精子释放后,被动随水漂流,到达受精丝上,精子附着处的壁融化,精子核进入受精丝,最终到达果胞内与卵核结合为合子。高等红藻受精后的合子直接分裂或间接通过辅助细胞形成产孢丝,由产孢丝再形成果孢子囊,许多果孢子囊集生成为果孢子体,即囊果。红藻的绝大多数种类均有三个世代的藻体进行交替,即孢子体世代、配子体世代和果孢子体世代。

红藻在海水中生长的深度可达 200 m,在潮间带则多生于岩石背阴处的石缝或石沼中,也有少数喜生于暴露在风浪中的岩石上。多数种类固着于岩石或其他生长基质上,也有附生或寄生其他藻体上的。红藻有的种类营养丰富、味道鲜美,如紫菜、麒麟菜、海萝等,为人们所食用;还有一些重要经济种类,如用来提取琼胶和卡拉胶的石花菜、江蓠、麒麟菜等。

5. 褐藻门

褐藻门(Phaeophyta)是一群较高级的藻类,约 1500 种,分布于大陆沿岸的冷水水体,淡水种罕见。其颜色取决于褐色素(墨角藻黄素)与绿色素(叶绿素)的比例,从暗褐到橄榄绿均有。充气的气囊使叶状体的光合部分浮于或接近水表。褐藻的形状和大小各异,从形如异丝体的附生藻（水云属（*Ectocarpus*））到复杂、巨大的长 1～100 m 的大型褐藻（海带属（*Laminaria*）、巨藻属（*Macrocystis*））。岩藻是褐藻的一个类群，浮生（马尾藻属（*Sargassum*））或附生于岩石海岸（墨角藻属（*Fucus*）、泡叶藻属（*Ascophyllum*））。褐藻行无性繁殖和有性生殖；游动孢子和配子都有两根不等长的鞭毛。褐藻曾是碘和钾碱的主要来源，现仍是褐藻胶的重要来源。某些种可作为肥料，有几个种可作为蔬菜，如昆布属、海带目的大型褐藻（海带类，图 1-24）。

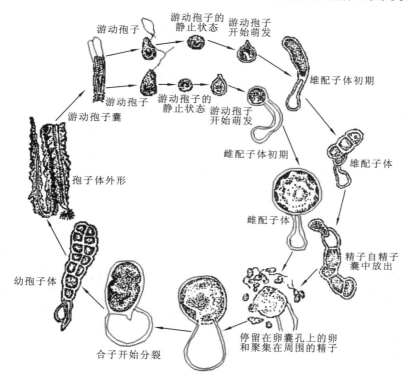

图 1-24　海带的生活史

1）分类

褐藻门约有 250 属，1500 种。除少数属种生活于淡水外，绝大部分为海产，营固着生活，是海底森林的主要成员。根据生活史中世代交替的有无和类型，一般分为三个纲，即等世代纲（Isogeneratae）、不等世代纲（Heterogeneratae）和无孢子纲（Cyclosporae）。

2）主要特征

褐藻门是藻类植物中较高级的一个类群。褐藻植物体均为多细胞体，简单的是由单列细胞组成的分枝丝状体；有类似根、茎、叶的分化，其内部构造有表皮、皮层和髓部组织的分化，甚至有类似筛管的构造。细胞壁分两层，内层由纤维素组成，外层由褐藻胶组成。载色体有一个或多个，粒状或小盘状，含叶绿素 a、叶绿素 c、β-胡萝卜素及数种叶黄素（主要是墨角藻黄素）。由于叶黄素的含量超过别的色素，故藻体呈黄褐色或深褐色。储藏物质为褐藻淀粉（laminarin）、甘露醇（mannitol）和脂类等。有的种类如海带，细胞内含有大量的碘。

大多数褐藻的生活史中都有明显的世代交替现象，有同型世代交替和异型世代交替之分。同型世代交替即孢子体与配子体的形状、大小相似，如水云属。异型世代交替即孢子体和配子体的形状、大小差异很大,多数种类是孢子体较发达,如海带,少数是配子体较发达,如萱藻属(*Scytosiphon*)。

3) 繁殖

有些种类以断裂方式进行营养繁殖。无性繁殖产生游动孢子和不动孢子。有性生殖为同配、异配或卵式生殖。游动孢子和配子均具有两条侧生的不等长鞭毛。

4) 代表植物

(1) 水云属。藻体由单列细胞组成丝状体。植物体分上下两部分,下部为匍匐部,细胞单列,不规则的假根状附生在其他物体上。直立部为丝状,具有繁茂的分枝。细胞单核,有少数带状或多数盘形的载色体。水云属的配子体与孢子体形态构造相同,为明显的同型世代交替。水云属的无性生殖器有单室孢子囊和多室孢子囊两种,均发生于侧生小枝的顶端细胞上。有性生殖时,多室配子囊在配子体侧生小枝的顶端细胞上形成。来自不同藻体的两个配子大小基本相同,互相结合成合子,合子立即萌发,形成二倍体孢子体,与配子体植物在形态结构上相似。

(2) 海带属。孢子体大,长达 $1\sim4$ m,分固着器、柄和带片三部分。固着器呈分枝的根状,把个体固定于岩石等基物上;柄粗短,呈叶柄状;带片扁平,无中脉,是人们食用的部分。柄和带片组织均分化为表皮、皮层和髓三个部分。髓部中央有筛管状喇叭丝,具有输导有机养料的功能。孢子体成熟时,在带片的两面丛生许多棒状游动孢子囊,囊内的孢子母细胞经减数分裂及多次有丝分裂产生很多单倍体的侧生双鞭毛游动孢子。游动孢子萌发后,分别形成体型很小的雌、雄配子体。雄配子体具有产生精子的精子囊,雌配子体具有产生卵细胞的卵囊。卵成熟后逸出,在母体外与精子结合,合子随即萌发成幼小孢子体——新的海带。这样的生活史称为异型世代交替。海带是经济褐藻,原分布于俄罗斯远东地区、日本和朝鲜北部,现不仅分布于我国渤海湾地区,在浙江舟山地区和江苏、福建、广东等省的沿海也有大量栽培。

(3) 鹿角菜属(*Pelvetia*)。藻体褐色,高 $6\sim15$ cm,基部为固着器,是圆锥形的盘状体,中间为扁圆柱状短柄,上部为二叉状分枝。鹿角菜的植物体为二倍体,生殖时在枝顶端形成生殖托,生殖托有柄,呈长角果状,表面有明显的结疖状突起,突起处有一开口的腔,称为生殖窝(conceptacle),里面产生雌、雄生殖器官——卵囊和精囊。卵囊为单细胞,经过减数分裂,最后发育成两个卵;精囊也为单细胞,先进行一次减数分裂,再进行多次有丝分裂,形成多个精子。成熟的精子和卵结合后发育成二倍体的植物体。

此外,褐藻的昆布(*Ecklonia hornem*)、裙带菜(*Undaria pinnatifida*)、羊栖菜(*Sargassum fusiforme*)等均可食用或药用;马尾藻属(*Sargassum*)植物可作饲料或肥料;还可从中提取褐藻胶、甘露醇、碘、氯化钾、褐藻淀粉等食品或医药工业原料。

6. 绿藻门

1) 分类与分布

绿藻亦称为草绿藻(grass-green algae)(图 1-25)。绿藻门(Chlorophyta)是藻类植物中最大的一个门,约有 430 属,6700 种。绿藻门可分为两个纲,即绿藻纲(Chlorophyceae)和轮藻纲(Charophyceae)。

绿藻纲约 6000 种。其光合色素(叶绿素 a、叶绿素 b、β-胡萝卜素、叶黄素)的比例与种子植物和其他高等植物的相似。典型的绿藻细胞可活动或不能活动,具有一个中央液泡,色素在

图 1-25 管状绿藻

质体中,质体形状因种而异。细胞壁由两层纤维素和果胶质组成。食物以淀粉的形式储存于质体蛋白核中。绿藻的大小和形态各异,有单细胞(衣藻属(*Chlamydomonas*))、群体(水网藻属(*Hydrodictyon*)、团藻属(*Volvox*))、丝状(水绵属(*Spirogyra*))和管状(伞藻属(*Acetabularia*)、蕨藻属(*Caulerpa*))等。常见的为有性生殖,其配子有两条或四条鞭毛。无性生殖有裂殖(原球藻属(*Protococcus*))、段殖或产生游动孢子和不动孢子(丝藻属(*Ulothrix*)、鞘藻属(*Oedogonium*))等方式。绿藻多见于淡水,常附着于沉水岩石和木头上,或漂浮在死水表面;也有生活于土壤或海水的种类。浮游种类是水生动物的食物或氧的来源。绿藻在植物进化的研究中具有重要意义,认为它与单细胞衣藻和陆地植物的祖先相似。

2)主要特征

绿藻植物的细胞与高等植物的细胞相似,有细胞核和叶绿体,有相似的色素、储藏养分及细胞壁成分。色素中以叶绿素 a 和叶绿素 b 最多,还有叶黄素和 β-胡萝卜素,故呈绿色。储藏营养物质主要为淀粉和油滴;叶绿体内有一个或多个淀粉核;具有纤维素质细胞壁。游动细胞有两条或四条等长顶生鞭毛。无性生殖和有性生殖均很普遍,有些种类的生活史有世代交替现象。

3)绿藻纲代表植物

(1)衣藻属(*Chlamydomonas*):为团藻目内单细胞类型的常见种,本属有 100 余种,生活于含有机质的淡水沟和池塘中,早春和晚秋较多,常形成大片群落,使水变成绿色。

植物体为单细胞,卵形,细胞内有一个厚底杯状叶绿体,其底部有一个淀粉核。细胞核位于叶绿体上方的杯中。藻体的前端有两条等长鞭毛,其基部有两个伸缩泡,旁边有一个红色眼点。在电子显微镜下还可观察到类囊体、线粒体和高尔基体等。

衣藻通常行无性生殖。生殖时藻体静止,鞭毛收缩或脱落,变成游动孢子囊。原生质体分裂为 2、4、8、16 个,各形成具有细胞壁和两条鞭毛的游动孢子(zoospore)。囊破裂后,游动孢子逸出并发育成新个体。

衣藻的有性生殖为同配生殖。原生质体分裂成 8~64 个小细胞,称为配子(gamete)。配子在形态上和游动孢子相似,只是体形较小。配子从母细胞中释放后,游动不久即成对结合形成具有 4 条鞭毛的二倍体合子。合子游动数小时后变成圆形,形成有厚壁的合子。合子经休眠,在环境适宜时萌发,萌发时经减数分裂,产生 4 个游动孢子。在合子壁破裂后,游动孢子逸出并各自形成一个新衣藻个体。

(2) 团藻属(*Volvox*):属于团藻目。春夏两季常见,生于淤积浅水的池沼中。植物体是由数百至上万个衣藻型细胞组成的球形群体,衣藻型细胞排列在球体表面,空心球体内充满胶质和水。有的种类有胞间连丝,逐步过渡到多细胞个体。群体中只有少数大型细胞能进行繁殖,称为生殖胞(gonidium)。无性生殖时,少数大型生殖胞经多次分裂形成皿状体(plakea),再经翻转作用(inversion)发育成子群体,落入母群体腔内,母群体破裂后释放出子群体,即为新植物个体。有性生殖为卵式生殖,精子囊和卵囊分别产生精子和卵,精子和卵结合形成厚壁合子。在母体死亡腐烂后,合子落入水中,休眠后经减数分裂发育成一个具有双鞭毛的游动孢子,孢子逸出后萌发成新植物个体。

此外,团藻目常见的属还有盘藻属(*Gonium*)、实球藻属(*Pandorina*)和空球藻属(*Eudorina*)。盘藻属是一种定形群体,无性生殖时,群体的全部细胞同时产生游动孢子,有性生殖为同配生殖。实球藻属也是定形群体,无性生殖与盘藻属相同,有性生殖为异配生殖。空球藻属是球形或椭圆形群体,少数种类的群体细胞有些是营养细胞,不产生配子和孢子,表明营养细胞和生殖细胞已开始有分化,有性生殖为异配生殖。

从单细胞的衣藻属到群体的盘藻属、实球藻属、空球藻属和多细胞体的团藻属,可以看出团藻目有明显的进化趋势:藻类由单细胞、群体到多细胞体;细胞营养作用和生殖作用由不分工到分工;有性生殖由同配、异配到卵配。

(3) 小球藻属(*Chlorella*):是色球藻目的常见种类。植物体是单细胞浮游性种类,圆形或椭圆形。体内含有片状和杯状叶绿体,一般无淀粉核。无性生殖时,产生不能游动的似亲孢子(autospore),目前尚未发现有有性生殖。它分布很广,生活于含有机质的池塘及沟渠中。小球藻含蛋白质丰富,可高达 50%,又含脂肪及多种维生素,可制成高级食品或药剂。

(4) 栅藻属(*Scenedesmus*):是绿球藻目中定型群体的常见种类。一般是 4 个细胞的定型群体,也有 8 个或 16 个细胞的群体。单细胞核,细胞呈椭球状或纺锤状,胞壁光滑或有各种突起,如乳头、纵行的肋、齿突或刺。幼细胞的载色体是纵行片状,老细胞则充满着载色体,有一个蛋白核。群体细胞是以长轴互相平行排列成一行,或互相交错排列成两行。群体中的细胞同形或不同形。无性生殖产生似亲孢子。产生似亲孢子时,细胞中的原生质体发生横裂,接着子原生质体发生纵裂。有的种类在连续发生一次或两次纵裂后,子原生质体变成似亲孢子,从母细胞壁纵裂的缝隙中放出,与纵轴相平行排列成子群体。栅藻是淡水藻,在各种淡水水域中都能生存,分布很广。

(5) 丝藻属(*Ulothrix*):是丝藻目常见种类。藻体为单条丝状体,由直径相同的圆筒形细胞上下连接而成,基部一般以单细胞固着器固着,生长于岩石或木头上。细胞中央有一细胞核,叶绿体呈环带形成筒状,位于侧缘,其上含有一个或数个蛋白核。丝状体一般为散生,除基部固着器的细胞外,藻体的营养细胞都可进行分裂,产生细胞横隔壁进行横分裂。丝藻属能进行无性和有性生殖。无性生殖时,除固着器细胞外,全部营养细胞均产生具两根或四根鞭毛的游动孢子,一个细胞可产生 2、4、8、16 或 32 个游动孢子。游动孢子具有眼点和伸缩泡,游动缓慢,后以鞭毛的一端附着于基质,萌发形成一个基部固定器细胞,分裂延长为单列细胞的丝状体。有性生殖为同配生殖,配子的生产过程和游动孢子的一样,只是配子数量多。配子在水中游动,然后成对结合,来自不同个体的配子之间进行结合的有性生殖过程,称为异宗配合现象。合子经休眠及减数分裂后产生游动孢子和不动孢子,每个孢子都长成一个新植物个体。

(6) 石莼属(*Ulva*):是石莼目下种类。藻体为多细胞,两层细胞组成片状或叶状体。基部的细胞延伸出假根丝,假根丝生在两层细胞之间,并向下生长伸出植物体外,紧密交织,构成假薄壁组织状固着器,固着于岩石上。藻体细胞表面观为多角形,切面观为长形或方形,排列不规则但紧密,细胞间隙富有胶质。细胞单核,位于片状体细胞内侧。载色体片状,位于片状体细胞外侧,有一个蛋白核。

石莼有两种植物体,即孢子体(sporophyte)和配子体(gametophyte),两种植物体都由两层细胞组成。成熟的孢子体除基部细胞外,藻体细胞均可形成孢子囊。孢子囊开始形成于叶状体上部叶缘的营养细胞,以后向内及中、下部扩大。孢子囊孢子母细胞核经减数分裂形成 8～16 个具 4 根鞭毛的单倍体游动孢子,成熟后由孢子囊的小孔逸出,游动一段时间后,附着在岩石上,失去鞭毛,分泌细胞壁,2～3 d 后萌发成配子体。此过程为无性生殖。配子体成熟后行有性生殖,配子的形成过程及释放与游动孢子相似,但配子囊母细胞核无减数分裂。每个配子囊产生 16～32 个具两条鞭毛的配子。多数为异配生殖,由不同藻体产生的配子才能结合成合子,合子在 2～3 d 内萌发为孢子体。石莼属的孢子体和配子体外形相同,由这两种世代的同型藻体交替出现以延续后代,生活史属同型世代交替。

(7) 水绵属(*Spirogyra*):是接合藻目中的常见种类。本属约 300 种,常成片生于浅水水底或漂浮于水面。植物体为不分枝的丝状体,由许多圆筒状细胞纵向连接而成。由于细胞壁外面含大量的果胶质,故藻体表面滑腻,用手触摸即可辨别。细胞质贴近细胞壁,中央有一个大液泡,细胞核由原生质丝牵引,悬挂于细胞中央。每个细胞内含一至数条带状叶绿体,螺旋状环绕于原生质体的外围。叶绿体上有一列蛋白核。

水绵的有性生殖为接合生殖,常见的有梯形接合和侧面接合。梯形接合时,两条并列丝体上,相对的细胞各生出一个突起,突起相接触处的壁溶解后形成接合管(conjugation tube)。同时,细胞内的原生质体收缩形成配子。一条丝体中的配子经接合管进入另一条丝体中,相互融合成为合子。两条丝体和它们之间所形成的多个横列的接合管,外形很像梯子,因此称为梯形接合(scalariform conjugation)。如果接合管发生在同一丝状体的相邻细胞间,则称为侧面接合(lateral conjugation)。合子形成厚壁,随着死亡的母体沉入水底休眠,萌发前经减数分裂,其中三个核退化,仅一个发育为新的丝状体。

4) 轮藻纲

轮藻纲(Charophyceae)在植物体的结构及生殖方式上均较绿藻纲复杂。轮藻属约有 150 种(图 1-26)。植物体直立,体高 10～60 cm,分枝树状,有主枝、侧枝和短枝之分。体表常含有钙质,以单列细胞分枝的假根固着于水底淤泥中。主枝和侧枝分化成节和节间,节的四周轮生有短枝。短枝也分化成节和节间,短枝也被称为"叶"。无论是主枝或是短枝,顶端均有一个顶细胞(apical cell),可继续生长。

轮藻属没有无性生殖,有性生殖为卵式生殖。雌雄生殖器官结构复杂,为多细胞,二者皆

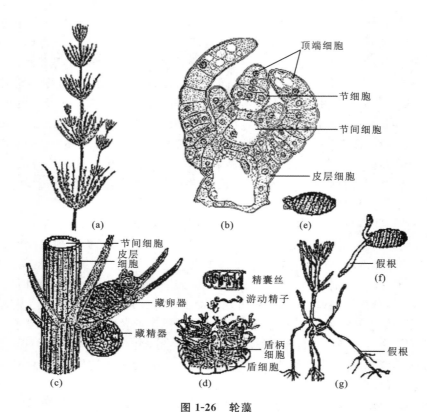

图 1-26　轮藻

(a)植物体的一部分;(b)主茎顶端的从切面;(c)小枝的一部分;
(d)藏精器的解剖;(e),(f)合子的萌发;(g)幼植物体

生于短枝的节上。卵囊呈卵形,位于假叶的上方,内有一个卵细胞。外围有 5 个螺旋形管细胞,管细胞的顶端各有一个冠细胞组成冠。精子囊呈球状,位于假叶的下方,外围由 8 个三角形盾细胞组成,成熟时为鲜红色,中央有盾柄细胞、头细胞、次级头细胞及数条单列细胞的精囊丝,精囊丝的每个细胞内产生一个精子。精子放出后进入卵囊与卵结合形成合子。合子休眠后,经过减数分裂萌发成为原丝体,然后再长出数个新植物体。轮藻的营养繁殖以藻体断裂为主,枝状体基部也可长出珠芽,由珠芽长出植物体。

轮藻多生于淡水,在流动缓慢或静水底部呈小片生长,少数生长在微咸水中。

5) 经济价值

绿藻的经济价值很高。绿藻中如石莼、礁膜、浒苔等历来是沿海人民广为采捞的食用海藻。海产扁藻、小球藻等单细胞绿藻繁殖快,产量高,含有一定量的蛋白质、糖类、氨基酸和多种维生素,可作食品、饲料,还可提取蛋白质、脂肪、叶绿素和核黄素等多种产品。有的绿藻如小球藻、孔石莼等可入药。此外,利用藻菌共生系统和活性藻的方法处理生活污水和工业污水也是不错的选择。

三、苔藓植物

苔藓植物是绿色自养型陆生植物。植物体是配子体,先由孢子萌发成原丝体,再由原丝体发育而成(图 1-27)。苔藓植物一般较小,通常观察到的植物体大致可分成两种类型:一种是苔类,保持叶状体形状;另一种是藓类,开始有类似茎、叶的分化。苔藓植物没有真根,只有假根,假根为表皮突起的单细胞或一列细胞组成的丝状体。茎内组织分化水平不高,仅有皮部和中轴分化,没有真正的维管束构造。叶多数是由一层细胞组成的,既能进行光合作用又能直接吸收水分和养料。

图 1-27　苔藓植物

　　苔藓植物一般生长在潮湿和阴暗的环境中,它是从水生到陆生过渡形式的代表。苔藓植物含有多种化合物,如脂类、烃类、脂肪酸、萜类、黄酮类等。

　　苔藓植物在医药上被利用的历史悠久,我国 11 世纪中期,《嘉祐本草》已记载土马骔能清热解毒,明代李时珍的《本草纲目》也记载了少数苔藓植物可以药用。

　　1. 苔藓植物的特征

　　(1)多生长于阴湿环境中,常见于石面、泥土表面、树干或枝条上,体形细小。

　　(2)苔类完全没有茎、根、叶的分化,藓类则有茎及叶的雏形。

　　(3)所有苔藓植物均没有维管束构造,运输能力弱,因而限制它们的体形及高度;有假根,而无真根;叶由单层细胞组成;整株植物的细胞分化程度不高,为植物界中较低等的类群。

　　(4)有世代交替现象。

　　2. 苔藓植物的繁殖

　　苔藓植物为有性生殖时,在配子体(n)上产生多细胞构成的精子器(antheridium)和颈卵器(archegonium)。颈卵器的外形如瓶状,上部细狭称为颈部,中间有一条沟称为颈沟,下部膨大称为腹部,腹部中间有一个大型的细胞称为卵细胞。精子器产生精子,精子有两条鞭毛借水游到颈卵器内与卵结合,卵细胞受精后成为合子($2n$),合子在颈卵器内发育成胚,胚依靠配子体的营养发育成孢子体($2n$),孢子体不能独立生活,只能寄生在配子体中。孢子体的最主要部分是孢蒴,孢蒴内的孢原组织细胞经多次分裂再经减数分裂形成孢子(n),孢子散出,在适宜的环境中萌发成新的配子体。

　　在苔藓植物的生活史中,从孢子萌发到形成配子体、配子体产生雌雄配子这一阶段为有性世代,从受精卵发育成胚、由胚发育形成孢子体的阶段称为无性世代。有性世代和无性世代互相交替形成了世代交替。

苔藓植物的配子体世代在生活史中占优势,且能独立生活,而孢子体不能独立生活,只能寄生在配子体中,这是苔藓植物与其他高等植物明显不同的特征之一。

3. 苔藓植物的分类

苔藓植物全世界约有 23000 种,我国约有 2800 种,药用的有 90 余种。根据其营养体的形态结构通常分为两大类,即苔纲(Hepaticae)和藓纲(Musci)。苔纲和藓纲的主要区别特征如表 1-3 所示。

表 1-3　苔纲和藓纲的主要区别

项　目	苔　纲	藓　纲
配子体	多为扁平的叶状体,有背腹之分;体内无维管组织;根是由单细胞组成的假根	有茎、叶的分化,茎内具中轴,但无维管组织;根是由单列细胞组成的分枝假根
孢子体	由基足、短缩的蒴柄和孢蒴组成,孢蒴无蒴齿,孢蒴内有孢子及弹丝,成熟时在顶部呈不规则开裂	由基足、蒴柄和孢蒴三部分组成,蒴柄较长,孢蒴顶部有蒴盖及蒴齿,中央为蒴轴,孢蒴内有孢子,无弹丝,成熟时盖裂
原丝体	孢子萌发时产生原丝体,原丝体不发达,不产生芽体,每一个原丝体只形成一个新植物体(配子体)	原丝体发达,在原丝体上产生多个芽体,每个芽体形成一个新的植物体(配子体)
生境	多生于阴湿的土地、岩石和潮湿的树干上	比苔类植物耐低温,在温带、寒带、高山冻原、森林、沼泽常能形成大片群落

4. 苔藓植物在自然界中的作用

(1) 除了蓝藻和地衣,苔藓植物也能生活于沙碛、荒漠、冻原地带及裸露的石面或新断裂的岩层上,在生长的过程中能不断地分泌酸性物质溶解岩面,本身死亡的残骸也堆积在岩面上,年深日久,即为其他高等植物创造了生存条件。因此,它是植物界的拓荒者之一。

(2) 苔藓植物一般都有很强的吸水能力,尤其是当密集丛生时,其吸水量高时可达植物体干重的 15～20 倍,而蒸发量却只有净水表面的 1/5。因此,在防止水土流失方面苔藓植物起着重要的作用。

(3) 苔藓植物有很强的适应水湿特性,如泥炭藓属、湿原藓属、大湿原藓属、镰刀藓属等。当其在湖边、沼泽中大片生长时,在适宜的条件下,上部能逐年产生新枝,下部老的植物体逐渐死亡、腐朽。因此,在长时间内,上部藓层逐渐扩展,下部藓层死亡腐朽部分越堆越厚,可使湖泊、沼泽干枯,逐渐陆地化,为陆生的草本植物、灌木和乔木创造了生活条件,从而使湖泊、沼泽演替为森林。

如果空气中湿度过大,上述一些藓类由于能吸收空气中水汽,使水分长期蓄积于藓丛之中,也能促成地面沼泽化而形成高位沼泽。如果高位沼泽在森林内形成,对森林危害甚大,可造成林木大批死亡。因此,苔藓植物对湖泊、沼泽的陆地化和陆地的沼泽化均起着重要的演替作用。

(4) 苔藓植物的生态作用是多方面的,由于对自然条件较为敏感,在不同的生态条件下常出现不同种类的苔藓植物,因此可以作为某一个生态条件下综合性的指示植物。如泥炭藓类多生于我国北方的落叶松和冷杉林中,金发藓多生于红松和云杉林中,而塔藓多生于冷杉和落叶松的半沼泽林中。在我国南方的一些叶附生苔类,如细鳞苔科、扁萼苔科植物多生于热带雨林内。

5. 苔藓植物的经济价值

苔藓植物有的种类可直接入药。如金发藓属下的土马骔有败热解毒作用,全草能乌发、活血、止血、利大小便;暖地大叶藓对治疗心血管病有较好疗效;一些仙鹤藓属、金发藓属植物的提取液对金黄色葡萄球菌有较强抗菌作用,对革兰氏阳性菌有抗菌作用。此外,苔藓植物因其茎、叶具有很强的吸水、保水能力,在园艺上常用于包装运输新鲜苗木或作为播种后的覆盖物,以免水分过量蒸发。泥炭藓或其他藓类所形成的泥炭可作燃料及肥料。

总之,随着人类对自然界认识的逐步深入,对苔藓植物的研究利用也将得到进一步发展。

四、蕨类植物

1. 概述

蕨类植物是植物的主要类群,是高等植物中比较低级的一类,是最原始的维管植物。孢子体发达,有根、茎、叶之分,不具花,以孢子繁殖。世代交替明显,无性世代占优势。现存的大部分蕨类植物为草本,少数为木本。孢子落地萌发成原叶体,其上产生颈卵器,受精卵在颈卵器内发育成胚胎。繁殖过程中所有蕨类植物都需要静止的水,新生的植物只能存活在肥沃的地方。因此,不容易在整年干燥的地方或四季变化极大的地方发现它们。现存约 12000 种,我国约有 2600 种,如铁线蕨、卷柏、贯众、肾蕨、满江红、鳞木和桫椤等均属蕨类。多种蕨类植物可供食用(如蕨、紫萁)、药用(如贯众、海金沙)或工业用(如石松)。

对于蕨类植物的分类系统,由于植物学家意见不一致,过去常把蕨类植物作为 1 个门,其下 5 个纲,即松叶蕨纲、石松纲、水韭纲、木贼纲(楔叶纲)、真蕨纲。前 4 个纲都是小叶型蕨类植物,是一些较原始古老的蕨类植物,现存较少。真蕨纲是大型叶蕨类,是最进化的蕨类植物,也是现代极其繁茂的蕨类植物。我国蕨类植物学家秦仁昌将蕨类植物分成 5 个亚门,即将上述 5 个纲均提升为亚门。

蕨类植物旧称"羊齿植物",在古生代泥盆纪、石炭纪多为高大乔木,二叠纪以后至三叠纪时大都绝灭,大量遗体埋入地下形成煤层。

2. 蕨类植物的一般特征

识别蕨类植物的三把金钥匙是拳卷幼叶、孢子囊群和鳞片。蕨类植物一生要经历两个世代,一个是体积较大、有双套染色体的孢子体世代,另一个是体积微小、只有单套染色体的配子体世代。蕨类的孢子体也即是我们一般熟悉的蕨类植物体,包括根、茎、叶、孢子囊群等结构,其孢子囊中的孢子母细胞经减数分裂即形成具有单套染色体的孢子,孢子成熟后借风力或水力散布出去,遇到适宜环境即萌发生长,最后形成如人类小指甲大小的配子体。配子体上生有雄性生殖器官——精子器和雌性生殖器官——颈卵器。精子器里的精子借助水游入颈卵器与其中的卵细胞结合,形成具有双套染色体的受精卵,如此又进入孢子体世代,即受精卵发育成胚,由胚长成独立生活的孢子体。

(1)孢子囊群。孢子囊是蕨类植物的有性生殖器官,在小型叶蕨类中单生在孢子叶的近轴面叶腋或叶子基部,孢子叶通常集生在枝的顶端,形成球状或穗状,称为孢子叶穗或孢子叶球。较进化的真蕨类中,孢子囊一般着生在叶片下表面,边缘或集生在一个特化的孢子叶上,往往由多数孢子囊集成群,其形状与颜色各异,又称为孢子囊群。大多数水生蕨类的孢子囊群特化成孢子果。多数发育成熟的孢子呈棕色或褐色,能保持较长时间的发芽力,但发芽力随着保存时间的延长而降低;少数种类的孢子为绿色,这类孢子寿命很短,一般仅几天,应即采即播。大多数蕨类植物的孢子同型,卷柏与少数水生蕨类的孢子异型。多数孢子囊群的外面被有孢子囊群盖保护。

(2)鳞片与毛类。在蕨类植物的茎、叶、孢子囊体及孢子囊群盖上着生着各种各样的鳞片与毛类,它们对这些器官起着保护作用,这也是进行类群与物种划分的主要依据。鳞片是由单细胞组成的薄膜片状物,多出现在基部的根状茎和叶柄上,有各种形状和颜色,其表面有大或小、透明或不透明的多边形网眼,边缘有齿或无齿。其类型可分为毛状原始鳞片、细筛孔鳞片和粗筛孔鳞片等。蕨类植物毛的类型很多,多出现在叶柄、叶轴、叶脉及上下叶面上,有单细胞或多细胞的针状毛,有由多细胞组成的节状毛,有分枝带长柄的星状毛,也有丝状柔毛及顶部带腺体的腺毛等。

(3)叶。蕨类植物的叶形千差万别,有小型叶与大型叶之分。小型叶如松叶蕨、石松等的叶,没有叶隙与叶柄,只具有一个单一不分枝的叶脉。小型叶的来源为茎的表皮细胞,为原始的类群。大型叶大多均由叶柄与叶片两部分组成,有具维管束的叶隙,叶脉多分枝,其来源是多数顶生枝经过扁化而成的,多数蕨类植物均属此类。叶柄一般为圆柱形,有些种类的叶柄与叶片很难分清,近无柄。叶片由叶脉与叶肉两部分组成,叶片的分裂方式多种多样,有不分裂的单叶,也有各种羽状分裂的复叶。蕨类植物的叶片按功能可分为营养叶与孢子叶。营养叶又称为不育叶,其主要功能是进行光合作用,制造有机物;孢子叶又称为能育叶,能产生孢子囊与孢子。有些蕨类的营养叶与孢子叶是不分的,且形状完全相同,称为同型叶;孢子叶与营养叶形状完全不同的称为异型叶,异型叶种类比同型叶高等。此外,有些种类的叶片末端或叶表面还能产生芽孢形成新的植株。

(4)根状茎。蕨类植物的茎多为根状茎,只有少数种类具有高大直立的地上茎,如苏铁蕨、桫椤等。少数原始种类兼具根状茎与气生茎。根状茎形状多样,生长在地下的通常粗而短,生长在地表的多成匍匐状。匍匐茎粗壮的,内含大量水分和有机物,具有储藏营养的功能;匍匐茎细小的,仅含少量水分和有机物,能沿着地表、岩石面、树干等攀援生长。茎中具有各种各样的维管组织,现代蕨类中除极少种类如水韭、瓶尔小草外,一般没有形成层结构。大多数蕨类植物的根状茎均具有无性繁殖成新个体的功能。

(5)根。蕨类植物的根,除极少数原始种类为假根外,大多为具有较好吸收能力的不定根,但没有真正的主根。根通常生长在根状茎上,只生长在土壤的表层,因此其保水能力较差。蕨类植物的根具有固定植物、吸收水分与养料的作用,有些种类的根还可以萌发幼苗并形成新植株。

3. 蕨类植物的生境与分布

蕨类植物体内输导水分和养料的维管组织远不及种子植物的发达,有性生殖过程离不开水,也不具备种子植物丰富多样的传粉受精、繁殖后代的机制。因此,蕨类植物在生存竞争中臣服于种子植物,通常生长在森林下层阴暗潮湿的环境中,少数耐旱种类能生长于干旱荒坡、路旁及房前屋后。

蕨类植物分布广泛,几乎无处不在。从海滨到高山,从湿地、湖泊到平原、山丘,到处都有蕨类植物的踪影。它们有的在地表匍匐或直立生长，有的长在石缝裂隙或石壁上，有的附生或缠绕攀附在树干上，也有少数种类生长在海边、池塘、水田或湿地草丛中。蕨类植物绝大多数是草本植物，极少数为木本植物，如桫椤能长到几米至十几米高。

现在地球上生存的蕨类植物分布在世界各地，但其中绝大多数分布在热带、亚热带地区。我国多分布在西南地区和长江以南。我国西南地区是亚洲也是世界蕨类植物的分布中心之一，云南的蕨类植物种类达 1400 余种，是我国蕨类植物最丰富的省份。我国宝岛台湾面积不大，但有蕨类植物 630 余种，是我国蕨类植物最丰富的地区之一，也是世界蕨类物种密度最高的地区之一。

4. 蕨类植物的用途

现存蕨类植物，除热带树蕨外，大多数是生于山区的多年生草本，在经济上有多种用途，简要介绍如下。

（1）药用。蕨类植物中有许多种类自古以来就被广泛入药，为人民治疗各种疾病。如杉蔓石松能祛风湿，舒筋活血；节节草能治化脓性骨髓炎；乌蕨可治菌痢、急性肠炎；长柄石韦可治急、慢性肾炎，肾盂肾炎等；绵马鳞毛蕨和其许多近亲种可治牛羊的肝蛭病等。

（2）食用。蕨类植物可供食用的种类也很多，如在幼嫩时可作菜蔬的有蕨菜（*Pteridium aquilinum*）、毛蕨（*Pteridium revolutum*）、菜蕨（*Callipteris esculenta*）、紫萁（*Osmunda japonica*）、西南凤尾蕨（*Pteris wallichiana*，图 1-28）、水蕨（*Ceratopteris thalictroides*）等，不但新鲜时可作菜，也可加工成干菜，供食用。许多蕨类植物的地下根状茎含有大量淀粉，可酿酒或供食用，如食用观音座莲（*Angiopteris esculenta*），其地下茎之重可达 20～30 kg，蕨菜的地下茎及其他许多种类均富含淀粉。此外，我国亚热带地区如云南、广东、广西、台湾等省区的山林中产多种高大的树蕨，如桫椤树（*Cyathea* spp.，图 1-29），其圆柱状的树干内含有一种胶质物，可供食用；其树干磨光后呈现出美丽的花纹，可作饰品；干部的厚壁组织细长而坚牢，犹如钢丝，能编织成各形篮筐和斗笠。

图 1-28　凤尾蕨

（3）绿肥和饲料用。水田或池塘中的满江红是一种水生蕨类植物，它通过与蓝藻共生，能从空气中吸取和积累大量的氮，成为良好的绿肥植物与家畜家禽的饲料植物。

图 1-29　桫椤树

（4）指示植物。不同的植物种类要求不同的生长环境，有的适应幅度较宽，有的较窄，后者只有在满足了它对环境的条件要求时才能够生存，因此这种植物的存在指示着当地的环境条件，称为指示植物。蕨类植物对外界自然条件的反应具有高度敏感性，不同属类或种类的生存要求不同的生态环境条件。如石蕨、肿足蕨、粉背蕨、石韦、瓦韦等属一般生于石灰岩或钙性土壤中；鳞毛蕨、复叶耳蕨、线蕨等属生于酸性土壤中；有的种类适应于中性或微酸性土壤；有的耐旱性强，适宜于较干旱的环境，如旱蕨、粉背蕨等；有的只能生于潮湿或沼泽地区，如沼泽蕨（*Thelypteris palustris*）、绒紫萁（*Osmunda claytoniana*）。因此，根据生长的某种蕨类植物可以标志所在地的地质、岩石和土壤类型、理化性、肥沃度，以及光强和空气湿度等，借此可判断土壤与森林的不同发育阶段，有助于森林更新和抚育工作。其次，蕨类植物的不同种类，可以反映出所在地的气候变化情况，借此可划分不同的气候区，有利于发展农、林、牧业，提高产量。如生长着桫椤树、地耳蕨、巢蕨的地区，标志着热带和亚热带气候，宜于栽培橡胶树、金鸡纳等植物，生长刺桫椤树（*Cyathea spinulosa*）的地区，标志着南温带气候，其绝对最低温度经常在冰点以上；生长绵马鳞毛蕨（*Dryopteris crassirhizoma*）、欧洲绵马鳞毛蕨（*Dryopteris filix-mas*）的地区，标志着北温带气候等。此外，生长石松的地方一般与铝矿有密切关系。蕨类植物还可检测当地环境是否被污染。

（5）绿化和观赏用。有不少种类的蕨类植物具有独特、美观、典雅、别致等外形，且无性繁殖力强，可作盆景以绿化庭园和住宅。有些藤本种类还可制作各种编织品。我国是世界蕨类植物种类最多的地区之一，资源极为丰富，对它们的开发利用有待于进一步研究。

五、种子植物

种子植物是植物界最高等的类群（图 1-30），是植物界最进化的种类。所有种子植物均有两个基本特征：①体内有维管组织——韧皮部和木质部；②能产生种子并以种子繁殖。种子植物可分为裸子植物和被子植物。裸子植物的种子裸露，其外层没有果皮包被；被子植物种子的外层有果皮包被。

与种子的出现有密切关系的是花粉管的产生，它将精子送到卵旁，这样使得受精这个十分

图 1-30　种子植物百合花

重要环节不再受水的限制。它们的孢子体发达，高度分化，并占绝对优势；相反，配子体则极为简化，不能离开孢子体独立生活。种子最早产生于裸子植物中的种子蕨目，其中最原始的化石种

子蕨目植物在上泥盆纪的地层中有发现。种子植物和蕨类植物同具有世代交替现象。目前，世界上已分化出 20 余万种种子植物，是现今地球表面绿色的主体。

（一）种子

种子（seed）是裸子植物和被子植物特有的繁殖体，它由胚珠经过传粉受精形成。种子一般由种皮、胚和胚乳三部分组成，有的植物成熟的种子只有种皮和胚两部分。种子的形成使幼小孢子体——胚得到母体保护，并像哺乳动物的胎儿那样得到充足养料。种子还具有适于传播或抵抗不良条件的结构，为植物的种族延续创造了良好条件。所以，在植物的系统发育过程中种子植物能够代替蕨类植物取得优势地位。种子与人类生活关系密切，除日常生活必需的粮、油、棉外，一些药材（如杏仁）、调料（如胡椒）、饮料（如咖啡、可可）等均来自植物的种子。

（二）裸子植物

裸子植物是种子植物中较低级的一类，具有颈卵器，既属颈卵器植物，又属种子植物。它们的胚珠外面没有子房壁包被，不形成果皮，种子是裸露的，故称裸子植物。

孢子体即植物体，极为发达，多为乔木，少数为灌木或藤木（如热带的买麻藤），通常常绿，叶多呈针形、线形、鳞形，极少为扁平阔叶（如竹柏）。大多数次生木质部只有管胞，极少数具导管（如麻黄），韧皮部只有筛胞而无伴胞和筛管。大多数雌配子体有颈卵器，少数种类精子有鞭毛（如苏铁和银杏）（图 1-31）。

图 1-31　银杏树及其果实

裸子植物出现于古生代，中生代最为繁盛，后来由于地史的变化，逐渐衰退。现代裸子植物约有 850 种，隶属 5 纲，即苏铁纲、银杏纲、松柏纲、红豆杉纲和买麻藤纲，其下共 9 目，15 科，79 属。

裸子植物很多为重要林木，尤其在北半球，大型森林 80% 以上是裸子植物，如落叶松、冷杉、华山松、云杉等。多种木材质轻、强度大、不弯曲、富弹性，是很好的建筑、车船、造纸用材。

苏铁的叶和种子、银杏种仁、松花粉、松针、松油、麻黄、侧柏种子等均可入药。落叶松、云杉等多种树皮、树干可提取单宁、挥发油和树脂、松香等。刺叶苏铁幼叶可食，髓可制西米。银杏、华山松、红松和榧树的种子是可以食用的干果。

裸子植物是原始的种子植物，其发生、发展历史悠久。最初的裸子植物出现在古生代，在中生代至新生代它们是遍布各大陆的主要植物。现存的裸子植物有不少种类出现于第三纪，后又经过冰川时期而保留下来，繁衍至今。

1. 中国裸子植物的多样性

中国疆域辽阔,气候和地貌类型复杂,在中生代至新生代第三纪一直是温暖气候,第四纪冰期时又没有直接受到北方大陆冰盖的破坏,基本上保持了第三纪以来比较稳定的气候,致使中国的裸子植物区系具有种类丰富、起源古老、多古残遗种和孑遗种、特有成分繁多和针叶林类型多样等特征。

据统计,中国的裸子植物有 10 科、34 属,约 250 种,分别占世界现存裸子植物科、属、种总数的 66.6%、43.0%和 29.4%,是世界上裸子植物最丰富的国家之一。在中国的裸子植物中有许多是北半球其他地区早已灭绝的古残遗种或孑遗种,且常为特有的单型属或少型属。如特有单种科银杏科(Ginkgoaceae);特有单型属水杉(*Metasequoia*)、水松(*Glyptostrobus*)、银杉(*Cathaya*)、金钱松(*Pseudolarix*)和白豆杉(*Pseudotaxus*);半特有单型属和少型属台湾杉(*Taiwania*)、杉木(*Cunninghamia*)、福建柏(*Fokienia*)、侧柏(*Platycladus*)、穗花杉(*Amentotaxus*)和油杉(*Keteleeria*),以及残遗种,如多种苏铁(*Cycas* spp.)、冷杉(*Abies* spp.),等等。

中国的裸子植物的种数虽仅为被子植物种数的 0.8%,但其所形成的针叶林面积却略高于阔叶林面积,约占森林总面积的 52%。在中国东北、华北及西北地区的针叶林中裸子植物物种较少,在西南地区针叶林中则有丰富的裸子植物物种。在华南、华中及华东地区除原生针叶林外,更常见的是大面积人工杉木林、马尾松林和柏木林。

2. 中国裸子植物面临的威胁及其保护

虽然我国具有极为丰富的裸子植物物种及森林资源,但由于多数裸子植物树干端直、材质优良,且出材率高,所以其所组成的针叶林常作为优先采伐的对象,使得该资源正受到来自人类的严重威胁和破坏。如 20 世纪 50 年代中国最大的针叶林区——东北大、小兴安岭及长白山区的天然林被不同程度地开发利用,20 世纪 60 年代至 70 年代另一大针叶林区——西南横断山区的天然林又相继被采伐,仅在交通不便的深山和河谷陡壁,以及自然保护区内尚有天然针叶林保存。华中、华东和华南地区因人口密集和对经济发展的需求,各类天然针叶林多被砍伐,取而代之的是人工马尾松林、杉木林和柏木林。随着各类天然针叶林的采伐和破坏,原有生态环境发生改变,加快了林下生物消失和濒危速度。同时,具有重要观赏价值和经济价值的裸子植物亦被严重破坏,如攀枝花苏铁(*Cycas panzhihuaensis*)、贵州苏铁(*C. guizhouensis*)、多歧苏铁(*C. multipinnata*)和叉叶苏铁(*C. micholitzii*)均在新分布点发现后就遭到大肆破坏。三尖杉属(*Cephalotaxus*)、红豆杉属(*Taxus*)植物自 20 世纪 60 年代以来初发现为新型抗癌药用植物后,就立即遭到大规模采伐破坏,使其资源急剧减少。

初步查明,中国裸子植物曾被认为灭绝的种有崖柏(*Thuja smutchuanensis*),现已重新发现;仅有栽培而无野生植株的野生绝灭种有苏铁(铁树,*Cycas revoluta*)、华南苏铁(*C. taiwaniana*)、四川苏铁(*C. szechuanensis*);分布区极窄、植株极少的极危种(critically endangered)有多歧苏铁、柔毛油杉(*Keteleeria pubescens*)、矩鳞油杉(*K. oblonga*)、海南油杉(*K. hainanensis*)、百山祖冷杉(*Abies beshanzuensis*)、元宝山冷杉(*A. yuanbaoshanensis*)、康定云杉(*Picea montigena*)、大果青杆(*P. neoveitchii*)、太白红杉(*Larix chinensis*)、短叶黄杉(*Pseudotsuga brevifolia*)、巧家五针松(*Pinus smquamata*)、贡山三尖杉(*Cephalotaxus lanceolata*)、台湾穗花杉(*Amentotaxus formosana*)和云南穗花杉(*A. yunnanensis*)等。濒危

和受威胁的裸子植物有 63 种,约占我国裸子植物的 25.2%,其中百山祖冷杉和台湾穗花杉被列入世界最濒危植物。

(三) 被子植物

1. 概述

被子植物亦称为显花植物,是植物界最高级的一类。自新生代以来它们在地球上占据绝对优势,是现代植物中最大的类群,种类数目在 250000 种以上,构成当今地球表面的优势植被。被子植物为人类提供食物、住所、衣料、药品和花卉,是最重要的食物来源,如禾谷类(如水稻、小麦和玉蜀黍)、甘蔗、马铃薯、块茎蔬菜和果品等。

被子植物的习性、形态和大小差别很大,从极微小的青浮草到巨大的乔木桉树,大多数直立生长,但也有缠绕、匍匐或靠其他植物的机械支持而生长的。多含叶绿素,自己制造养料,但也有腐生和寄生的,也有几个科的植物是肉食的,如茅膏菜属(*Drosera*)植物以昆虫和其他小动物为食物。许多种类是木本的(包括乔木和灌木),但多为草本的,草本被子植物比木本的具有更进化的特征。多数为异花传粉,少数为自花传粉。花粉粒到达柱头后即萌发并产生花粉管,通过花柱向下进入子房腔。花粉管前端有管核和生殖细胞。随着花粉管的发育,生殖细胞分裂成两个雄配子。花粉管一般通过珠孔进入胚珠。花粉管进入雌配子体后,顶端破裂,两个雄配子释出,进入雌配子体的细胞质内。其中一个雄配子钻入卵细胞内,与之融合而受精,受精后产生的核子常发育成胚;另一个雄配子同雌配子体的其他两个极核结合形成胚乳核,胚乳核产生胚乳,用于储藏养料。两个雄配子均参加融合的过程称为双受精作用,为被子植物所独有。

被子植物的器官与其他维管束植物一样,分为营养器官和繁殖器官。木质部有特化的导管,在韧皮部内筛管分子末端相接形成筛管,筛管侧面同伴细胞相接。叶的大小、形状和结构很不一致,叶序有互生、对生或轮生。互生是原始的类型,对生和轮生是在进化过程中衍生形成的。全缘、具羽状脉的单叶较为原始。在冬季或旱季脱落的叶由常绿叶进化而来。叶表皮具有特化气孔。花是高度变异和特化的繁殖体。孢子叶(雄蕊和心皮)藏于花托上,通常由花被(萼片和花瓣)环绕。花托是节间缩短的茎,原始的花托较长。萼片常为绿色,叶状或苞片状,是特化的叶。花瓣通常与萼片互生,其质地、颜色和大小不同于萼片。雄蕊通常由柄状的花丝和带孢子的部分(花药)组成;心皮由包围胚珠的子房、花柱和柱头构成,柱头用于接收花粉粒,生于花柱顶端。

2. 被子植物的基本特征

(1) 具有真正的花。典型被子植物的花由花萼、花冠、雄蕊群、雌蕊群四部分组成,各个部分称为花部;被子植物花的各部分在数量和形态上有极其多样的变化,这些变化是在进化过程中为适应虫媒、风媒、鸟媒或水媒传粉的条件而被自然界选择得以保留,并不断加强而形成的。

(2) 具有雌蕊。雌蕊由心皮所组成,包括子房、花柱和柱头三部分。胚珠包藏在子房内,受到子房的保护,避免了昆虫的咬噬和水分丧失。子房在受精后发育成为果实。果实具有不同的色、香、味,有多种开裂方式;果皮上常具有各种钩、刺、翅、毛。果实的所有这些特点对保护种子成熟、帮助种子散布起着重要作用,它们的进化意义是不言而喻的。

(3) 具有双受精现象。双受精现象,即两个精子细胞进入胚囊后,一个与卵细胞结合形成合子,另一个与两个极核结合形成 $3n$ 染色体,发育为胚乳,幼胚以 $3n$ 染色体的胚乳为营养,使新植物体具有更强的生命力。所有被子植物均有双受精现象，这是它们具有共同祖先的一个重要证据。

（4）孢子体高度发达。被子植物的孢子体在形态、结构、生活型等方面，比其他各类植物更完善和多样化，有世界上最高大的乔木，如杏仁桉（*Eucalyptus amygdalina* Labill.），高达156 m；也有微细如沙粒的小草本，如无根萍（*Wolffia arrhiza*（L.）Wimm.），每平方米水面可容纳 300 万个个体；有重达 25 kg 仅含 1 颗种子的果实，如王棕（大王椰子）（*Roystonea regia*（H. B. K.）O. F. Cook.）；也有轻如尘埃，5 万颗种子仅重 0.1 g 的植物，如热带雨林中的一些附生兰；有寿命长达 6000 年的植物，如龙血树（*Dracaena draco* L.）；也有在 3 周内开花结籽完成生命周期的植物，如一些生长在荒漠的十字花科植物；有水生、砂生、石生和盐碱地生植物；有自养植物，也有腐生、寄生植物。在解剖构造上，被子植物的次生木质部有导管，韧皮部有伴胞，而裸子植物中一般均为管胞（只有麻黄和买麻藤类例外），韧皮部无伴胞。被子植物输导组织的完善使体内物质运输畅通，适应性得到加强。

（5）配子体进一步退化。被子植物的小孢子（单核花粉粒）发育为雄配子体，大部分成熟的雄配子体仅具两个细胞（二核花粉粒），其中一个为营养细胞，一个为生殖细胞，少数植物在传粉前生殖细胞就分裂一次，产生两个精子，所以这类植物的雄配子体为三核的花粉粒，如石竹亚纲的植物和油菜、玉米、大麦、小麦等。被子植物的大孢子发育为成熟的雌配子体，称为胚囊。通常胚囊只有八个细胞：三个反足细胞、两个极核、两个助细胞、一个卵。反足细胞是原叶体营养部分的残余。有的植物（如竹类）反足细胞可多达 300 余个，有的（如苹果、梨）在胚囊成熟时反足细胞消失。助细胞和卵合称为卵器，是颈卵器的残余。由此可见，被子植物的雌、雄配子体均无独立生活能力，终生寄生在孢子体上，结构上比裸子植物更简化。配子体的简化在生物学上具有进化意义。

被子植物的上述几个特征，使它具备了在生存竞争中优越于其他各类植物的内部条件。被子植物的产生，使地球上第一次出现色彩鲜艳、类型繁多、花果丰茂的景象，随着被子植物花形态的发展及果实和种子中高能量产物的储存，使得直接或间接依赖植物为生的动物界，尤其是昆虫、鸟类和哺乳类，获得了相应的发展，迅速地繁茂起来。

被子植物是植物界进化最高级、种类最多、分布最广、适应性最强的类群。在不同的系统中，被子植物有 300～400 科，1 万余属，20～25 万种，超过植物界半数种类。它们分布于各个气候带，由于气温高、雨水多的缘故，热带、亚热带最多。南美亚马孙河区有约 4 万种，其他热带地区有 2～3 万种。温带地区因气温降低、雨量少，种类渐减。从我国的情况看，云南省气候条件好，被子植物达 1 万种以上，而河北省地处北纬 26°～43°，相对种类减少许多，约有 2500种。北极地区数量大大减少，许多地方几乎无被子植物，仅少数地方有少数种类顽强生存，如北极柳（*Salix lanata*）、北极罂粟（*Papaver radicatum*），其分布纬度达 80°以上。在南半球南极大陆的莫尔吉特湾詹尼岛附近，有石竹科植物厚叶柯罗石竹（*Colobanthus crassifolius*）生存。此外，从海拔高度看，地势越高，气温越低，大约每上升 100 m，气温降低 0.5 ℃，植物种类组成也随之发生变化；在珠穆朗玛峰地区，气候严寒，只有少数耐寒种类生存。海拔 5000～5500 m 地区还能找到石竹科的伏繁缕（*Stellaria decumbens*）。雪莲花（*Saussurea involucrata*）在新疆天山高处也有分布。

极端的自然环境还有沙漠。如我国新疆维吾尔自治区的沙漠地区，有胡杨（*Populus*

diversifolia）和梭梭（*Haloxylon ammodendron*）生存,能适应干旱气候。北非撒哈拉大沙漠雨水极少,有的地方十几年无雨,有一种植物叫矮生齿子草（*Odontospermum pygmaeum*）,由于适应极端干旱,只有几十天极短的生命周期,故称为短命植物。它在稍有雨水时,能发芽生长到开花结果;平时稍有湿润,花就张开,一旦干燥,花即闭合,十分灵敏。美洲墨西哥沙漠地区有一类适应干旱的特殊植物,即多浆植物,著名的有仙人掌科,全身多刺,叶退化,茎含水多用于抗旱,其中有的种类形如巨人,如用刀砍开,可以直接喝到水。在盐碱地上,有抗盐性强的被子植物,以黎科最著名,如盐角草（*Salicornia herbacea*）为一年生草本,肉质植物,叶极小,茎节状,可以行光合作用,在其茎的横截面上有引人注目的特征:表皮薄而光滑,栅栏组织有两层,内部细胞大、含水多,维管组织在中心。盐角草活物质量的 92% 以上为水分,这种多水性是由于钠（Na）离子影响形成的。干燥的盐角草燃烧后留下的灰分极多,占干重的 45% 以上。上述茎结构含水多和燃烧后的灰分多均是典型的盐生植物特性。

3. 被子植物的分类

被子植物可分为两个纲,即双子叶植物纲和单子叶植物纲,它们的基本区别见表 1-4。

表 1-4 双子叶植物纲和单子叶植物纲的主要区别

类 别	双子叶植物纲	单子叶植物纲
根	直根系	须根系
茎	维管束成环状排列,有形成层	维管束成星散排列,无形成层
叶	网状脉	平形脉或弧形脉
花	各部分基数为 4 或 5	各部分基数为 3
花粉粒	三个萌发孔	单个萌发孔
胚	两片子叶	一片子叶

以上区别并非是绝对的,实际情况中也有交错现象。如双子叶植物纲中的毛茛科、车前科、菊科等有须根系植物;胡椒科、睡莲科、毛茛科、石竹科等有维管束成星散排列的植物;樟科、木兰科、小檗科、毛茛科有 3 基数的花;睡莲科、毛茛科、小续科、罂粟科、伞形科等有一片子叶的现象。单子叶植物纲中的天南星科、百合科、薯蓣科等有网状脉;眼子菜科、百合科、百部科等有 4 基数的花。

4. 双子叶植物纲

双子叶植物纲（Dicotyledoneae）,又称为木兰纲（图 1-32）,为被子植物门中两大类群之一。植物体各异,从纤细的草本到粗壮的木本。种子的胚通常有两片子叶。胚根伸长成发达的主根,少数也有成须根状的,叶脉多为网状脉。茎内维管束排列成圆筒形,呈环状排列,具形成层,保持分裂能力,故茎能加粗。花部（萼片、花瓣、雄蕊）常为 5 基数或 4 基数,少部分为多基数;花被由辐射对称至两侧对称,子房由上位至下位;果实有开裂或不开裂的各种类型;成熟种子有

图 1-32 双子叶植物木兰

胚乳或无胚乳。该纲包括了大多数常见植物,其中有很多与人类生产生活息息相关,如棉花、

大豆、花生、向日葵、番薯、马铃薯、苹果、烟草、薄荷和各种瓜类,等等。

双子叶植物约有 16.5 万种,常分为离瓣花类(也称为古生花被类)和合瓣花类(也称为后生花被类)两类。但塔赫塔江(A. L. Takhtajan)在 1980 年提出的被子植物系统及克朗奎斯特(A. Cronquist)在 1981 年提出的有花植物分类系统中将双子叶植物纲改称为木兰纲。以下简要介绍双子叶植物纲的一些重要的目。

木兰目(Magnoliales):木本。花单生或为聚伞花序,花托显著,花常两性,花部螺旋状排列至轮状排列;花被多为 3 基数;雄蕊 6 至多数,偶 3;心皮多数离生或少至一个;胚乳丰富,胚小;花粉单孔、无孔或双孔。本目包含木兰科(Magnoliaceae)、番荔枝科(Annonaceae)、肉豆蔻科(Myristicaceae)等 10 科。

樟目(Laurales):木本。常有油细胞;单叶全缘;虫媒花,常集成不明显的聚伞花序或总状花序,花为 3 基数;花被离生,同形;雄蕊 5 至多数,偶 3 数,轮状或螺旋状排列,花药与花丝常能明显区分;雌蕊一至多数,心皮合生,胚珠 1～2 个,仅 1 个成熟;内胚乳有或无。本目包括樟科(Lauraceae)、蜡梅科(Calycanthaceae)、莲叶桐科(Hernandiaceae)等 8 科。

胡椒目(Piperales):草本或木本。茎内维管束分散,似单子叶植物;单叶全缘,有油细胞,常含辛辣味,有托叶;花小,无花被,生于苞腋,密集成穗状花序;雄蕊 1～10 数;心皮分离或结合;种子有胚乳,胚小;多产于热带。本目包括金粟兰科(Chloranthaceae)、三白草科(Saururaceae)和胡椒科(Piperaceae)3 科。

睡莲目(Nymphaeales):水生草本。室内维管束分散;花常两性,单生子叶腋;花部 3 至多数,心皮常多数,子房上位或下位,每室有一至多数胚珠;坚果。本目包括莲科(Nelumbonaceae)、睡莲科(Nymphaeacae)、莼菜科(Cabombaceae)、金鱼藻科(Ceratophyllaceae)等 5 科。

毛茛目(Ranales):草本或木质藤本。花两性至单性,辐射对称至两侧对称,异被或单被,雄蕊多数,螺旋状排列,或定数而与花瓣对生;心皮多数,离生,螺旋状排列或轮生;种子具丰富的胚乳。本目包括毛茛科(Ranunculales)、小檗科(Berberidaceae)、大血藤科(Sargentodoxaceae)、木通科(Lardizabalaceae)、防己科(Menispermaceae)、清风藤科(Sabiaceae)等 8 科。

罂粟目(Papaverales):草本或灌木。花两性,辐射对称或两侧对称,异被;雄蕊多数至少数,分离或联合成两束;心皮合生,子房一室,侧膜胎座;种子有丰富的胚乳,胚小。本目由罂粟科(Papaveraceae)和紫堇科(Fumariaceae)两个科组成。

昆栏树目(Trochodendrales):木本。单叶,叶柄长,叶缘锯齿状;花两性或单性;花单被 4 片,或无花被;雄蕊 4 至多数,心皮 4～10 个,排成一轮;胚珠一至数个;木质部仅具管胞。本目由昆栏树科和水青树科组成。

金缕梅目(Hamamelidales):木本。单叶互生,稀对生,多有托叶;花两性、单性同株或异株,排成总状、头状或柔荑花序;异被、单被或无被;雄蕊多数至定数;子房上位至下位,心皮一至多数,离生或合生;胚珠一至多数,有胚乳。本目包含连香树科(Cercidiphyllaceae)、领春木科(云叶科)(Eupteleaceae)、悬铃木科(Platanaceae)、金缕梅科等 5 科。

杜仲目(Eucommiales):落叶乔木。无托叶,雌雄异株,无花被;雄花簇生,具柄,10 个线形雄蕊,花药 4 室;雌花具短柄;子房为两心皮合生,仅一个发育,扁平,顶端具二叉状花柱,一室,具两个倒生胚珠;翅果,种子具胚乳。仅一科一属一种。

荨麻目(Urticales):草本或木本。叶多互生,常有托叶;花小,两性或单性,辐射对称;单被或无被;雄蕊少数与花被对生,稀多数;子房上位,1~2室,胚珠1~2个;坚果或核果,多为风媒花。本目包括榆科、桑科、大麻科、荨麻科等6科。

胡桃目(Juglandales):乔木,常有树脂。羽状复叶,互生,常无托叶;花单性同株;单花被,雄蕊3至多数,子房下位,一室或不完全的2~4室,胚珠1个直立,无胚乳。本目包含马尾树科和胡桃科。

壳斗目(Fagales):木本。单叶互生,有托叶;花单性,风媒,雌雄同株,单花被;柔荑花序,每苞片内常有3花,成二歧聚伞花序排列;雄蕊和花被片对生;雌蕊由2~3个心皮结合而成,子房下位,悬垂胚珠;坚果。本目包括壳斗科、桦木科等3科。

石竹目(Caryophyllales):草本,有些为肉质植物。花两性,稀单性,辐射对称,同被、异被或单被;花盘有或无;雄蕊定数,1~2轮,一轮者常与花被对生;子房上位,常合生,弯生胚珠,多数至1个;中轴胎座至特立中央胎座;胚弯曲,包围淀粉质的外胚乳。本目包括石竹科、藜科、商陆科(Phytolaccaceae)、紫茉莉科(Nyctaginaceae)、仙人掌科(Cactaceae)、番杏科(Aizoaceae)、粟米草科(Molluginaceae)、马齿苋科(Portulacaceae)、落葵科(Basellaceae)、苋科(Amaranthaceae)等12科。

蓼目(Polygonales):草本。茎节常膨大,单叶互生,全缘;膜托叶质,鞘状包茎,称托叶鞘;花两性,有时单性,辐射对称;花被3~6片,花瓣状;雄蕊常8数,稀6~9或更少;花粉近球形至长球形,具3沟、3孔沟、散孔、散沟等多种类型;雌蕊由3(稀2~4)个心皮合成,子房上位一室,内含一直生胚珠;坚果,三棱形或凸镜形,部分或全体包于宿存的花被内。仅蓼科(Polygonaceae)。

五桠果目(Dilleniales):木本或草本。花整齐,两性,异被,5基数,覆瓦状排列;雄蕊多数,离心式发育;心皮分离,或结合为中轴胎座;种子常有胚乳。本目包括五桠果科和芍药科。

山茶目(Theales):木本。单叶互生;花多两性,辐射对称,异被,5基数,覆瓦状排列,少数旋转状排列;雄蕊常多数,中轴胎座。本目包括山茶科、猕猴桃科(Actinidiaceae)、龙脑香科(Dipterocarpaceae)、藤黄科(Guttiferae)等18个科。

锦葵目(Malvales):木本或草本。茎皮多纤维;单叶互生,具托叶,幼小植物具星状毛;花两性或单性,整齐,5基数;花萼镊合状排列;花瓣旋转状排列;雄蕊多数,多为联生,稀定数;子房上位,心皮多数至3个,常合生,中轴胎座,胚珠多数至1个,常有胚乳。本目包含椴树科、锦葵科、杜英科(Elaeocarpaceae)、梧桐科(Sterculiaceae)、木棉科(Bombacaceae)5个科。

堇菜目(Violales):木本或草本。叶互生或对生;常有托叶;花常两性,整齐,双被花,5基数;雄蕊与花瓣同数或较多;雌蕊由3个(偶5)心皮组成的侧膜胎座;子房上位,胚珠多数,具两层珠被;常有胚乳。本目包堇菜科、葫芦科、大风子科(Flacourtiaceae)、西番莲科(Passifloraceae)、红木科(Bixaceae)、柽柳科(Tamaricaceae)、旌节花科(Stachyuraceae)、番木瓜科(Caricaceae)、秋海棠科(Begoniaceae)等24科。

杨柳目(Salicales):木本。单叶互生,有托叶;花单性,雌雄异株,稀同株,柔荑花序,常先叶开放,每个花托有一膜质苞片;无花被,具有由花被退化而来的花盘或蜜腺;雄蕊2至多数;花粉有两种类型,即无萌发孔、外壁薄、具模糊的颗粒状雕纹的杨属和花粉具3至2沟、外壁具显著网状雕纹的柳属类型;子房由两心皮结合而成,有2~4个侧膜胎座,具多数直立的倒生胚珠;蒴果,2~4瓣裂;种子细小,无胚乳,胚直生。本目仅杨柳科(Salicaceae)一科。

白花菜目(Capparales):草本或木本。单叶或掌状复叶,稀具托叶;花辐射对称至两侧对称,雄蕊多数至定数;心皮合生,侧膜胎座,子房常有柄,由两心皮组成;胚乳少或缺;胚弯曲或褶状。本目包含白花菜科(Capparaceae)、十字花科、辣木科(Moringaceae)、木樨草科(Resedaceae)等5科。

蔷薇目(Rosales):木本或草本。单叶或复叶,互生,稀对生,有托叶;花两性,稀单性,辐射对称,花部5基数,轮生;雄蕊多数至定数;子房上位至下位;心皮多数离生到合生或仅一心皮,胚珠多数至少数。本目包括海桐花科(Pittosporaceae)、八仙花科(Hydrangeaceae)、茶藨子科(Grossulariaceae)、景天科、虎耳草科、蔷薇科等24科。

豆目(Fabales):木本或草本。常有根瘤;单叶或复叶,互生,有托叶,叶枕发达;花两性,5基数;花萼5,结合;花瓣5,辐射对称至两侧对称;雄蕊多数至定数,常10个,往往成两体;雌蕊一心皮,一室,含多数胚珠;荚果;种子无胚乳。本目植物依据花的形状及花瓣排列方式,可分为3个科:含羞草科、苏木科(云实科)、蝶形花科。

桃金娘目(Myrtales):木本,稀草本。单叶,全缘,常对生,无托叶;茎内常有双韧维管束;花两性,整齐,5或4基数,稀6基数(千屈菜科);雄蕊两倍于花瓣,成2轮,与花瓣同数或多数;雌蕊群常减少,子房多室至一室,花柱一,柱头头状,子房由上位至下位,胚珠一至多数,中轴胎座,胚乳存在或缺。本目包括桃金娘科、千屈菜科(Lythraceae)、瑞香科(Thymelaeaceae)、菱科(Trapaceae)、安石榴科(Punicaceae)、柳叶菜科(Onagraceae)、野牡丹科(Melastomataceae)、使君子科(Combretaceae)等12个科。

红树目(Rhizophorales):本目仅红树科1科,形态特征同科。红树科(Rhizophoraceae)约有16属120种,分布于东南亚、非洲及美洲热带地区,有若干属植物生长于热带潮水所及的海滨泥滩上,常与海桑科(Sonneratiaceae)、马鞭草科(Verbenaceae)等植物组成红树林。我国有6属13种1变种,分布于西南至东南部,以华南沿海为多。

檀香目(Santalales):草本或木本,常寄生或半寄生。叶互生或对生,或退化;花两性或单性,花被一种,稀具花冠;雄蕊通常和花被片同数,对生;雌蕊由2～5个心皮合成;子房上位至下位,常一室;核果、浆果或坚果状,稀为蒴果状;种子具丰富胚乳。本目包含铁青树科(Olacaceae)、檀香科、桑寄生科、槲寄生科、蛇菰科(Balanophoraceae)等10科。

卫矛目(Celastrales):木本,稀为草本。单叶,对生或互生;花大多数较小,两性,稀单性,通常4～5基数;花盘存在或缺;雌蕊由2至数个心皮结合而成;子房上位,稀为子房下位;果实为蒴果、核果、浆果或翅果。本目包含卫矛科、翅子藤科(Hippocrateaceae)、刺茉莉科(Salvadoraceae)、冬青科、茶茱萸科(Icacinaceae)等11科。

大戟目(Euphorbiales):木本,少数为草本。单叶,有时为复叶;花单性,常较小,常无花瓣;雄蕊一至多数;花盘存在或缺;雌蕊由2～5(稀多数)个心皮合成;子房上位,多室,常3室,胚珠每室1～2个;种子有丰富胚乳。本目包含黄杨科(Buxaceae)、大戟科等4科。

鼠李目(Rhamnales):木本或藤本。单叶,少数为复叶,互生,偶对生;花两性或单性,整齐,萼片与花瓣同数,雄蕊一轮与花瓣对生;花盘围绕子房,子房2～5室,每室1～2个胚珠;种子有胚乳。本目包含鼠李科、火筒树科(Leeaceae)和葡萄科3个科。

无患子目(Sapindales):木本,稀为草本。叶互生、对生或轮生,复叶或单叶;花两性或单性,辐射对称,少数为两侧对称,异被,通常4～5基数;雄蕊多为8或10,2轮,稀为4～5或更多；花盘常存在；雌蕊常由 2～5 个心皮组成；子房上位，每室 1～2 个胚珠，稀多数。本目包含省沽油科（Staphyleaceae）、无患子科、七叶树科（Hippocastanaceae）、槭树科、橄榄科（Burseraceae）、漆树科、苦木科（Simaroubaceae）、楝科（Meliaceae）、芸香科、蒺藜科等 15 科。

牻牛儿苗目（Geraniales）：草本，少数为木本。花两性，稀单性，辐射对称或两侧对称；萼片 3～5，常有一萼片向后延伸成距；花瓣 3～5；雄蕊 4～5 或 8～10；通常有花盘；子房合生或离生，中轴胎座，胚珠一至多数；种子常无胚乳。本目包含有酢浆草科（Oxalidaceae）、牻牛儿苗科、金莲花科（Tropaeolaceae）、凤仙花科（Balsaminaceae）等 5 科。

伞形目（Apiales）：草本或木本。单叶或复叶，互生，稀对生或轮生；叶柄基部常膨大成鞘状；花两性，稀单性，辐射对称；排成伞形或复伞形花序，有时为头状花序；子房下位，通常具上位花盘。本目包括五加科、伞形科和鞘柄木科。

杜鹃花目（Ericales）：木本，稀草本。单叶，无托叶；花两性，稀单性，辐射对称或稍两侧对称，常 5 基数；偶分离雄蕊为花瓣的倍数，偶同数而互生；花药常有芒或距等附属物，顶孔开裂，常为四合花粉子房上位或下位，中轴胎座，胚珠多数，有胚乳。本目包括山柳科（Clethraceae）、杜鹃花科、鹿蹄草科（Pyrolaceae）、水晶兰科（Monotropaceae）等 8 科。

柿树目（Ebenales）：木本。单叶，常互生，无托叶；花两性或单性，通常 4～5 基数；合瓣；雄蕊为花冠裂片的 2～3 倍，或有时退化为同数，着生于花冠筒上；子房上位，稀下位，中轴胎座，胚珠一至多数；具胚乳或缺。本目包括山榄科（Sapotaceae）、柿树科、山矾科、野茉莉科（Styracaceae）等 5 科。

报春花目（Primulales）：木本或草本。单叶，常有腺点，无托叶；花两性，稀单性，通常辐射对称，多为 5 基数，合瓣，稀分离或缺；雄蕊与花冠裂片同数而对生，稀具与萼片对生的退化雄蕊；子房上位或半下位，一室，胚珠多数或少数，特立中央胎座或基底胎座，胚珠具两层珠被。本目包括紫金牛科（Myrsinaceae）、报春花科等 3 科。

龙胆目（Gentianales）：木本或草本，具双韧维管束。叶常对生；花两性，辐射对称，4～5 基数；花冠筒状，常旋转状排列；雄蕊 4～5；子房上位，心皮通常两个，两室，稀一室，中轴胎座或侧膜胎座。本目包括马钱科（Loganiaceae）、龙胆科、夹竹桃科、萝藦科等 6 科，约 4500 种。上述 4 科我国均产。

茄目（Solanales）：草本或木本。单叶，稀复叶，互生，稀对生；花两性，辐射对称，稀两侧对称，常由 5 基数 4 轮构成；花冠管状或漏斗状，裂片旋转状或覆瓦状排列；花盘存在，雄蕊 5，着生于花冠筒上；子房上位，胚珠多数或 1～2 个。本目包括茄科、旋花科、菟丝子科、花荵科（Polemoniaceae）、睡菜科（Menyanthaceae）等 8 科。

唇形目（Lamiales）：草本或木本，茎常方形。叶对生、互生或轮生。花两性，稀单性，两侧对称，二唇形或否；雄蕊 4 或 2 或与花冠裂片同数；子房常由两心皮组成，深裂或否，花柱顶生或生于子房底部；核果，或分成 4 个小坚果。本目包括紫草科、马鞭草科、唇形科等 4 科。

玄参目（Scrophulariales）：木本或草本。叶对生、轮生或互生，单叶或复叶；花辐射对称或两侧对称；雄蕊 4 或 2，偶 5；子房上位，2 或 1 室，稀 5 室，胚珠 2 至多数（稀 1）；常蒴果，或为浆果、核果。本目包括木樨科、玄参科、苦苣苔科（Gesneriaceae）、爵床科（Acanthaceae）、紫葳科（Bignoniaceae）、胡麻科（Pedaliaceae）等 12 科。

桔梗目（Campanulales）：草本，稀木本。花两性，单性，辐射对称或两侧对称，花冠常 5 裂；

雄蕊通常与花冠裂片同数而互生；子房下位，2～3室，胚珠2至多数。本目包括桔梗科、花柱草科(Stylidiaceae)、草海桐科(Goodeniaceae)等7科。

茜草目(Rubiales)：木本或草本。叶对生、轮生，偶上部互生；托叶明显而宿存，位于叶柄间或叶柄内，分离或合生；花两性，偶单性，辐射对称；子房下位，偶上位，一至多室，胚珠一至多数。本目包括茜草科、假牛繁缕科(Theligonaceae)两科。

川续断目(Dipsacales)：草本或木本。叶对生，有时轮生；花两性，辐射对称或两侧对称，4或5基数；雄蕊为花瓣裂片的同数、倍数或较少；子房下位或半下位，心皮常2或3，稀5，一至数室，每室含一至多数倒生胚珠，胚珠在有些室内常不发育。本目共有忍冬科、败酱科(Valerianaceae)、川续断科(Dipsacaceae)等4科。

菊目(Asterales)：草本，半灌木或灌木，稀乔木。叶互生，稀对生或轮生；无托叶；花两性或单性，极少为单性异株，常5基数；少数或多数花聚集成头状花序，或缩短的穗状花序，头状花序单生或数个至多数排列成总状、聚伞状、伞房状或圆锥状，花序托有窝孔或无窝孔，无毛或有毛；在头状花序中有同形小花，即全为筒状花或舌状花，或有异形小花，即外围为假舌状花，中央为筒状花；萼片不发育，常变态为冠毛状、刺毛状或鳞片状；花冠合瓣，辐射对称或两侧对称，形态种种；雄蕊5(偶4)个，着生于花冠筒上；花药合生成筒状，基部钝或有尾；花粉常球形；3(稀4)孔沟，内孔横长；外壁较厚，表面具大网胞、刺或微弱退化的小刺；子房下位，一室，具一胚珠；花柱顶端两裂；果为连萼瘦果；种子无胚乳。本目仅菊科(Asteraceae)，约1000属，25000～30000种，广布全世界，热带较少。

5. 单子叶植物纲

单子叶植物纲(Monocotyledoneae)，又称为百合纲(Liliopsida)。叶脉常为平行脉，花叶基本为3数，种子以具一片子叶为特征。绝大多数为草本，极少数为木本，维管束分散，筛管质体具楔形蛋白质的内含物，除百合目的一部分外，维管束通常无形成层。茎及根一般无次生肥大生长，有些植物虽有此种生长，但形成层不同于双子叶植物，即次生韧皮部和次生木质部皆在形成层的内侧形成，竹、椰子、露兜树虽具有类似于树木的坚实树干，但仍具闭锁维管束，与草本单子叶植物相同。主根较早即停止生长，发出多数纤细的不定根，形成须根。叶一般为单叶、全缘，稀有掌状或羽状分裂叶；叶片与叶柄未分化，或已明显分化，并常有叶柄的一部分抱茎成叶鞘；一部分单子叶植物也具托叶，但不同于双子叶植物的托叶；一般单一、全缘的叶，第一次侧脉先端在叶缘或叶端融合为闭锁叶脉系，棕榈科、姜科、芭蕉科的叶有次生细脉，与第一次侧脉平行成特殊平行脉。如椰子等多种具复叶植物常由叶片本身裂开形成，此外有些植物的复叶则由开孔形成，也有的由小叶原基分化而成。花叶多3数，稀有4或2数，除姜目某些种的雄蕊外无5数，在原始类群中，多见离生心皮及单沟花粉。种子具1片子叶，胚常变位，子叶似顶生，而胚芽似侧生，发芽时，首先突破种皮而出的为胚根，其次为围绕胚芽子叶鞘的基部，胚轴一般极短或受抑制，胚乳中的养分被子叶顶部所吸收；也有胚的各部不分化的。

一般认为，单子叶植物是由已灭绝的原始双子叶植物中如毛茛类或睡莲类的祖先演化而来的。现代系统学家如克朗奎斯特(1981年)将单子叶植物纲分为泽泻亚纲、槟榔亚纲、鸭跖草亚纲、姜亚纲和百合亚纲等5个亚纲，约60000种植物。

泽泻目(Alismatales)：水生或半水生草本。叶互生，常密集于根状茎或匍匐茎的近顶端，呈基生状，通常基部扩大并具鞘。花序聚伞状、总状或圆锥花序，有时单生；花整齐，3基数，部分为多数,两性或单性;花被 6,排成两轮,外轮 3 片,呈花萼状,内轮 3 片,呈花瓣状;雌蕊 3～20 离生或基部联合,排成一轮或螺旋状排列。本目包括花蔺科(Butomaceae)、泽泻科等 3 科。

水鳖目(Hydrocharitales):多年生,稀为一年生,浮水或沉水草本,生淡水或咸水中。茎存在或无。叶有时呈莲座状,有时为两列,互生、对生至轮生,或分化出披针形、椭圆形或卵圆形的叶片和叶柄。花单生,成对或排成花序状,常为佛焰苞状的苞片或为两对生的苞片所包;通常单性,很少两性,辐射对称;雄花常多数排列成伞形;雌花单生;花被 1～2 轮,每轮 3 片,如为 2 轮,外轮萼片状,内轮花瓣状,白色、蔷被色、紫色、蓝色或黄色;雄蕊通常多数,向心发育,稀为 3 或 2 枚,花药外向,线形或椭圆形;花粉粒近球形,常无孔沟或具单沟;子房下位,心皮 3～6,稀为 2～20,花柱与心皮同数,不裂或两裂,有 3～6 个侧膜胎座,胚珠多数。果实肉质,浆果,但通常具不规则或星状开裂。种子少数至多数,具一直立或稍弯的胚。本目仅有水鳖科(Hydrocharitaceae)一科。

槟榔目(Arecales):乔木或灌木,单干直立,多不分枝,稀为藤本。叶常绿,大形,互生,掌状分裂或为羽状复叶,芽时内向或外向折叠,多集生于树干顶部,形成"棕榈型"树冠,或在攀援种类中散生。叶柄基部常扩大成纤维状鞘。花小,通常淡黄绿色,两性或单性,同株或异株,基本为 3 数,整齐或有时稍不整齐,组成分枝或不分枝的肉穗花序,外为一至数枚大型的佛焰状总苞包着,生于叶丛中或叶鞘束下;花被 6 片,排成两轮,分离或合生;雄蕊 6 个,排成两轮,稀为 3 或较多,花丝分离或基部联合成环,花药两室;心皮 3,分离或不同程度联合;花粉两核,多数具单沟,也有具 3 沟或 2 沟,或具 2 孔;子房上位 1～3 室,稀 4～7 室,每室有一胚珠;花柱短,柱头 3。果为核果或浆果,外果皮肉质或纤维质,有时覆盖以覆瓦状排列鳞片。种子与内果皮分离或黏合,胚乳丰富,均匀或嚼烂状。本目仅槟榔科(Arecaceae)一科。

天南星目(Arales):草本,稀为攀援木本,极少数为水生植物。叶宽,具柄。花小,高度退化,密生成肉穗花序,通常为一大形佛焰状苞片所包,佛焰状苞片常具彩色;花被缺或退化为鳞片状;子房上位。浆果或胞果,种子有丰富胚乳或有时缺如。本目包括天南星科和浮萍科(Lemnaceae)。

鸭跖草目(Commelinales):草本。叶互生或基生,具叶鞘,少有叶鞘或缺。花两性。整齐或不整齐,3 基数,区分花萼与花冠;萼片 3,绿色或膜片状;花瓣 3,分离或基部联合;雄蕊 3 或 6;雌蕊由 3 心皮组成;子房上位,3 室或一室。蒴果;种子有胚乳。本目包含鸭跖草科、黄眼草科(Xyridaceae)等 4 科。

莎草目(Cyperales):草本。叶具叶鞘。花生于颖状苞片内,由一至多数小花组成小穗;花被退化为鳞片状、刚毛状、鳞被状或缺如;子房上位,由 2～3 心皮构成,一室。本目包括莎草科和禾本科。

姜目(Zingiberales):多为草本,具根状茎及纤维状或块状根。茎很短至伸长,或为叶柄下部的叶鞘重叠而成。叶两列或螺旋状排列,具展开或闭合叶鞘。花两性或单性,通常两侧对称,3 基数异形花被;雄蕊 1 或 5,稀为 6 枚,通常有特化为花瓣状退化雄蕊;子房下位。蒴果,但有时为一分果或肉质不开裂果。种子具胚乳。本目包含芭蕉科(Musaceae)、姜科、旅人蕉科(Strelitziaceae)、兰花蕉科(Lowiaceae)、美人蕉科(Cannaceae)、竹芋科(Marantaceae)等 8 科。

百合目(Liliales):草本,少数为草质或木质藤本,或为木本,常具根状茎、鳞茎或球茎。时互生,很少对生或轮生,有时全为基生,单叶,花两性,较少单性,多为虫媒花,通常 3 基数,花被常两轮,呈花瓣状,分离或下部联合成筒状;雄蕊通常与花被片同数,花粉粒双核,稀为 3 核,多具单沟;子房一般由 3 心皮组成,上位或下位,中轴胎座,胚珠每室少至多数。果实通常为蒴果,稀为浆果或核果;种子具丰富胚乳。本目包括雨久花科(Pontederiaceae)、百合科、鸢尾科(Iridaceae)、百部科(Stemonaceae)、薯蓣科(Dioscoreaceae)等 15 个科。

兰目(Orchidales):陆生、附生或腐生草本。花常为两侧对称,多为两性;花被 6 片,两轮;雌蕊由 3 心皮组成,子房下位,一室或 3 室。种子微小,极多,具未分化的胚,无胚乳或有少量胚乳。本目包含兰科、水玉簪科(Burmanniaceae)等 4 科。

(四) 被子植物的起源

1. 起源时间

多数学者认为,被子植物起源于白垩纪或晚侏罗纪。斯科特(Scott)、马朗(Barghoon)和利奥波德(Leopold,1960 年)对以前记述过的化石进行了全面讨论,发现白垩纪之前未曾保存具确实证据的被子植物化石。此外,从孢粉证据看,同样在白垩纪以前的地层中未能找到被子植物花粉。多伊尔(Doyle,1969 年)和马勒(Muller,1970 年)根据早白垩纪和晚白垩纪地层之间孢粉的研究,支持被子植物最初的分化是发生在早白垩纪,而且大概在侏罗纪时期就为这个类群的发展准备好了条件。这一观点也被奥尔夫(Wolf,1972 年)从美国的帕塔克森特早白垩纪岩层中得到的叶化石证据所支持。同时,他们还得出结论:在白垩纪,木兰目的发展先于被子植物的其他类群。我国学者潘广等近 10 年在华北燕辽地区中侏罗纪地层中发现并确证了原始被子植物的存在,也发现了那时的单子叶和双子叶植物——木兰类和柔荑花序类均已发育较好。因此,被子植物的起源应早于白垩纪。

最好的花粉粒和叶化石证据表明,被子植物出现于 1.35 亿年前～1.2 亿年前的早白垩纪。在较古老的白垩纪沉积中,被子植物化石记录的数量与蕨类和裸子植物的化石相比还较少,直到距今 8000～9000 万年的白垩纪末期,被子植物才在地球上的大部分地区占据统治地位。

2. 起源地

关于被子植物起源地点,目前普遍认为被子植物的起源和早期分化很可能在白垩纪的赤道带或靠近赤道带的某些地区,其根据是现存的木兰类及其发现的化石在亚洲东南部和太平洋南部占优势,在低纬度热带地区白垩纪地层中发现有最古老的被子植物三沟花粉。中国植物分类学家吴征镒教授从我国植物区系研究的角度出发,提出整个被子植物区系早在第三纪以前便在古代统一的大陆热带地区发生,并认为中国南部、西南部和中南半岛等在北纬 20°～40°间的广大地区最富于特有的古老科、属,这些第三纪古热带起源的植物区系即是近代东亚温带、亚热带植物区系的开端,这一地区就是被子植物的发源地。

关于被子植物起源的地点问题依然处于推测阶段,虽然多数学者赞同低纬度起源,但要确切回答被子植物的起源地点还有困难,有待更深入的研究。

3. 可能的祖先

关于被子植物的祖先,有很多推测但并无定论,其中包括藻类、蕨类、松杉目、买麻藤目、本内苏铁目、种子蕨和舌羊齿等。多数学者认为,应到已灭绝的古老的裸子植物中去寻找被子植物的祖先。目前有多元论和单元论两种起源说。

多元论认为,被子植物来自许多不相亲近的群类,彼此是平行发展的。胡先骕、米塞(Meeuse)、恩格勒(Engler)和兰姆(Lam)等是多元论的代表。我国的分类学家胡先骕于1950年发表了一个关于被子植物多元起源的系统,也是我国学者发表的关于被子植物的唯一系统。

单元论是目前多数植物学家主张的被子植物起源说。单元论的主要依据是被子植物有许多独特和高度特化的性状,如雄蕊都有四个孢子(花粉)囊和特有的药室内层;有大孢子叶(心皮)和柱头的存在;雌雄蕊在花轴排列的位置固定不变;双受精现象和三倍体胚乳;有筛管和伴胞的存在。因此,人们认为被子植物只能起源于一个共同祖先。哈钦森(Hutchinson)、塔赫塔江、克朗奎斯特和贾德(Judd)是单元论的主要代表。

被子植物如确系单元起源,那么它究竟发生于哪一类植物呢? 目前比较流行的是本内苏铁目和种子蕨这两种假说。

塔赫塔江和克朗奎斯特从研究现代被子植物的原始类型或活化石中,提出被子植物的祖先类群可能是一群古老的裸子植物,并主张木兰目为现代被子植物的原始类型。这一观点已得到多数学者的支持。那么,木兰类又是从哪一群原始被子植物起源的呢? 莱米斯尔(Lemesle)主张它起源于本内苏铁,认为本内苏铁的孢子叶球常两性,稀单性,与木兰、鹅掌楸的花相似;种子无胚乳,仅是两个肉质的子叶和次生木质部的构造也与之相似。但近年来支持这种主张的人逐渐减少。

塔赫塔江认为,本内苏铁的孢子叶球和木兰花的相似性是表面的,因为木兰类的雄蕊(小孢子叶)像其他原始被子植物的小孢子叶一样是分离的,且成螺旋状排列,而本内苏铁的小孢子叶为轮状排列,且在近基部合生,小孢子囊合生成聚合囊;其次,本内苏铁目的大孢子叶退化为一个小轴,顶生一个直生胚珠。因此,这种简化的大孢子叶转化为被子植物的心皮是很难想象的。此外,本内苏铁以珠孔管来接收小孢子,而被子植物通过柱头进行授粉。所有这些都表明被子植物起源于本内苏铁的可能性较小。塔赫塔江认为,被子植物与本内苏铁有一个共同的祖先,有可能是从一群最原始的种子蕨起源。目前,大部分系统发育学家接受种子蕨作为被子植物的可能祖先这一假设,但是由于化石记录的不完全,证实这种假说还有待更全面、更深入的研究。

(五) 被子植物的经济价值

被子植物的用途很广,与人类生活息息相关。人类的大部分食物来源于被子植物,如谷类、豆类、薯类、瓜果和蔬菜等。被子植物还为建筑、造纸、纺织、塑料制品、油料、纤维、食糖、香料、医药、树脂、鞣酸、麻醉剂、饮料等提供原料。此外,绿色植物具有调节空气和净化环境的重要作用。据报道,地球上的绿色植物每年能提供几百亿吨宝贵的氧气,同时从空气中取走几百亿吨的二氧化碳,故绿色植物是人类和一切动物赖以生存的物质基础。被子植物的木材还可以为人类提供能源。中国的园林植物资源极为丰富,素有"世界园林之母"的雅号,栽种花卉已成为人们美化环境、调节空气和净化环境的时尚。

六、植物的演化

植物的演化是循着从水生藻类向陆生苔藓植物和维管植物发展的。从水生到陆生的进化,植物需要克服水生境与陆地生境的巨大差异。

陆生植物产生根或假根来吸收水分和矿物质,运输系统把水分和矿物质运输到茎、叶,把光合产物运输到植物的地下部分。陆生植物适应陆地生境的方式主要表现在:①体表具角质层和蜡质层,防止水分过度散失;②生殖器官为多细胞,防止干枯而死;③合子发育成胚,胚胎得到较好保护;④发展出维管系统,起支持和运输的作用。

1.2.3.3　动物界

动物界是生物的一大类群,它们一般不能将无机物合成有机物,只能以有机物(植物、动物或微生物)为食,因此具有与植物不同的形态结构和生理功能,以进行摄食、消化、吸收、呼吸、循环、排泄、感觉、运动和繁殖等生命活动。动物的分类学根据自然界动物的形态、身体内部构造、胚胎发育特点、生理生态习性、生活地理环境等特征,将特征相同或相似的动物归为同一类。通常可根据动物身体中是否有脊椎将其分成为无脊椎动物和脊椎动物两大类。以下按照动物的科学分类系统简要地介绍各动物类群。

一、原生动物

所有的单细胞动物或没有分化的多细胞动物都归属于原生动物,现存的原生动物约有6.8万种,包括变形虫(属肉足虫纲)、眼虫(属鞭毛虫纲)、草履虫(属纤毛虫纲)、一些寄生虫(如疟原虫、锥虫)等。有些原生动物的细胞可以聚集成群体,只是不具备多细胞动物的分化状态。

二、后生动物

所有有分化的多细胞动物归属于后生动物,多细胞的后生动物来自于单细胞的原生动物。后生动物的细胞形态有分化,细胞机能有分工。其体型和体腔进化阶段分别如下。

(1)体型:不对称(多孔动物门)→辐射对称(腔肠动物门、栉水母动物门、棘皮动物门;棘皮动物的对称是次生的,栉水母和某些珊瑚是左右辐射对称)→两侧对称(包括扁形动物门以后的绝大多数动物门类)。

(2)体腔:无体腔(多孔动物门、腔肠动物门和扁形动物门)→假体腔(线虫动物门、线形动物门、轮虫动物门、腹毛动物门)→真体腔(包括环节动物以后的所有动物门类)。

后生动物的主要类群及其地理分布见表1-5。

表 1-5　后生动物代表类群及其地理分布

后生动物类群	主要特征及其地理分布
海绵动物	共约5000种,主要分布于海洋,代表动物有海绵
腔肠动物	共约9000种,主要分布于海洋。本门动物有水螅体和水母体两种体形,水螅(生活于淡水)、珊瑚虫等是水螅体,水母、海蜇等是水母体
扁形动物	分布于海洋和淡水,13000种以上,代表动物有涡虫。本门有许多寄生动物,如血吸虫和绦虫等
线虫	分布于海水、淡水、土壤,12000种以上。本门有许多寄生动物,如寄生在植物中的小麦线虫,动物中的蛲虫、钩虫、蛔虫等
软体动物	47000余种,大多有外壳,雌雄同体或雌雄异体,分布广泛。本门有许多经济动物,如珍珠蚌、乌贼、蜗牛、蠔、鱿鱼等
环节动物	8700种以上,分布广泛,雌雄同体或雌雄异体,如蚯蚓、沙蚕、蚂蟥等

续表

后生动物类群	主要特征及其地理分布
节肢动物	无脊椎动物的发展高峰，动物界中种类最多、数量最大、分布最广的一门，已知的节肢动物有 100 万种以上。具有发达的分节附肢，出现了发达的脑，有复杂的行为。昆虫纲是其中最繁茂和陆生进化中最成功的一纲
棘皮动物	后口动物中最原始的一门，次生辐射对称，分布于海洋，约 6000 种，如海星、海胆、海参、海百合
脊索动物	后口动物中最大、最高等的门类，约 45000 种。脊椎动物是最主要的亚门，现存的脊椎动物有 44000 余种，分为圆口纲、鱼纲、两栖纲、爬行纲、鸟纲、哺乳纲

三、无脊椎动物

无脊椎动物（invertebrate）是背侧没有脊柱的动物，其种类数占动物总种类的 95% 以上。它们是动物的原始形式，分布于世界各地，在体形上小至原生动物，大至庞然巨物的鱿鱼。一般身体柔软，没有能附着肌肉的坚硬内骨骼，但常将坚硬的外骨骼（如大部分软体动物、甲壳动物及昆虫）用于附着肌肉及保护身体。除没有脊椎这一点外，无脊椎动物内部并没有多少共同之处。

1. 形态特征

无脊椎动物多数体小，但软体动物门头足纲大王乌贼属的动物体长可达 18 m，腕长达 11 m，体重约 30 t。无脊椎动物多数水生，大部分海产，如有孔虫、放射虫、钵水母、珊瑚虫、乌贼及棘皮动物等全部为海产；部分种类生活于淡水中，如水螅、一些螺类、蚌类及淡水虾蟹等。蜗牛、鼠妇等生活于潮湿的陆地，而蜘蛛、多足类、昆虫则绝大多数是陆生动物。无脊椎动物大多为自由生活种类。在水生种类中，体小的营浮游生活；身体具外壳的或在水底爬行（如虾、蟹），或埋栖于水底泥沙中（如沙蚕蛤类），或固着在水中外物上（如藤壶、牡蛎等）。无脊椎动物也有不少寄生种类，寄生于其他动物、植物体表或体内（如寄生原虫、吸虫、绦虫、棘头虫等）。有些种类如人体蛔虫和猪蛔虫等可给人畜带来危害。

2. 结构特征

（1）运动系统。运动系统包括身体支撑和前进两部分。

① 骨骼。无脊椎动物没有像脊椎动物那样在背侧起支撑作用的脊柱及狭义的骨骼。广义的骨骼包括外骨骼、内骨骼和水骨骼三种，而无脊椎动物拥有的正是这三种骨骼。

外骨骼指的是甲壳等坚硬组织，如蜗牛的壳、螃蟹的外壳和昆虫的角质层都属于外骨骼。内骨骼存在于脊椎动物、无脊椎动物、棘皮动物和多孔动物中，在体内起支撑作用。多孔动物的内骨骼并非中胚层起源。棘皮动物的内骨骼由碳酸钙和蛋白质组成，这些化学物晶体按同一方向排列。水骨骼是动物体内受微压的液体（无体腔动物的扁形动物也不例外）、与之拮抗的肌肉和表皮及其附属的角质层的总称，是无脊椎动物的主要骨骼形式。除了上述的软体动物、棘皮动物和节肢动物外的其他无脊椎动物都拥有水骨骼。

② 运动。无脊椎动物的运动方式多种多样，包括：借助纤毛的摆动前进；没有刚毛和环形肌的线形动物通过两侧纵肌的交替收缩实现蛇行；有刚毛、环形肌和纵肌的蚯蚓通过不同节段纵、环肌肉交替收缩实现蠕动；在海底沉积物中星虫通过膨胀身体某节段实现固定，收细身体

的另外部分前钻;有爪动物的爬行及昆虫的飞行,等等。

(2)排泄系统。并非所有无脊椎动物都有排泄器官,如扁形动物主要是通过位于下表皮向内伸出的表皮突起的排泄细胞完成排泄。无脊椎动物常见的排泄器官是原肾管和后肾管。

(3)神经系统。无脊椎动物的神经系统没有脊椎动物那么复杂。最原始的神经细胞集合成为神经节,最终形成大脑,其形式由弥散的神经网、有序的神经链到中枢和梯状神经系统的出现,也经历了一个由简单到复杂的过程。

感觉器官是刺胞动物的感觉棍,主要为视觉和重力感觉。从扁形动物头部神经细胞群集形成的"眼",到昆虫的复眼和头足动物如乌贼的眼(由外胚层形成),分辨率不断上升,结构趋于复杂,更有利于动物捕食和逃避敌害。

(4)消化系统。刺胞动物是桶形的,口和肛门是同一个开口,其消化系统称为消化循环腔,与扁形动物分支的肠一样,行使消化和运输功能。内寄生的线形动物已经退化,靠头节吸取寄主小肠内的营养。而大部分的真后生动物均有贯穿身体全长的消化管,以及与之配合的消化腺和循环系统,行细胞外消化。消化管通常由口、咽、食道(有些还有膨大的嗉囊)、胃、肠和肛门构成。双壳纲动物甚至用鳃过滤食物。

(5)循环系统。不是所有无脊椎动物门类都拥有循环系统,如上述的刺胞动物、扁形动物、缓步动物和线形动物。而具有循环系统的动物,如软体动物有开放式的循环系统(头足动物的循环系统有向闭合式的趋势),环节动物有闭合式的循环系统。在昆虫和蜘蛛等动物身体里有的是血淋巴。

循环系统的主要任务是运输,将呼吸系统获取的氧气和消化系统获取的营养物质运输到身体的其他部分,同时将代谢废物运输到排泄器官以排出体外。

(6)呼吸器官。无脊椎动物和其他生物一样,需要氧化能源物质获得能量,这个过程需要呼吸系统提供氧气。无脊椎动物最常见的呼吸器官是鳃。昆虫的呼吸器官为气管,它开口于体表的可关闭的气门(stigma),往体内不断细分,不经过循环系统直接将氧气运输到细胞的线粒体,是非常有效的呼吸系统。

(7)繁殖。无脊椎动物的繁殖形式多样,首先可分为有性生殖和无性生殖两种。有些动物,如刺胞动物和寄生线形动物有世代交替现象。如果是雌雄同体,还会出现自体交配和受精现象。

无性生殖常见的形式是出芽生殖,见于刺胞动物的无性世代。

有性生殖是通过生殖细胞的结合完成的,而生殖过程可以是由一个单独完成,但更常见的是两个个体通过各自提供不同的交配类型的生殖细胞共同完成。前者见于猪肉绦虫,它后部性成熟的体节会受精于后一体节;蚯蚓也会偶尔发生自身交配。两个个体交配时,通常双方分别是雌雄异体的一方。尽管蚯蚓、蜗牛是雌雄同体,但它们在交配时只扮演一种性别角色。

无脊椎动物的交配形式可谓千奇百怪。蚯蚓交配时,双方利用生殖带(clitellum)分泌的液体黏在一起,一方的生殖带正对另一方生殖孔;一方的精子从雄性生殖孔排出,顺着自身体表的精子沟到达对方精子袋(receptaculum seminis)中储存,等待与对方的卵子受精。雄性蝎子有一个特殊的生殖器官称为精囊(spermatophore),内藏精子,它通过分泌物将精囊黏着在地面上。雄性蝎子对雌性蝎子跳求爱舞,先用尾部扫动地面,引起雌性蝎子注意,然后两者双螯相抵,互相牵拉。雄性蝎子会用毒针蜇一下雌性蝎子,并释放少量毒素以麻痹雌性蝎子。之后雄性蝎子播下精囊,牵拉雌性蝎子,使之腹部的生殖部位与精囊开口接触获得精子。雌性蝎子在交配过程中会尝试吃掉雄性蝎子。雄性马陆则是将精囊放置在高处后离开,雌性马陆会发现精囊并取走,然后发生受精过程。环节动物的多毛纲会使用裂殖生殖(schizogony),即脱离含有生殖细胞的身体部分,使之在水中完成受精。而蜗牛身上有含碳酸钙的"爱情之箭",交配双方通过数次前戏,互相磨蹭(中途会因疲倦而休息),待双方达到兴奋状态后向对方射出"爱情之箭",达到高潮,交换生殖细胞。

世代交替以钵水母为例,水母(medusa)会通过精卵融合的有性生殖方式生育出水螅(polyp),水螅经过无性生殖,即旁枝出芽分裂,经过叠生体和蝶状幼体阶段再次成为水母。

3. 发展历史

地球上无脊椎动物的出现至少早于脊椎动物 1 亿年以上。大多数无脊椎动物化石见于古生代寒武纪,当时已有节肢动物的三叶虫及腕足动物,随后发展出古头足类及古棘皮动物种类。到古生代末期,古老类型的生物大规模灭绝。中生代还存在软体动物的古老类型(如菊石),到末期即逐渐灭绝。软体动物现代属、种大量出现,到新生代演化成现代类型众多的无脊椎动物。

4. 分类情况

无脊椎动物的分类依据包括:①无脊椎动物的神经系统呈索状,位于消化管的腹面,而脊椎动物的神经系统为管状,位于消化管的背面;②无脊椎动物的心脏位于消化管的背面,而脊椎动物的心脏位于消化管的腹面;③无脊椎动物无骨骼或仅有外骨骼,无真正的内骨骼和脊椎骨,而脊椎动物有内骨骼和脊椎骨。

1822 年,拉马克将动物界分为脊椎动物和无脊椎动物两大类。1877 年,德国学者海克尔将柱头虫、海鞘、文昌鱼等动物与脊椎动物合称脊索动物门,与无脊椎动物的各门并列,把脊椎动物在分类系统中降为脊索动物门中的一个亚门,与半索动物亚门(柱头虫)、尾索动物亚门(海鞘)和头索动物亚门(文昌鱼)并列。20 世纪 70 年代以来半索动物已独立成门,由于后三个类群属于无脊椎动物范畴,这样无脊椎动物实际上包括了除脊椎动物亚门以外所有的动物门类,是动物学中的一个一般性名称,而不是正式的分类阶元。

5. 无脊椎动物的门类

现在一般把动物界分为十门,无脊椎动物包括除脊椎动物亚门以外所有的动物门类。

(1)原生动物门:为最原始、最简单、最低等的单细胞动物。原生动物尽管是单细胞,但细胞内有特化的各种胞器,具有维持生命和延续后代所必需的一切功能,如行动、营养、呼吸、排泄和生殖等。每个原生动物都是一个完整的有机体。原生动物门种类约有 30000 种,包括鞭毛虫纲、肉足虫纲、孢子虫纲、纤毛虫纲(图 1-33)等主要类群。

(2)多孔动物门:为原始的多细胞生物,也称为海绵动物门(图 1-34),被认为是最原始、最低等的水生多细胞动物,因为它们具备了几乎所有的基本动物特征。其细胞虽已开始分化,但未形成组织和器官,也没有形成真正的胚层。多孔动物门为两层细胞动物,外面的一层称为皮层(扁细胞层),里面的一层称为胃层(襟细胞层)。海绵没有神经系统,但海绵细胞共同捕食、分工消化,所以被认为是动物界器官形成的开始。该门动物大约有 5000 种。

(3)腔肠动物门:腔肠动物是后生动物的开始,所有其他后生动物都是经过这一阶段发展起来的。腔肠动物辐射对称,二胚层,具有原始消化腔,有组织分化、刺细胞、神经网、多态现

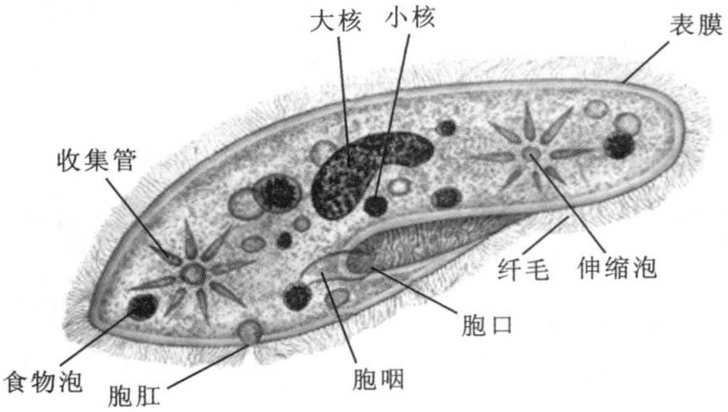

大核　小核　表膜
收集管
纤毛　伸缩泡
胞口
胞咽
食物泡　胞肛
图 1-33　纤毛虫纲下草履虫的形态

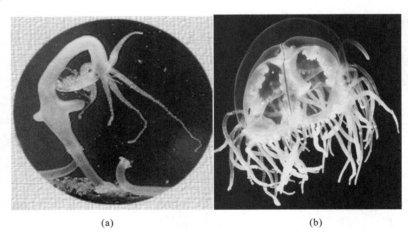

图 1-34　海绵动物

象。主要分水螅纲(Hydrozoa)、钵水母纲(Scyphozoa)(图 1-35)和珊瑚纲(Anthozoa)。除极少数种类为淡水生活外,绝大多数种为海洋生活,且多数在浅海,少数在深海。现存种类大约有 11000 种。

(a)　　　　　　　　(b)

图 1-35　水螅和水母

(a) 水螅;(b) 水母

（4）扁形动物门：该门动物两侧对称，三胚层，无体腔，无呼吸系统，无循环系统，有口无肛门。生活于淡水、海水等潮湿处，体前端有两个可感光的色素点，体表部分或全部分布有纤毛，但寄生种类退化，且固着器官发达。主要类群包括涡虫纲（Turbellaria）、吸虫纲（Trematoda）和绦虫纲（Cestoda）（图 1-36）。已记录的扁形动物约有 15000 种。

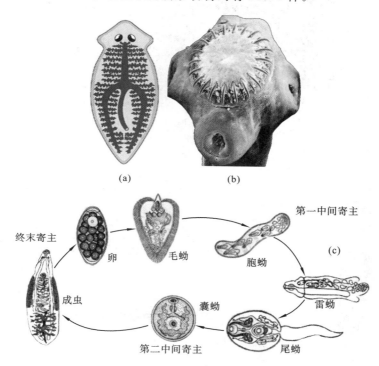

图 1-36　扁形动物门的三种代表动物
（a）涡虫；（b）棘头虫；（c）吸虫（示其生活史）

（5）线形动物门：本门动物两侧对称，三胚层，有假体腔，有口，有肛门（棘头虫无消化管），身体不分节，无纤毛（腹毛纲具纤毛）。全世界约有 1 万种。除自由生活种类外，还有寄生于动物或植物体内的种类。它们比腔肠动物进化，与扁形动物一样是一类特化动物，包括线虫纲、线形纲、棘头纲、腹毛纲、动吻纲、轮虫纲等（图 1-37）。

（6）环节动物门：身体具真分节，裂生真体腔，多具疣足或刚毛，闭管式循环系统，索式神经系统，后肾管型排泄器官。陆生和淡水生活的环节动物直接发育，不经过幼虫期，海产种类个体发育出现担轮幼虫期，多为潜穴者。环节动物门全球已报道种类数约有 17000 种，分布于我国的种类约有 1470 种。海水、淡水及陆地均有分布，少数营寄生生活（花索沙蚕科（Arabellidae））。本门可分为多毛纲（Polychaeta）、寡毛纲（Oligochaeta）和蛭纲（Hirudinea）三个纲（图 1-38）。

（7）软体动物门：是动物界中仅次于节肢动物门的第二大门。该门动物身体柔软，左右对称，不分节，由头部、足部、内脏囊、外套膜和贝壳等五部分组成。因大多数软体动物体外覆盖有各式各样的贝壳，所以通称贝类。该门动物共分无板纲、多板纲、单板纲、双壳纲、掘足纲、腹足纲、头足纲等 8 纲，有 10 余万种（图 1-39）。分布广泛，从寒带、温带到热带，从海洋到河川、

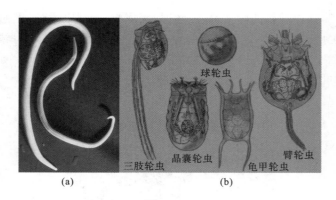

图 1-37

(a) 蛔虫(雌、雄);(b) 各种轮虫

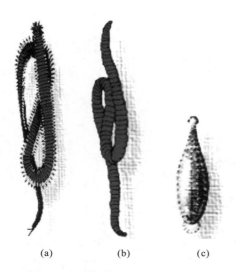

图 1-38 环节动物门的三种代表动物

(a) 沙蚕;(b) 蚯蚓;(c) 水蛭

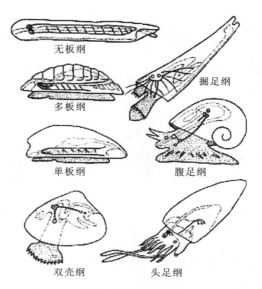

图 1-39 软体动物各纲动物的模式图

湖泊,从平原到高山,到处可见,如鲍鱼、宝贝、田螺、蜗牛、蚶、牡蛎、文蛤、章鱼、乌贼等。

(8)节肢动物门:节肢动物身体分部,两侧对称,异律分节,可分为头、胸、腹三部分,或头部与胸部愈合为头胸部,或胸部与腹部愈合为躯干部。头部为感觉和取食中心;胸部为运动和支持中心;腹部为营养和繁殖中心。节肢动物有分节附肢,具有发达的横纹肌,体被含有几丁质的外骨骼。呼吸器官形式多样,水生种类有体壁渗透、鳃、书鳃,陆生种类有书肺、气管。节肢动物具混合体腔和开管式循环系统,具两种类型的排泄器官,即具与后肾管同源的腺体和马氏管型。链状神经系统,神经节愈合成一个较大的神经节或神经团。多数雌雄异体,且往往雌雄异型。陆生种类常行体内受精,而水生种类有很多为体外受精。一般是卵生,也有卵胎生。卵裂的方式是表裂,有直接发育,也有间接发育。有些节肢动物能进行孤雌生殖。根据体节的组合、附肢及呼吸器官等将现存种类分为二亚原节肢动物亚门和真节肢动物亚门及六个纲。

有爪纲(Onychophora):也称为原气管纲(Prototracheata),体不分节,仅表面有环纹,附肢也不分节,如柞蚕等。

肢口纲(Merostomata):体分头脑部和腹部;头脑部有 6 对附肢,即一对螯肢(chelicera)和 5 对步足,无触角;腹肢 7 对,用鳃呼吸。如鲎等。

蛛形纲(Arachnida):体分头胸部和腹部;头胸部有 6 对附肢,即一对螯肢、一对脚须(触肢)和 4 对步足,也无触角;腹肢几乎完全退化;用书肺和气管呼吸。如各种蜘蛛等。

甲壳纲(Crustacea):体常分头脑部和腹部;头胸部有 13 对附肢,即 5 对头肢和 8 对胸肢;5 对头肢包括两对触角、一对大颚和两对小颚;8 对胸肢中前几对为颚足,其余为步足;腹肢有或无;用鳃呼吸。如各种虾和蟹等。

多足纲(Myriapoda):体分头部和躯干部;头部有 3～4 对附肢,即一对触角、一对大颚和 1～2 对小颚;躯干部有多对步足,每一体节 1～2 对;用气管呼吸。如蜈蚣等。

昆虫纲(Insecta):体分头、胸、腹三部;头部有 4 对附肢,包括一对触角、一对大颚、一对小颚及一对左右愈合成为一片的下唇;胸部有 3 对步足;腹部附肢几乎完全退化。如各种蚊和蝇等。

节肢动物门的一些代表动物如图 1-40 所示。

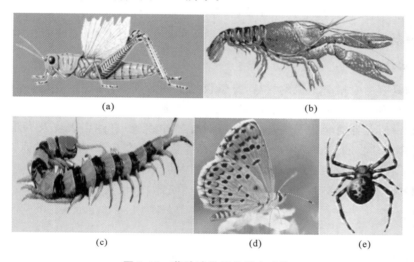

图 1-40 节肢动物门的代表动物

(a) 蝗虫;(b) 螯虾;(c) 蜈蚣;(d) 粉蝶;(e) 蜘蛛

(9) 棘皮动物门:棘皮动物成体辐射对称,幼体两侧对称,发育经过复杂的变态,口从胚孔的相对端发生,属后口动物。体表有棘状突起,具有中胚层形成的内骨骼;棘状突起有内骨骼向外突起形成的棘状突和肌肉质的圆锥形肉刺两种;真体腔发达,形成围脏腔(围绕内脏器官的腔)、围血系统(围绕循环系统的管腔),以及特殊的水管系统(形成管足,组成棘皮动物的运动器官,并兼有呼吸作用)。水管系统的结构包括筛板、石管、环水管、辐水管(5 根)、侧水管、管足囊和管足。棘皮动物门在无脊椎动物中的进化地位很高,包括海星、蛇尾、海胆、海参和海百合等,全为海产,现有约 5900 种,中国已发现 500 多种(图 1-41)。有些棘皮动物是珍贵食品,如海参、海胆卵。

图 1-41　棘皮动物门的代表动物
(a)海星;(b)阳遂足;(c)海参;(d)海胆;(e)海百合

四、脊椎动物

(一)基本特征

脊椎动物具有由脊椎骨组成的脊柱,脊索仅见于胚胎期,脊柱保护脊髓,脊柱与其他骨骼组成脊椎动物特有的内骨骼系统。有明显的头部;背神经管的前端分化成脑及其他感觉器官,如眼、耳等;脑及感觉器官集中在头部,可加强对外界的感应;身体由表皮及真皮覆盖,皮肤有腺体,大部分脊椎动物的皮肤有保护性构造,如鳞片、羽毛、体毛等;有完整的消化系统,口腔内有舌,多数有牙齿,有肝及胰脏;循环系统包括心脏、动脉、静脉及毛细血管;排泄系统包括两个肾脏和一个膀胱;有内分泌腺,能分泌激素调节身体机能、生长及生殖。

(二)分类

1. 鱼纲

鱼纲是只能生活于水中的动物。皮肤有鳞片覆盖,具有鳍,用鳃呼吸,凭上下颌摄食,是变温水生脊椎动物。体外受精,主要为卵生,部分为胎生及卵胎生。根据纳尔逊(Nelson)1994年的统计,全球现有鱼类共 24618 种,占已命名脊椎动物种类的一半以上,且新种鱼类不断被发现。鱼纲的主要类群如下。

(1)软骨鱼亚纲(Chondrichthyes)。软骨鱼终生无硬骨,内骨骼由软骨构成;体表大都被楯鳞;鳃间隔发达,无鳃盖;歪型尾鳍。

鲨目(Squaliformes):鲨又称为鲨鱼,是本目的统称,为一群比较凶猛的大型食肉型软骨鱼类,共分 14 科,有 250~300 种,我国海域中约有 130 种。多数鲨鱼身体呈长纺锤形,鳃裂 5 对(极少数 6~7 对),开口于头部两侧,又称为侧孔类。鲨鱼类的肝脏是制备鱼肝油的主要原料之一,鲨鱼鳍可制成鱼翅,是具有较高经济价值的海味。有些鲨鱼的胆、卵、肝、肉、鱼胎等能入药。

鳐目（Rajiformes）：本目鱼类身体扁平形、菱形或圆盘形（图 1-42）。胸鳍极度扩张，沿体侧直达头部，并与头部和躯干部相互愈合，使鱼体构成菱形或圆盘形。口和鼻孔位于腹面，鳃裂 5 对，开口于头部腹面，故又称为下孔类。眼和喷水孔在背面，躯干和尾退化成细鞭状，是一类营海底栖生活的软骨鱼类，游动能力不强，以贝壳或其他底栖动物为食。

图 1-42　中国团扇鳐

（2）硬骨鱼亚纲（Osteichthyes）。硬骨鱼是世界上现存鱼类中最多的一类（图 1-43），有 2 万种以上，大部分生活在海水域，部分生活在淡水中。其主要特征包括：骨骼不同程度地硬化为硬骨；体表被硬鳞、圆鳞或栉鳞，少数种类退化后无鳞；皮肤的黏液腺发达；鳃间隔部分或全部退化，鳃不直接开口于体外，有骨质的鳃盖遮护，从鳃裂流出的水经鳃盖后缘排走，多数有鳔；鱼尾常呈正型尾，也有原尾或歪尾；大多数体外受精，卵生，少数在发育中有变态。

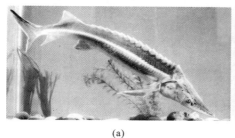

(a)　　　　　　　　　　　　　　　　　　(b)

图 1-43　鲟鱼和大马哈鱼

(a) 鲟鱼；(b) 大马哈鱼

硬鳞总目（Ganoidomorpha）：本总目种类骨骼多为软骨，体表被硬鳞（或裸露），又称为软骨硬鳞鱼。体形呈纺锤形，似鲨鱼；头骨中脑颅由软骨组成，外表覆盖膜骨并形成鳃盖；吻发达，口腹位；终生具脊索；歪型尾；肛门和泄殖孔分开。现仅存鲟形目。鲟形目（Acipenseriformes）为比较古老的类群，体形较大，呈纺锤形；皮肤裸露或被覆 5 行硬甲（硬鳞）。我国有鲟科和白鲟科。

真骨总目（Tdeostei）：当今世界上现存鱼类中数量最多、经济价值最高的一个总目。体表被圆鳞或栉鳞（有少数种类无鳞）；骨骼高度骨化，具有特殊的单个犁骨、续骨、尾舌骨、齿骨及隔骨等；奇鳍的鳞质鳍条数目与骨鳍条数目相等；动脉圆锥退化，代以动脉球；肠内不具螺旋瓣；有鳔，与食道相通或不相通；大脑半球不发达，中脑及后脑发达；卵巢与输卵管相连，输尿管和生殖导管分开或形成共同管，开口于肛门后方；正型尾鳍。

鲱形目（Clupeiformes）：本目是现代真骨鱼总目中最原始的类群。体表被圆鳞，头骨骨化较差；膜骨仍保留原始的表面位置，下咽骨不呈镰状；背鳍及臀鳍无坚棘，腹鳍腹位，鳍条柔软分节；脊椎由若干个相同的椎体组成，大多骨化，中央有孔，无口须；鳔管发达，与食道相连通。多数分布在热带及亚热带地区，主要为海生，也有淡水生种类，或生殖期进入河湖产卵受精的洄游性鱼类。

鲤形目(Cypriniformes):为鱼类中最大目之一(图1-44)。体表被圆鳞或裸露,头部无鳞;有中喙骨弧,下咽骨呈镰状;脊椎的最前四枚常愈合,且两侧附有4对鳔骨(带状骨、舟状骨、间插骨及三脚骨等)构成韦伯氏器连接鳔的前端和内耳;有一个保持鱼体平衡作用的背鳍,腹鳍腹位,鳍多无硬棘,或不超过3根的假棘。目前已发现的本目有5000种以上,多分布在温带和热带淡水域,只有两科为海产。我国约有600种。食用价值较高的有鲤科、鲇科、鳅科、胡子鲶科、鲱科、鲍科等。

图1-44　青、草、鲢、鳙四大家鱼

鳗鲡目(Anguilliformes):本目鱼类体形圆而长。一般无腹鳍,背、尾、臀三种鳍连为一体不能区分,鳞极细或退化。脊椎骨数目甚多,最多可达260枚。本目分两个亚目25科,有100多种。该目在我国主要分布在南海。

海龙目(Syngnathiformes):本目为体形特殊的小型海鱼。口前位,口裂上缘仅由前颌骨或由前颌骨与颌骨共同组成管状吻;无颅顶骨和后耳骨,咽骨退化;鳃常呈簇状。脊鳍、臀鳍及胸鳍均不分支,只有腹鳍与尾鳍部分分支,若有第一脊鳍存在则必为刺鳍,腹鳍如存在则必为腹位或前腹位。雄性腹部有由皮褶形成的育卵袋。

鲈形目(Perciformes):无鳔管,鳞片多为栉鳞。鳍有棘,背鳍通常由鳍棘和鳍条两部分组成。腹鳍多为胸位,也有喉位,多为1鳍棘5鳍条。口先端常呈斜裂状,锐齿着生在颌骨、犁骨和腭骨上形成齿带,鳃盖发达,是硬骨鱼系中最大的一目,有8000多种。

鳢形目(Ophiocephaliformes):体被圆鳞。颌舌弓与第一鳃弓的上鳃骨形成褶鳃呼吸器,副鳃腔及咽喉分布有很多微血管,也可进行呼吸。鳃很长,无鳔管。鳍无棘,若有腹鳍则为前腹位。本目仅鳢科(Ophicephalidae)一科,如乌鳢(乌鱼)既可入药也可食用。

鲀形目(Tetraodontiformes):本目鱼类颌骨与头骨固结;鳃孔小,鳃腔上无气室;体表裸出,或被粗鳞,硬盾或密生硬刺;前背脊不具吸盘;腹鳍左右不相并。其有侧线,尾鳞形状不一。全世界有200多种,我国产60多种。其通常分布于温带及热带的海域或河流。

鲽形目(Pleuronectiformes):成鱼体侧扁,左右不对称;被小圆鳞或栉鳞;两眼位于头部的一侧,有眼的一侧有色素;头骨不对称;背鳍与臀鳍的基底均长,一般无棘;腹鳍胸部或喉位,鳍条通常不超过6枚;成鱼无鳔。为近海的浅水鱼类,少数进入淡水域,全身平卧状营底栖生活。可入药的有牙鲆、马来斑鲆等。

海蛾鱼目(Perciformes)：体形似蛾而得名。体表被骨板；前鼻骨前部合并成一突起而呈齿状的吻部，后颞颥骨和头骨愈合；鳃呈梳状；胸鳍发达呈水平状，有 $10\sim18$ 枚不分支的鳍条，鳍条下部坚硬如刺，但末端软而分节；脊椎骨有 $19\sim24$ 枚，其中最前端的 6 枚固结不能活动，无肋骨，无鳔。本目为海滨小型鱼类，只一科，其中能入药的有长海蛾、龙海蛾、飞海蛾、海蛾鱼等。

灯笼鱼目(Scorpaeniformes)：本目似鲈形目，但口裂上缘仅由前颌骨组成；无中乌喙骨；眼楔骨或有或无；脂鳍常存，腹鳍腹位，有时移至胸鳍之下；但腰骨块不与肩弧相连；发光器或有或无；鳔若存在必有管。能入药的有大头狗母鱼、多齿蛇鲻、花斑蛇鲻、长条蛇鲻、长蛇鲻等。

合鳃目(Synbranchiformes)：体形似鳗，光滑无鳞；鳃常退化，鳃裂移至头部腹面，左右两鳃孔连接在一起形成横缝，故称为合鳃目；无鳔；奇鳍变为皮褶；口裂上缘由前颌骨组成。本目鱼类如黄鳝，既能入药，也可食用。

2. 两栖纲

两栖纲(Amphibia)动物需在水中度过其幼年时期，具有适应陆生的骨骼结构，有四肢，皮肤湿润，有很多腺体，身体无鳞片或体毛，舌分叉，倒生，能向外伸展，交配及受精在水中进行，幼体以鳃呼吸，成体则用皮肤、口腔内壁及肺呼吸。现存 3 目，约有 40 科 400 属 4000 种，分布于全球。中国现有 11 科 40 属 270 余种，主要分布于秦岭以南，华西和西南山区的属种最多。

蚓螈目(无足目)：体细长，没有四肢，尾短或无，形似蚯蚓。中国仅有一种，即版纳鱼螈。

有尾目：体圆筒形，有四肢，较短，终生有长尾而侧扁，爬行，多数种类以水栖生活为主，形似蜥蜴。如大鲵(图 1-45)，俗称"娃娃鱼"，是现存体型最大的两栖动物。

图 1-45　大鲵

无尾目：体短宽，有四肢，较长，幼体有尾，成体无尾，跳跃型活动，幼体为蝌蚪，从蝌蚪到成体的发育中需经变态过程，如沼水蛙和蟾蜍(图 1-46)。

3. 爬行纲

爬行纲动物用肺呼吸，不完全双循环，体表被鳞(蛇、蜥蜴)或骨板(龟、鳖)，无毛无羽，发育过程中有羊膜出现。现存的爬行纲主要包括龟鳖目、鳄目、蜥蜴目、蛇目。

龟鳖目：俗称龟，其所有成员是现存最古老的爬行动物(图 1-47)。特征为身上长有非常坚固的甲壳，受袭击时可把头、尾及四肢缩回龟壳内。大多数龟为肉食性动物。龟通常可在陆

图 1-46　沼水蛙和蟾蜍

(a) 沼水蛙；(b) 蟾蜍

地及水中生活,也有长时间在海里生活的海龟。龟是长寿动物,自然环境中一些种类的寿命可超过百年。世界现存有 220 种,中国有 24 种。

鳄目:体长大,尾粗壮,侧扁,是游泳器官与袭击猎物或敌人的武器;头扁平,吻长;鼻孔在吻端背面;指 5、趾 4(第 5 趾常缺),有蹼;眼小而微突;头部皮肤紧贴头骨,躯干、四肢覆有角质盾片或骨板;心脏 4 室,左右心室由潘尼兹氏孔沟通。如美洲鳄(图 1-48)。现存 3 科 8 属 23 种。两栖生活,分布于热带、亚热带的大河与内地湖泊,有极少数入海。以鱼、蛙与小型兽为食。

图 1-47　中华鳖

图 1-48　美洲鳄

蜥蜴目:大多具附肢两对,有的种类一对或两对均退化消失,但体内有肢带的残余;一般具外耳孔,鼓膜位于表面或深陷;一般体形较小(图 1-49),最长(如科莫多巨蜥)可达 4 m。世界已知约 3000 种,中国约有 120 种,大都分布于热带和亚热带地区,但在欧洲有生活于北极圈内的种类。

蛇目:体形细长,无四肢,无前肢带,少数体外仍有后肢残迹;没有耳孔,也没有鼓膜、鼓室和耳咽管;除一些穴居种类的眼隐于鳞片下外,眼外均罩一层由上、下眼睑愈合形成的透明薄膜;舌细长,分叉,可伸缩;颈部一般不明显,躯干与尾之间以一个呈横裂的泄殖肛孔为分界;雄蛇尾基部两侧有一对交接器,卵生或卵胎生(图 1-50)。已知约有 2500 种,主要分布于热带和亚热带。中国约有 200 种,中国南方温热潮湿地带较多。

图 1-49　石龙子

图 1-50　蝮蛇

4. 鸟纲

鸟类体表被羽毛,有翼,能飞翔;皮肤薄而软,便于肌肉的剧烈运动;新陈代谢旺盛,体温高而恒定,恒温减少了对外界温度条件的依赖性,获得夜间活动和在极地大陆上存活的能力;完全双循环;具有发达的神经系统和感官,大脑、小脑、中脑均很发达,大脑半球较大,主要是由于大脑底部纹状体增大。鸟类的纹状体是管理运动的高级部位,也和一些复杂的生活习性相关;鸟类的大脑皮层不发达,小脑很发达,这与鸟类飞翔运动的协调和平衡相关。具有较完善的繁殖方式和行为(筑巢、孵卵和育雏)。鸟纲的主要类群分类如下。

1）平胸总目

平胸总目动物后肢强大,胸扁平,无龙骨突,不具飞翔能力;羽毛分布全身,无羽区及裸区之分,羽肢不具羽小钩,因而不形成羽片。常见种类有非洲鸵鸟(图 1-51)、见雏鸟。

2）企鹅总目

企鹅是潜水生活的中、大型鸟类,具有一系列适应潜水生活的特征。前肢鳍状,适于划水;具鳞片状羽毛(羽轴短而定,羽片窄),均匀分布于体表;尾短、腿短而移至躯体后方,趾间具蹼,适应游泳生活;在陆地上行走时躯体近于直立,左右摇摆;皮下脂肪发达,有利于在寒冷地区及水中保持体温;骨骼沉重而不充气,胸骨具有发达的龙骨突起,这与潜水、划水有关;游泳速度快。该目分布限于南半球,代表种如王企鹅(图 1-52)等。

3）突胸总目

该目通常翼发达,善于飞翔,龙骨突发达,最后 4～6 枚尾椎骨愈合为一块尾综骨;一般具有充气性骨骼,正羽发达,构成羽片,体表有羽区、裸区之分;雄鸟绝大多数不具交配器官。该总目的鸟类种类繁多,为了研究方便,可以从两个方面讨论其类群。

（1）根据生态类型划分为游禽、涉禽、鹑鸡、鸠鸽、攀禽、猛禽和鸣禽七个生态类型。

游禽:喙扁阔或尖长,腿短而具蹼,翼强大或退化。

涉禽:喙细而长,脚和趾均很长,蹼不发达,翼强大。

鹑鸡:喙短而强,足和爪强健,翼短圆。

鸠鸽:喙短、基部具蜡膜,足短健,翼发达。

攀禽:喙强直,足短健、对趾型,翼较发达。

猛禽:喙强大呈钩状,足强大有力,爪锐钩曲,翼强大善飞。

鸣禽:喙外形不一,足短细,翼较发达。

图 1-51　非洲鸵鸟

图 1-52　王企鹅

(2)根据形态结构特点将其划分成若干个目,以下介绍一些常见的目。

鹈形目:四趾向前,趾间具全蹼;嘴端成钩状,具发达的喉囊,雏鸟属于晚成鸟,游禽类,如鸬鹚等。

鹤形目:颈长、喙长、腿长,趾三前一后,四趾在同一平面上,幼鸟属晚成鸟,涉禽类,常见种类有白鹭、丹顶鹤(图 1-53)等。

雁形目:嘴扁平,具加厚的嘴甲,边缘具栉状突起;腿短后移,趾三前一后,前趾间具蹼,雄性翼上常具翼镜;雄鸟具交配器,雏鸟为早成鸟;游禽类。常见种类有天鹅、绿头鸭等。

隼形目:嘴具利钩,爪发达,飞翔力强;视觉敏锐,猛禽类,雏鸟为晚成鸟。常见种类有鸢、红隼、金雕等。

鸡形目:体结实;喙短,为圆锥形;翅短圆,善走;雄鸟头顶有肉冠,羽色鲜艳;繁殖期行为复杂,鹑鸡类,幼鸟属早成鸟。如褐马鸡、红腹锦鸡(图 1-54)等。

图 1-53　丹顶鹤

图 1-54　红腹锦鸡

鸽形目:嘴短,具蜡膜;四趾位于同一平面上,足短健,善走;嗉囊发达,雏鸟为晚成鸟或早成鸟,鸠鸽类。常见种类有原鸽、毛腿沙鸡等。

鸮形目:嘴爪强大而钩曲,头大,眼大向前,眼周羽毛形成面盘,耳孔大,具耳羽,听觉敏锐,第四趾能向后反转,幼鸟属晚成鸟,猛禽类。主要种类有长耳鸮、短耳鸮等。

鸳形目:嘴呈锥状,适于啄木;舌长具角质小钩;趾两前两后;幼鸟属晚成鸟,攀禽类。常见种类如斑啄木鸟等。

雀形目:鸣管及鸣骨发达;足趾三前一后,在一个平面上,适于营巢;幼鸟属晚成鸟,鸣禽类。常见种类有云雀(图 1-55)、家燕等。

图 1-55　云雀

5．哺乳纲

哺乳纲动物是脊椎动物中躯体结构、功能行为最为复杂的最高级动物类群。身体被毛,体温恒定,胎生(单孔类例外)和哺乳;心脏左、右两室完全分开,左心室将鲜血通过左动脉弓泵至身体各部;脑颅扩大,脑容量增加,中耳具 3 块听小骨,下颌由一块齿骨构成;牙齿分化为门齿、犬齿和臼齿;7 个颈椎,第一、二颈椎分化为环椎和枢椎。除南极、北极中心和个别岛屿外,几乎遍布全球,现存 19 目 123 科 1042 属 4237 种。哺乳纲主要类群分类如下。

(1) 原兽亚纲(Prototheria)。本亚纲的鉴别特征是脑腔(braincase)侧壁由相对较小的翼蝶骨和围耳骨的前部膨大边缘所组成,第五对脑神经的一分支从围耳骨的前部膨大边缘通过。仅单孔目一目。

单孔目:哺乳纲动物中原兽亚纲仅有的一目,下有 2 科 3 属 3 种,只分布在大洋洲地区,主要在澳大利亚东部、塔斯马尼亚岛及新几内亚岛生活。现存针鼹科、鸭嘴兽科,是澳大利亚的代表性动物之一。

(2) 后兽亚纲。本亚纲为胎生,但大多数无真正胎盘,母兽有特殊的育儿袋;发育不完全的幼仔生下后在育儿袋内继续完成发育;乳腺具乳头,乳头就开口在育儿袋内;骨骼已接近于有胎盘哺乳类,腰带上具上耻骨(袋骨),用手支持育儿袋;大脑半球体积小,无沟回,也无胼胝体;体温接近于恒温,在 33～35 ℃之间波动;雌性具子宫,双阴道,与此相应,雄性阴茎的末端也分两叉,交配时每一分叉进入一个阴道;牙齿为异型齿,门齿数目较多且多变化。本亚纲主要分布在大洋洲,少数种类分布在南美洲和中美洲,仅一种分布在北美洲。现存的只有一目,即有袋目。

有袋目:其幼仔出生时发育不全,雌兽有袋囊供幼仔继续发育。在大洋洲,有袋类与有胎盘类平行进化,适应辐射,能产生许多不同种类。现存有袋类共有 9 科 80 属 250 种。有袋类与有胎盘类在一些重要方面比较接近,如身体被毛、单一下颌骨、具乳腺、胎生等;但有些方面还停留在比较原始的水平,如有泄殖腔,没有真正的胎盘。有袋类头骨的鉴别特征包括下颌角突向内弯、鼻骨后部较宽,前颌骨不与额骨接触,颧骨向后延伸构成颌关节窝的一部分及腭骨后缘较厚等。

(3)真兽亚纲。本亚纲又称为有胎盘亚纲,为哺乳类中最高等类群。其主要特征是:胎生,具真正的胎盘;胚胎在母体子宫内发育时间较长,通过胎盘吸取母体营养,产出的幼仔发育完全,能自己吮吸乳汁;乳腺发达,具乳头;大脑皮层发达,两个大脑半球间有胼胝体相连;体温高而恒定,乳齿与恒齿更换明显;肩带为单一肩胛骨,乌喙骨退化成为肩胛骨上的乌喙突;不具泄殖腔,肠管单独以肛门开口于体外,排泄与生殖管道汇入泄殖窦,以泄殖孔开口体外。本亚纲包括绝大多数现存哺乳动物,现存种类有 17 个目,主要有食虫目、皮翼目、翼手目、贫齿目、鳞甲目、复齿目(兔目)、啮齿目、食肉目、鳍足目、鲸目、偶蹄目、奇蹄目、蹄兔目、长鼻目、海牛目、管齿目、灵长目。

食虫目:是真兽亚纲中最早出现和最原始的一目,现存 406 种。体型较小,吻部多细尖,能灵活运动,大脑无沟回;门齿大而呈钳形,犬齿小或无,臼齿多尖,齿尖多呈"W"形,适于食虫;四肢短小,通常为五趾,跖行性;生活方式多样,有陆栖、穴居、半水栖及树栖。其主要以昆虫及蠕虫为食,如鼩鼱(图 1-56)。

翼手目:是哺乳动物中仅次于啮齿目动物的第二大类群,现共有 19 科 185 属 962 种,分布于全世界。翼手目的动物在四肢和尾之间覆盖着薄而坚韧的皮质膜,可以像鸟一样鼓翼飞行,这一点是其他任何哺乳动物所不具备的。为了适应飞行活动,翼手目动物进化出了一些其他类群所不具备的特征,如特化伸长的指骨和连接期间的皮质翼膜,前肢拇指和后肢各趾均具爪且可以抓握,发达的胸骨进化出了类似鸟类的龙骨突以利胸肌着生,以及发达的听力等,如蝙蝠(图 1-57)。

图 1-56 鼩鼱

图 1-57 蝙蝠

鳞甲目:仅包含鲮鲤科穿山甲属(图 1-58)。体外覆有角质鳞甲,鳞片间夹杂有稀疏硬毛;头小,不具齿,吻尖,舌发达,前爪长,适应于挖掘蚁穴、舔食蚁类等昆虫。分布于亚洲、非洲的热带和亚热带地区。

啮齿目:上下颌只有一对门齿,喜啮咬较坚硬物体;门齿仅唇面覆以光滑而坚硬的珐琅质,磨损后始终呈锐利的凿状;门齿无根,能终生生长;均无犬齿,门齿与臼齿间有很大的齿隙;下颌关节突与颅骨的关节窝连接比较松弛,既可前后移动又能左右错动,既能压碎食物又能碾磨植物纤维;听泡较发达,盲肠较粗大;雌性具双角子宫,雄性的睾丸在非繁殖期间萎缩并隐于腹腔内。该目种类数占哺乳动物的 40%～50%,个体数目远远超过其他全部类群数目的总和。常见种类有褐家鼠(图 1-59)等。

图 1-58　穿山甲

图 1-59　褐家鼠

食肉目：俗称猛兽或食肉兽。牙齿尖锐而有力，具食肉齿（裂齿），即上颌最后一枚前白齿和下颌最前一枚白齿。上裂齿的两个大齿尖和下裂齿外侧的两大齿尖在咬合时仿佛铡刀，可将韧带、软骨切断；大齿异常粗大，长而尖，颇锋利，起穿刺作用。常见种类有如狼（图 1-60）、豹、虎、狮等。

鳍足目：又称为鳍足类，海生食肉兽。体呈纺锤状；牙齿与陆栖食肉兽相似，但犬齿、裂齿等分化不明显；肢呈鳍状，大部隐于皮下，后肢在体的后端与发达的尾部连在一起为主要游泳器官；趾间具蹼，前肢第一趾最长，后肢第一、五两趾较中央的三趾长。常见种类有海豹（图 1-61）、海狮和海象等。

图 1-60　狼

图 1-61　海豹

鲸目：完全水栖的哺乳动物，体长 1～30 m，体形似鱼，皮肤裸露，仅吻部具有少数毛，无汗腺和皮脂腺；前肢呈鳍状，后肢完全退化，体内仅存一对小骨片；尾末皮肤左右扩展而成水平尾鳍；无耳郭，皮肤下有一层厚的脂肪层，借此保温和减小身体密度，有利于游泳；有的种类具有背鳍；眼小，无瞬膜，也无泪腺，视力较差，主要靠回声定位寻食避敌；外鼻孔 1～2 个，位于头顶，俗称喷气孔；虽无耳郭，但听觉灵敏；肺左右各一叶；水中哺乳；胃分 4 室；一般以软体动物、鱼类和浮游动物为食，有的种类也能捕食海豹、海狗等。其分布于全世界各海洋，如座头鲸、虎鲸（图 1-62）等。

偶蹄目：因四肢末端的蹄均呈双数而得名。头上大多有角；胸腰部椎骨较奇蹄目少，股骨无第三转子；四肢中第三、四趾同等发育支持体重，胃大都为复室性，盲肠短小。除大洋洲、南极洲外，分布于世界其他各大洲，现存 10 科 75 属 184 种，包括野猪、河马、双峰驼（图 1-63）、

(a)　　　　　　　　　　　　　　　(b)

图 1-62　座头鲸和虎鲸

(a) 座头鲸;(b) 虎鲸

鹿、叉角羚、长颈鹿、麝和鼷鹿等。

奇蹄目:因趾数多为单数而得名。其具散漫状蜕膜胎盘和双角子宫;睾丸降于阴囊或无阴囊;胃简单;盲肠大并呈囊状;脚的中轴通过中趾,第一趾和第五趾一般都已消失,前后脚通常只有三个趾起作用,在进步的马类中甚至只有一个趾。多数奇蹄类动物趾端为蹄,但有一科指端为爪;踝部距骨近端有一双重隆起的滑车形的面,以与胫骨相关节,远端与踝部其他骨头相连处则为一扁平面;股骨在其骨干的外侧有一显著的突起,为第三转子;门齿通常齐全,组成一个能剪割植物的有效器官,犬齿退化或消失;前臼齿在进化过程中逐渐趋向高度臼齿化。常见种类有貘(图 1-64)、马、驴等。

图 1-63　双峰驼

图 1-64　貘

蹄兔目(Hyracoidea):蹄兔(图 1-65)是蹄兔目现存的唯一代表,体型似兔,脚上有蹄,脚掌有特殊附着力,适合爬树或在岩石上攀登。蹄兔为树栖者或地栖者,食植物或昆虫,背上有用于驱敌的腺体。

长鼻目:因上唇和鼻延长形成灵活的象鼻而得名。其共同特点是:体型高大;耳大;四肢粗大似柱,每足五趾,趾端有短蹄;仅有一对上门齿,为第三门齿,变成不断持续生长的硬齿质獠牙,无其他门齿;无犬齿;臼齿是高冠齿及脊形齿,有 8 颗乳齿的前臼齿和 8 颗门齿;所有的臼齿外形均相似,有许多横的釉质脊,但是在同一时期上、下颌每侧只有一颗牙可使用,磨损的牙脱落后,由后面毗邻的牙向前顶替;头骨短而高,骨骼有许多空气腔;上唇和鼻子愈合,变长,形成一个长而且能弯曲的肉质的鼻;鼻孔位于鼻的末端,高出颜面,鼻尖如手指状,可以用于挑取很小的物体;皮肤厚,体外有一层稀疏的须状毛;胃简单,盲肠大;乳头一对,位于胸部;睾丸永远在腹腔中,无阴茎骨;无眶后条;泪骨在眼眶里面。常见种类有非洲象(图 1-66)等。

图 1-65　蹄兔

图 1-66　非洲象

海牛目:通称海牛。外形呈纺锤状,颇似小鲸,但有短颈,与鲸不同;皮下储存大量脂肪,能在海水中保持体温;前肢特化成桨状鳍肢,无后肢,但仍保留着退化的骨盆;有一个大而多肉的扁平尾鳍;胚胎期有毛,初生的幼兽尚有稀疏的短毛,至成体则躯干基本无毛,仅嘴唇周围有须,头部有触毛;头大而圆,唇大;由于颈短,所以头能灵活地活动,便于取食;鼻孔的位置在吻部的上方,适于在水面呼吸,鼻孔有瓣膜,潜水时封住鼻孔;胃分两室,贲门室有腺状囊,幽门室有一对盲囊;眼小,视觉不佳;听觉良好;肺窄而长,无肺小叶;头骨大,但颅室较小,脑不发达;均为植食性,以海草与其他水生植物为食。现存共有 4 种海牛目动物,分别为海牛科(Trichechidae)的 3 种海牛与儒艮科(Dugongidae)的儒艮(图 1-67)。

管齿目:是特产于非洲的一个小目,虽然趾端无蹄而具发达的爪,却和有蹄类有较近的亲缘关系,可能起源于古有蹄类,但和非洲其他有蹄类关系较远。管齿目的牙齿自中央髓腔发出多数平行管状延长部,咀嚼面上呈现多角形小管的集合体。管齿目现存仅一种,即土豚(图 1-68)。

图 1-67　儒艮

图 1-68　土豚

灵长目(Primates):大脑发达;眼眶朝向前方,眶间距窄;手和脚的指(趾)分开,拇指灵活,多数能与其他指(趾)对握(图 1-69),包括原猴亚目和猿猴亚目。

图 1-69　猕猴

原猴亚目:颜面似狐;无颊囊和臀胼胝;前肢短于后肢,拇指与大趾发达,能与其他指(趾)相对;尾不能卷曲或缺如。

猿猴亚目:颜面似人;大都具颊囊和臀胼胝;前肢大都长于后肢,大趾有的退化;尾长,有的能卷曲,有的无尾。按区域分布或鼻孔构造来分类,猿猴亚目又分为阔鼻猴(新大陆猴)类和狭鼻猴(旧大陆猴)类。

灵长目包括 11 科约 51 属 180 种,主要分布于亚洲、非洲和美洲温暖地带,大多栖息于林区。灵长类中体型最大的是大猩猩,体重可达 275 kg,最小的是倭狨,体重只有 70 g。

1.3　生命的基本特征

生命是由高分子的核酸蛋白体和其他物质组成的生物体所表现出的特有现象,是生物体生长、发育、繁殖、代谢、应激、进化、运动、行为、特征、结构所表现出来的生存意识,是生物体的本质、内在规律和组成部分,是生物体的无穷变化所遵循的普遍规律。生物体是生命、生存意识和物质的统一体。生物体的生长、发育、繁殖、代谢、应激、进化、运动、行为、特征、结构是生命或生存意识的表现形式。通过观察一个物体的表现形式,就可判断其是否具有生命或生存意识,是生物还是非生物。为此,将生命的基本特征总结如下。

1. 具有化学成分的同一性

从元素成分来看,在已经发现的 110 余种化学元素中,各类生物体所必需的元素基本都是特定的一二十种,其中 C、H、O、N、P、S、Ca、Mg、K 占绝对多数。从分子成分来看,生物体的重要特征在于它们基本上都含有称为生物分子的蛋白质、核酸、脂质、糖类、维生素等有机物,这些有机分子在各种生物体中有着相同的结构模式和功能。如生物体的遗传物质都是 DNA 和 RNA,生物体内起催化作用的酶都是蛋白质,生物体都利用高能化合物(如 ATP)等,这些都说明生物体在化学成分上存在高度同一性。

2. 具有严整有序的结构

生物体的各种化学成分在体内不是随机堆砌在一起的,而是严整有序的。生命的基本单位是细胞(病毒、类病毒和朊病毒等是否属于生命范畴至今仍存在争论,但它们都需要在细胞结构内才能正常完成生命活动),细胞内的各结构单元都有特定的结构和功能。有生物大分子还不是生命,只有当大分子组成一定的结构或形成细胞这样的有序系统,才能表现出生命。一旦失去有序性,如将细胞打成匀浆,生命也就完结了。生物界是一个多层次的有序结构,细胞之上还有组织、器官、系统、个体、种群、群落、生态系统等层次。每一个层次中的各个结构单元都有它们各自特定的结构和功能,如人体的九大系统中的各器官,它们的协调活动构成了复杂的生命系统。

3. 具有新陈代谢

生物体是开放系统,生物体和周围环境不断进行着物质的交换和能量的流动。一些物质被生物体吸收后在其中发生一系列变化,成为最终产物而被排出体外,这个过程称为新陈代谢。新陈代谢是严整有序的过程,是由一系列酶促化学反应所组成的反应网络。如果代谢过程的有序性被破坏,比如某些环节被阻断,全部代谢过程就可能被打乱,生物体的生命就会受到威胁,甚至可能导致生命终结。

4. 具有应激性

生物体能接受外界刺激而发生相应的反应,包括感受刺激和做出反应两个过程。反应的结果是使生物"趋利避害"。向草履虫悬液中滴一小滴醋酸,草履虫就纷纷游开,一块腐肉可以招来苍蝇,植物茎尖向光生长,这些都是应激性。应激性是生物体所拥有的普遍特性,但动物的应激性表现更为明显,更具多样性。动物的感觉器官和运动器官是应激性高度发展的产物。

5. 具有稳态机制

尽管外界环境波动很大,哺乳动物总有某些机制使其内环境保持不变,这种现象称为稳态。后来人们发现,不仅仅是哺乳动物,所有的细胞、生物体、群落以至生态系统,在没有激烈的外界因素的影响下也都是稳定的,它们都有各自特定的机制来保证自身动态的稳定。

6. 表现出生长发育现象

生物都能通过代谢而生长发育,一粒种子可以长成大树,一只蝌蚪可以变成青蛙。虽然会受到环境条件的影响,但每种生物的生长发育都是按照一定的模式和稳定的程序进行的。

7. 能遗传变异和进化

任何一个生物个体都不能长期存在,它们通过繁殖产生子代,使生命得以延续。子代与亲代之间在形态构造、生理机能上的相似性便是遗传的结果,而亲子之间的差异现象由变异所致。生物体从约 38 亿年前至今,由简单到复杂、由低级到高级的演变过程便是进化的结果。

8. 具有对环境的适应性

每一种生物都有自己特有的生活环境,其特有的结构和功能总是适合于在这种环境条件下生存和延续。比如,鱼鳃的结构适合在水中呼吸,而陆地脊椎动物肺的结构则适应陆地呼吸。适应是生命特有的现象。任何一种生物对所处环境的适应性总是相对的,同种个体由于遗传和表型上的差异,对环境的适应性也总是存在一定程度的差别。只要存在这种差别,哪怕是很轻微的,自然选择就会发生作用,从而推动群体向更适应环境的方向进化发展。

习　题

1. 选择题(课堂完成,扫右边的二维码做题)

2. 名词解释

同功器官、同源器官、五界分类系统、系统树、双名法、类病毒、古细菌、生物多样性、HIV病毒、新型冠状病毒、地衣、原生动物、光合作用。

3. 简答题

(1)请归纳出生命的基本特征。

(2)病毒为何属于生物? 与一般生物相比,它有什么特殊之处?

(3)比较原核细胞和真核细胞的不同之处。

(4)试从分类学的角度阐述生物多样性。

(5)请分析被子植物占据当今植物界绝对优势的主要原因。

第2章 生命的物质基础、生物体的结构和机能

2.1 生命物质

从元素组成分析看,地球上的所有生物均是由各种元素组成的。

2.1.1 元素

组成生物的元素存在于地壳中,但生物只选择了其中 28 种元素,而且大多数为轻元素,仅有 4 种元素的原子序数在 34 以上(表 2-1)。

表 2-1　组成细胞的元素及其质量分数

含量最高的 4 种必需元素	其他必需元素	非必需元素
碳(C)18.0%	磷(P)1.1%	钒(V)微量
氢(H)10.0%	硫(S)0.25%	钼(Mo)微量
氮(N)3.0%	钙(Ca)2.0%	铬(Cr)微量
氧(O)65.0%	钾(K)0.35%	氟(F)微量
	钠(Na)0.15%	溴(Br)微量
	氯(Cl)0.15%	硅(Si)微量
	镁(Mg)0.05%	砷(As)微量
	铁(Fe)0.004%	锡(Sn)微量
	碘(I)0.0004%	硼(B)微量
	锰(Mn)微量	
	钴(Co)微量	
	铜(Cu)微量	
	锌(Zn)微量	
	硒(Se)微量	
	镍(Ni)微量	

地壳中最丰富的元素为氧、硅、铝、铁、钙、钠、钾、镁和氢,占所有总量的 98%,而人体中最

丰富的元素为碳、氢、氧、氮。人体的 80％是水,即人体中的氧原子有 2/3 存在于水中;人体中 60％的氢原子存在于非水物质中,而非水原子的 25％以上是碳。在生物体中没有游离的元素或原子,均是以离子或化合物形式存在,如 Na^+、K^+、Cl^-、Mg^{2+}、Ca^{2+}、Fe^{2+} 等,它们的浓度和所携带的电荷决定着细胞环境的渗透压和电性。

2.1.2　分子

生物分子基本上都是有机分子。有机分子是除 CO、CO_2 等以外的含碳化合物,多由碳链形成的骨架(碳架)和功能团组成,常用构型和构象表示生物分子的立体结构。构型指分子中某原子或原子团的相对位置,构象指分子在某一状态时所有组成原子的绝对位置。在以碳碳单键相连的长链大分子中,原子的运动会使分子以多种形状(构象)占据空间。根据相对分子质量和分子复杂程度不同,生物分子又分为生物小分子和生物大分子。

2.1.3　生物大分子类群

生物体有四类生物大分子,即蛋白质、核酸、多糖和脂类。生物大分子是由小分子构建的,所有多糖、脂类、蛋白质和核酸都有自己的构件分子和各自的连接键型(表 2-2)。化学上,由小分子合成大分子的过程称为聚合(polymerization),在生物体中则通称为生物合成。聚合中构件分子失去了水,因此大分子中的构件分子称为残基或单体。反之,生物大分子中连接单体的共价键也会在一定的情况下由于加水而断裂,这一过程称为水解(hydrolysis)。生物大分子完全水解可以获得构件分子。

生物大分子可以进一步聚合。在细胞水相环境中,许多生物大分子可能由于疏水作用而聚集,借助各种非共价键即弱相互作用而形成相对稳定的复合体。每一个物种或每一个生物个体都是通过其特有的一套核酸和蛋白质而保持特性的。所有的生物大分子在机体中都有其特定的功能。

表 2-2　生物大分子的构成

生物大分子	构件分子	连接方式
蛋白质	氨基酸	肽键
核酸	核苷酸	磷酸二酯键
多糖	单糖	糖苷键
脂类	脂肪酸、甘油(鞘氨醇)等	酯键

2.1.3.1　蛋白质

蛋白质是由 20 种基本氨基酸以肽键连接而成的,具有确定立体结构的生物大分子。肽键将氨基酸连接成肽,由多个氨基酸组成的肽称为多肽。蛋白质的多肽链能折叠成一定形状,有确定的三维结构(构象)。蛋白质的构象与其氨基酸的排列顺序有着密切关系,因此,测定蛋白质多肽链的氨基酸的排列顺序是研究蛋白质的一项基本工作。蛋白质的肽链数目也是变化的,有的蛋白质只有一条肽链,有的则包括几条、几十条甚至上百条肽链。只有几条肽链的蛋白质称为寡聚蛋白,其中每一条肽链称为蛋白质的亚基,有时也称为单体。许多蛋白质还含有非氨基酸成分,如糖、脂、磷酸、核苷酸和金属元素等。

　　蛋白质构象的稳定度依赖于分子内部原子间次级键和二硫键等作用力。当受到温度、紫外线、酸、碱、表面活性剂、重金属、有机溶剂或剧烈搅拌等理化因素作用时,蛋白质分子内部的次级键被破坏,虽然肽链仍保持完整,但蛋白质的构象已改变或丧失,理化性质发生了变化,蛋白质也就失去了其生物学功能,这一过程称为蛋白质变性。

　　蛋白质的种类有 $10^{10} \sim 10^{12}$ 种,其形状大致分为纤维状和球状两类。所有蛋白质都是由20 种基本氨基酸组成的,但其结构存在巨大的多样性,这主要是由于氨基酸的种类、数目和使用频率的不同而造成的。蛋白质的空间结构可分为四级。一级结构是指氨基酸的排列顺序,这其中存在无穷种可能性。二级结构是指肽链盘绕、折叠的方式,包括 α-螺旋、β-折叠和无规则卷曲等,排列方式由各肽键平面的二面角决定。三级结构是指蛋白质分子处在天然折叠状态下的三维构象,三级结构是在二级结构的基础上进一步盘绕、折叠形成的,三级结构中侧链基团间的作用存在多样性。四级结构是指亚基间的空间排布、亚基间相互作用与接触部位的布局,但不包括亚基本身的空间结构,亚基组合方式也存在多样性。

　　蛋白质结构的多样性决定了其功能的多样性。蛋白质的功能归纳起来主要包括催化剂、运输、防御、调节、毒素、受体、运动、结构等,如耐受拉力的 α-角蛋白、胶原蛋白、微管蛋白和肌动蛋白,运载 O_2 和 CO_2 的血红蛋白,调节机体新陈代谢的蛋白质激素,具有防御功能的抗体蛋白、生物催化剂酶,以及与基因间有信息联系的调控蛋白,等等。

2.1.3.2　核酸——遗传信息的载体

　　核酸是由许多核苷酸以磷酸二酯键连起来的长链分子,包括 DNA 和 RNA,它们的相对分子质量巨大,属于生物大分子,DNA 是迄今所知的相对分子质量最大的分子。核酸形状似纤维,由 4 种脱氧核苷酸(在 DNA 中)或 4 种核苷酸(在 RNA 中)组成。DNA 包括两条核苷酸链,RNA 为一条核苷酸链。DNA 和 RNA 中 4 种核苷酸的数目和使用频率是不相同的,一级结构中核苷酸的排列形式也是无穷的。在二级结构中,DNA 采取了稳定的双螺旋结构,tRNA 采取了稳定的三叶草结构。核酸中存在碱基配对现象,即不同碱基以氢键结合是核酸三维结构的普遍原则,如在 DNA 中,A 与 T 配对,G 与 C 配对。核酸的结构化和活动都与蛋白质的作用密切相关。

　　DNA 是主要的遗传物质,其主要功能是储存和传递遗传信息。RNA 是单链核酸,其主要功能是转录 DNA 上的遗传信息,并指导和参与蛋白质合成。按照在信息传递中功能的不同,RNA 可分为三类:信使 RNA(mRNA)、核糖体 RNA(rRNA)和转运 RNA(tRNA)。mRNA 是蛋白质合成的模板,携带了从 DNA 转录的为一种或几种蛋白质编码的遗传信息,以三核苷酸密码子形式实现。rRNA 组织并参与形成核糖体,核糖体是细胞蛋白质合成的场所。tRNA 携带氨基酸到核糖体,通过反密码子识别 mRNA 上的密码子,保证氨基酸残基按密码子顺序连接成多肽。RNA 也是某些病毒(如 HIV)的遗传物质。

2.2　生物体的基本结构

　　以动物为例,生物体结构层次大体可分为:分子—细胞器—细胞—组织—器官—系统。

2.2.1 细胞

细胞是生命的基本结构单位和功能单位。所有的细胞都是由生物膜封闭的系统,含有细胞核(或类核)和细胞质。20 世纪 60 年代,著名细胞生物学家瑞斯(H. Ris)根据有无真正的细胞核把细胞划分为原核细胞和真核细胞两类,由此整个生物界也被分为原核生物和真核生物两大类。

原核细胞:最基本的特点是没有典型的细胞核,即没有核膜将遗传物质与细胞质分隔开。原核细胞的体积很小,目前认为最小的原核细胞是支原体。

真核细胞:由于细胞内有膜分隔,真核细胞有了真正的细胞核和独立的细胞器。真核细胞是膜系统、颗粒系统和骨架系统的集合体,由无机成分和有机成分组成,主要功能成分为核酸、蛋白质、糖类、脂类等。真核细胞内有细胞膜、细胞核、细胞质和各种细胞器(图 2-1)。植物细胞、动物细胞(图 2-2)和许多微生物如酵母菌、真菌细胞等都是真核细胞,它们之间存在亚细胞结构的差异。具有细胞分化的多细胞生物,根据细胞形态、结构和功能等不同可划分为不同的细胞类群,如一个成年人的身体有 10^{14} 个细胞,可分为约 300 种细胞类群。

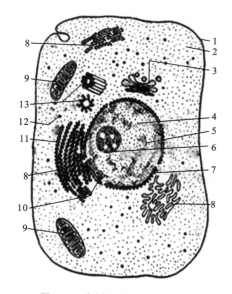

图 2-1　真核细胞的结构模式

1—细胞膜;2—细胞质;3—高尔基体;4—核液;
5—染色体;6—核仁;7—核膜;8—内质网;
9—线粒体;10—核孔;11—内质网上的核糖体;
12—游离的核糖体;13—中心体

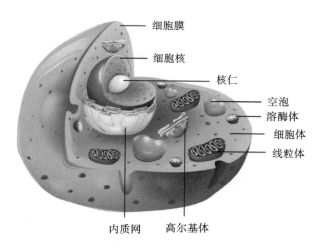

图 2-2　动物细胞的结构

细胞膜
细胞核
核仁
空泡
溶酶体
细胞体
线粒体
内质网　高尔基体

1. 细胞核

细胞核(nucleus)是细胞的控制中心,在细胞的代谢、生长、分化中起着重要作用,是遗传物质的主要存在部位。它主要由核膜(nuclear envelope)、染色质(chromatin)、核仁

(nucleolus)、核基质(nuclear matrix)、核孔(nuclear pore)等组成(图 2-3)。

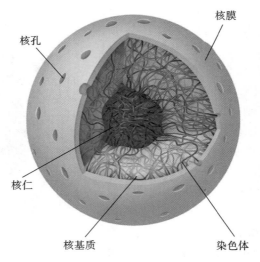

图 2-3 细胞核的结构

核膜包裹在核表面,由基本平行的内膜、外膜两层膜构成。核膜上分布着一些小孔,是核内与原生质之间物质的进出通道,称为核孔。

细胞核内除了 DNA 外,还有蛋白质和 RNA。细胞分裂时,DNA 高度折叠包装形成光镜下就可以观察到的一条条染色体(chromosome)。处于分裂间期的细胞中,细胞核内看不到染色体,DNA 以折叠度低得多的形式存在,称为染色质。

处于分裂间期的细胞核中,用光镜可以看到圆形或椭圆形的核仁。核仁是核糖体 RNA(rRNA)合成集中的地方,合成出来的多种 rRNA 和多种蛋白质,在细胞质中结合组装形成核糖体颗粒。

核基质是核中除染色质与核仁以外的成分,包括核液与核骨架两部分。核液含水、离子和酶等无形成分;核骨架(nuclear skeleton)是由多种蛋白质形成的三维纤维网架,并与核膜核纤层相连,对核的结构具有支持作用。

2. 内质网系统

内质网系统(endoplasmic reticulum system)担负着合成、代谢和其他功能,它紧挨着细胞核膜外侧,是由生物膜折叠包围而成,从而区分出膜内的内质网内腔和膜外的细胞质两个不同的几何空间(图 2-4)。

一部分内质网呈片状,并在细胞质一侧的膜表面上结合着众多核糖体颗粒,称为糙面内质网(rough endoplasmic reticulum,RER)。糙面内质网上所附着的颗粒是核糖体,它是蛋白质合成的场所。因此糙面内质网最主要的功能是合成分泌性蛋白质、膜蛋白以及内质网和溶酶体中的蛋白质,所合成蛋白质的糖基化修饰及其折叠与装配也都发生在内质网中;其次是参与制造更多的膜。

另一部分内质网呈管状,没有核糖体颗粒附着在膜外表面,称为光面内质网(smooth endoplasmic reticulum,SER)。在不同种类细胞中,光面内质网执行多种不同的功能,如合成脂类,包括脂肪、磷脂和甾醇等。

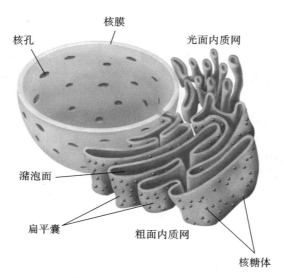

图 2-4　内质网系统的结构

3. 高尔基体

高尔基体(Golgi apparatus)由意大利细胞学家高尔基(Golgi)于 1898 年首次用银染方法在神经细胞中发现的。它是由离细胞核较远的一组片状囊泡聚集组成,进一步可区分为顺面囊泡、反面囊泡和中间囊泡(图 2-5)。

高尔基体的主要功能是将内质网合成的蛋白质进行加工、分拣与运输,然后分门别类地送到细胞特定的部位或分泌到细胞外。从内质网运来的一些膜泡抵达后与高尔体膜融合,使内含物进入高尔基体腔内。在高尔基体腔内,新合成的蛋白质继续完成肽链的修饰和折叠。高尔基体中还合成一些分泌到胞外去的多糖和修饰细胞膜的材料。高尔基体片状囊泡之间亦有囊泡负责沟通和运输。

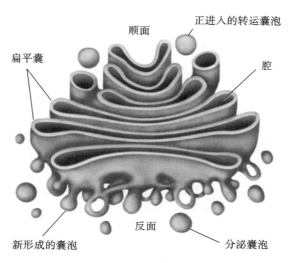

图 2-5　高尔基体的结构

4. 溶酶体

溶酶体(lysosome)是由生物膜围成的大小不一的球状囊泡(图 2-6)。它是由高尔基体断裂产生、单层膜包裹的小泡,数目可多可少,大小也不等,含有几十种能够水解多糖、磷脂、核酸和蛋白质的酸性酶,这些酶有的是水溶性的,有的则结合在膜上。溶酶体的 pH 值为 5 左右,是其中酶促反应的最适 pH 值。根据溶酶体所处的完成其生理功能的不同阶段,大致可分为初级溶酶体、次级溶酶体和残余小体。

溶酶体的功能:一是与食物泡融合,将细胞吞噬进的食物或致病菌等大颗粒物质消化成生物大分子,残渣通过外排作用排出细胞;二是在细胞分化过程中,某些衰老细胞器和生物大分子等陷入溶酶体内并被消化掉,这是机体自身重新组织的需要。无论是食物还是胞内废弃物,经众多水解酶水解,有用的小分子被细胞吸收重新利用,无用的物质被排出胞外,所以,溶酶体的主要功能是负责食物消化吸收和垃圾处理。

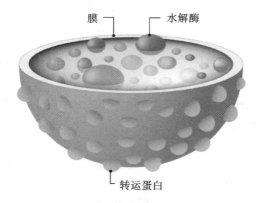

图 2-6   溶酶体的结构

5. 线粒体

线粒体(mitochondria)具有双层膜结构,外膜是平滑而连续的界膜;内膜反复延伸折入内部空间形成嵴(cristae),内膜中有丰富的酶和蛋白质,担负着重要的生物功能。线粒体的两层膜分隔出三个几何空间:内膜里面的基质(matrix)、外膜与内膜之间的膜间隙(intermembrane space)、外膜的外面就是胞质溶胶(cytosol)(图 2-7)。

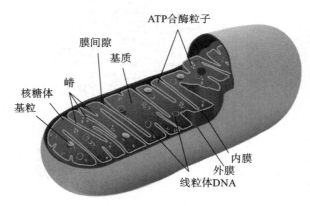

图 2-7   线粒体的结构

线粒体是细胞进行有氧呼吸的主要场所,是细胞的"动力车间"。细胞生命活动所需的能量,大约95%来自线粒体。与生物小分子氧化反应分解有关的两条代谢途径——三羧酸循环和电子传递途径,其相关的酶和蛋白质都位于线粒体内膜上;与脂肪酸分解代谢相关的酶,也在线粒体内。

线粒体有自己的 DNA 和核糖体,它们位于基质里,构成线粒体独特的遗传信息和蛋白质合成系统。在线粒体所有的蛋白质中,由线粒体自身 DNA 编码的约占10%。这一点,加上线粒体双层膜结构,是形成有关线粒体起源的"内共生说"的主要依据。

6. 质体

质体只存在于植物细胞中。质体(plastid)分白色体(leucoplast)和有色体(chromoplast)两种。白色体主要存在于分生组织和不见光的细胞中,内含淀粉、蛋白质和脂类,起着存储库的作用。有色体中含有各种色素。存在于绿叶中的有色体含有叶绿素,称为叶绿体(chloroplast);存在于花、果实等处的有色体,则含有胡萝卜素、番茄红素等其他色素。

叶绿体有双侧膜结构,内部被分为三个层次的空间(图 2-8)。在内膜基质中,有许多扁平袋状的类囊体(thylakoid)。几十个类囊体垛叠在一起称为基粒(granum),类囊体膜上有光合作用的色素和电子传递系统。

叶绿体是绿色植物能进行光合作用的细胞器,产生氧气和有机物,是植物细胞的"养料制造车间"和"能量转换站"。叶绿体也有自己特有的双链环状 DNA、少量 RNA、核糖体和进行蛋白质生物合成的酶,能合成出一部分自己所必需的蛋白质,因此叶绿体"内共生起源假说"为许多人所认可。

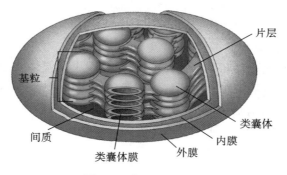

图 2-8　叶绿体的结构

7. 其他细胞器

真核细胞中,除了以上介绍的几种主要细胞器外,还有一些较小的、功能各异的细胞器。如众多由单层膜围成的泡状小体,统称微体(microbody)。微体中含有不同的酶群,执行不同的功能。如有些微体含有氧化酶和过氧化氢酶类,有些微体中含有小的颗粒、纤丝或晶体等。

中心体(centrosome)是细胞中一种重要的无膜结构的细胞器,存在于动物及低等植物细胞中。每个中心体主要含有两个中心粒。它是细胞分裂时内部活动的中心。中心体一般位于细胞核旁,高尔基区中央。在细胞分裂前,中心体完成自身复制成两个,然后分别向细胞两极移动;到中期时,两个中心体分别移到细胞两极;到细胞分裂后期、末期,随细胞的分裂分配到两个子细胞中。

8. 细胞质和细胞骨架

细胞中除了细胞核和各种细胞器外的空间,统称为细胞质(cytoplasm)。细胞质是生命活动的主要场所,由细胞质基质、内膜系统、细胞骨架和包涵物组成。

细胞质基质是指细胞质内呈液态的部分,是细胞质的基本成分,主要含有多种可溶性酶、糖、无机盐和水等。

细胞骨架(cytoskeleton)是指真核细胞中的蛋白纤维网架体系——微管(microtubule)、微丝(microfilament)及中间纤维(intermediate filament)组成的体系(图 2-9)。它所组成的结构体系称为"细胞骨架系统",与细胞内的遗传系统、生物膜系统并称为"细胞内的三大系统"。该结构是真核细胞借以维持其基本形态的重要结构,因此被形象地称为细胞骨架。

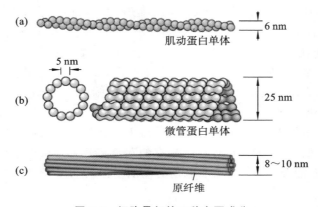

图 2-9　细胞骨架的三种主要成分

(a) 微丝;(b) 微管;(c) 中间纤维

细胞骨架不仅在维持细胞形态,承受外力、保持细胞内部结构的有序性方面起着重要作用,而且还参与许多重要的生命活动。例如:在细胞分裂中细胞骨架牵引染色体分离,在细胞物质运输中,各类小泡和细胞器可沿着细胞骨架定向转运;在肌肉细胞中,细胞骨架和它的结合蛋白组成动力系统;在白细胞(白血球)的迁移、精子的游动、神经细胞轴突和树突的伸展等方面都与细胞骨架有关。另外,在植物细胞中细胞骨架指导细胞壁的合成。

2.2.2　组织

组织是由一些形态相同或类似、机能相同的细胞群构成的。在组织内不仅有细胞,也有非细胞形态的物质,称为细胞间质(如基质、纤维等)。每种组织各完成一定的机能,高等动物体(或人体)具有很多不同形态和不同机能的组织。通常把这些组织划分为四大基本类型:上皮组织、结缔组织、肌肉组织和神经组织。

(1)上皮组织。其位于动物体的外表面,体内各种管、腔及囊的内表面,以及内脏器官的表面。其细胞间质少,细胞排列紧密且具有极性,即具有游离面和基底面,主要起保护、吸收、排泄、分泌、呼吸、感觉等作用。其可进一步分为被覆上皮、腺上皮、感觉上皮等。

(2)结缔组织。其广布于身体各处,连接身体各种组织,由大量的间质和多种细胞构成。细胞的位置不固定,排列分散,主要功能为支持、保护、吸收、营养、修复及物质运输等。其又可分为疏松结缔组织、致密结缔组织、脂肪组织、软骨组织、骨组织、血液等亚类。

疏松结缔组织：多种细胞分散在排列疏松的纤维之中，细胞和纤维埋在基质中，分布于各器官和组织间。

致密结缔组织：含大量胶原纤维和弹力纤维，细胞和基质较少。

脂肪组织：在疏松结缔组织中充满了大量的脂肪细胞，分布在器官和皮肤之下，起支持、保护、保温、储能等作用。

软骨组织：基质量多，呈半固体凝胶状；纤维发达，包埋并穿行于基质中；细胞位于基质的小室中。包括透明软骨（关节软骨、肋软骨等）、弹性软骨（外耳壳等）和纤维软骨（椎间盘等）。

骨组织：由骨细胞、纤维和基质构成。基质中含有大量的固体无机盐。骨组织包括密质骨和松质骨。

血液：液态结缔组织，具有流动性，包括血浆（血清＋纤维蛋白原）和血细胞（红细胞＋白细胞＋血小板）。

（3）肌肉组织。具收缩性，主要由肌细胞和细胞间少量结缔组织组成。肌细胞呈细长纤维状，因此也称为肌纤维。其肌浆内有无数沿细胞长轴纵向排列的肌原纤维，是肌纤维收缩的物质基础。其可分为横纹肌、平滑肌和心肌。

（4）神经组织。其由神经细胞（神经元）和神经胶质细胞组成。神经元由细胞本体、接受刺激的树突及输出冲动的轴突组成。神经元具有感受刺激和传导兴奋的能力，神经胶质细胞具有支持、保护和营养的功能。

2.2.3　器官

器官是由几种不同类型的组织联合形成的、具有一定的形态特征和生理机能的结构。如小肠是由上皮组织、疏松结缔组织、平滑肌、神经及血管等组成的，外形呈管状，具有消化食物和吸收营养的功能。器官不是各组织的机械相加，它们相互关联、相互依存，从而成为有机体的一部分，不能与有机体的整体分割。如小肠的上皮组织有消化吸收的作用，结缔组织有支持、联系的作用，其中由血液供给营养，经血管输送营养物质并输出代谢废物，同时，平滑肌收缩使小肠蠕动，神经纤维接受刺激并调节各组织的作用。综合各组织的所有作用才能使小肠完成消化和吸收。

2.2.4　系统

一些在机能上有密切联系的器官联合起来行使一定的生理机能即成为系统（system）。如口、食管、胃、肠及各种消化腺有机地结合起来从而构成消化系统。高等动物体（或人体）内有许多系统，如皮肤系统、骨骼系统、肌肉系统、消化系统、呼吸系统、循环系统、排泄系统、内分泌系统、神经系统和生殖系统。这些系统又主要在神经系统和内分泌系统的调节控制下，彼此相互联系、相互制约地执行其不同的生理机能。只有这样，才能使有机体适应外界环境的变化和维持体内外环境的协调，完成整个生命活动。

以动物的消化系统为例，动物取食后，食物通过消化系统的消化和吸收，营养物质进入人体中参与新陈代谢，剩余残渣则排出体外。

1. 消化的概念

消化（digestion）是机体通过消化管的运动和消化腺分泌物的酶解作用，使大块的、分子结构复杂的食物,分解为分子结构简单、能被吸收的小分子化学物质的过程。消化有利于营养物质通过消化管黏膜上皮细胞进入血液和淋巴,即吸收,从而为机体的生命活动提供能量。消化过程包括机械消化和化学消化,前者是指通过消化管壁肌肉的收缩和舒张(如口腔的咀嚼,胃、肠的蠕动等)把大块食物磨碎;后者是指各种消化酶将分子结构复杂的食物,水解为分子结构简单的营养素,如将蛋白质水解为氨基酸,将脂肪水解为脂肪酸和甘油,将多糖水解为葡萄糖等。

消化可分为细胞内消化和细胞外消化。单细胞动物如草履虫摄入的食物在细胞内被各种水解酶分解,称为细胞内消化。多细胞动物的食物由消化管的口端摄入,在消化管中消化,称为细胞外消化。细胞外消化可以消化大量的较复杂的食物,因而具有更高的效率。但即使在高等动物(如人)的体内,仍部分保留着细胞内消化,如白细胞吞噬体内异物并在细胞内把异物溶解等。

机体消化食物和吸收营养素的结构总称为消化系统。消化系统分为消化管和消化腺两大部分。消化管包括口腔、咽、食管、胃、小肠、大肠和肛门等部分;消化腺则有唾液腺、胃腺、小肠腺、胰腺和肝脏等。消化系统的主要功能是消化食物、吸收营养素和排出食物残渣。此外,消化黏膜上皮制造和释放多种内分泌激素和肽类,与神经系统一起共同调节消化系统的活动和体内的代谢过程。

2. 消化系统的进化

在动物进化过程中,消化系统经历了不同的发展阶段。

原生动物的消化与营养方式有三种:①光合营养,如眼虫体内有色素体,能通过光合作用获取营养,而没有特殊的消化器官;②渗透性营养(腐生性营养),通过体表渗透,直接吸收周围环境中呈溶解状态的物质,也没有分化的消化器官;③吞噬营养,大部分原生动物能直接吞食固体颗粒食物,并在细胞内形成食物泡,食物泡与细胞内的溶酶体融合后,各种水解酶随即将食物消化。有些原生动物,如草履虫,其细胞内具有胞口、胞咽、食物泡和胞肛等细胞器。

腔肠动物内胚层细胞所围成的原肠腔即为消化腔。这种消化腔有口,没有肛门,消化后的食物残渣也由口排出。这种消化系统称为不完全消化系统。腔肠动物兼有细胞内和细胞外消化两种形式,如水螅以触手捕捉食物后经过口送入消化腔,在消化腔内由腺细胞分泌酶(主要是蛋白质分解酶)进行细胞外消化,经消化后形成的一些食物颗粒,再由内皮肌细胞吞入进行细胞内消化。

线形动物和环节动物的运动能力加强了,食物也变得复杂起来,消化系统进一步分化。其原肠腔的末端,外胚层内褶形成后肠和肛门,使食物在消化管内可沿一个方向移动。消化管也分成一系列形态和功能不同的部分。如环节动物蚯蚓的消化管在口腔、咽、食管之后,有一膨大的嗉囊,可以暂时储存食物;其后为厚壁的砂囊和细长的小肠,是对食物进行机械粉碎和酶解的主要场所;消化管的末端则主要储存消化后残渣。

由于消化管中出现了膨大部分,这使得动物可以在短时间内摄入大量食物,不再需要连续进食,从而获得时间去寻找新的食物来源。如环节动物金钱蛭的嗉囊容量很大,一次吸血可供胃和肠消化几个月。

脊椎动物的消化系统高度分化,形成了消化管和消化腺两大部分。大部分脊索动物如头索动物亚门下的文昌鱼,其消化管只包括三部分:口腔、咽和一个没有明确界线的管状咽后肠管。脊椎动物的咽后肠管逐渐分化成一系列在解剖和功能上可以区别的区域,即食管、胃、小肠、大肠、肛门。在进化过程中口腔和咽的变化最明显,这种变化与动物从水生进化到陆生有关。鱼类和两栖类还没有分隔口腔和鼻腔的结构——腭,口腔和咽是消化和呼吸的共同通道。爬行动物(鳄除外)和鸟类的口腔顶部出现了一对长的皱褶,形成一个空气可以从内鼻孔到咽部的通道。鳄和哺乳动物的鼻和口腔被腭完全分开。鱼类的食管很短,在进化过程中随着咽变短和胃下降到腹部,食管变得越来越长。鸟类的食管有一个膨大的部分称为嗉囊,其功能是暂时储存食物和软化食物。胃是消化管的明显膨大部分,食物在这里进行初步消化。圆口类的脊椎动物都有胃,但其大小和形态随食物的习性而各异。鸟类的胃分为两部分,前面的称为腺胃(前胃),分泌消化液;后面的称为肌胃或砂囊,肌胃借助于鸟类经常吞食的砂粒来磨碎食物,帮助消化液更好地发挥作用。哺乳动物中反刍类的胃很大,常分成几个部分而构成复胃,如牛的胃可分为四个部分。复胃中生活着大量的细菌和纤毛虫,对纤维素的消化起着重要作用。没有复胃的食草动物如马、兔等,其小肠和大肠交界处出现发达的盲肠,具有复胃的功能。胃后为肠,一般可分为十二指肠、小肠、大肠、直肠等部分。食草动物的肠比食肉动物和杂食动物的肠长得多。鸟类的肠相当短,直肠极短,不储存粪便,是对飞行活动的适应。

脊椎动物的消化系统虽因动物的种类不同而出现一些差异,但其基本形态非常相似。

胚胎发育到一定时期,扁平的胚盘便卷折成圆筒形,内胚层被卷入筒状的胚体内,成为一个盲管,从而形成原始的消化管。原始的消化管一般可分为三个部分:头端部分称为前肠,尾端部分称为后肠,与卵黄囊相连的中段部分称为中肠。在以后的发育过程中,前、中、后肠又分化成各消化器官。一般在胚胎发育的第四周,前肠衍化为咽、食管、胃和十二指肠前 2/3 的部分;中肠衍化为十二指肠的后 1/3 的部分,以及空肠、回肠、盲肠、阑尾、升结肠和横结肠的前 2/3;后肠衍化为横结肠的后 1/3,以及降结肠、乙状结肠、直肠和肛管上段。

在前肠头端的腹面,有一个由内外胚层直接相贴而成的圆形区域,称为口咽膜。口咽膜的外周高起,中央凹陷,称为口凹。在胚胎发育的第四周,因为口咽膜破裂,口凹与前肠相通,所以原始的口腔与鼻腔是相通的,一直到胚胎发育的第八周末,由于腭的形成,口腔和鼻腔才被分隔开来。腭的形成是由两侧向中线生长愈合而成的。在胚胎发育中,如果两侧腭突未能在中线合并,便产生畸形腭裂。

后肠末端为一膨大的部分,称为泄殖腔。在胚胎的第七周,由间充质形成的隔将泄殖腔分为背侧的直肠和腹侧的尿生殖窦。直肠末端由肛膜封闭,肛膜外周突起,中央凹陷,称为原肛。第八周时原肛破裂,肠腔与外界相通,直肠的末端部分称为肛管。肛管下部由原肛形成,其上皮属于外胚层。

原始消化管分化为上述各段的同时,胰、肝和脾也从原始消化管上皮中分化出来。肝和胰均是从肠的内胚层发生的,它们的原基都出现于胚胎发育的第四周。脾是从胃背侧系膜的间充质团发生的,以后完全独立而与胃无关。

3. 消化吸收过程

消化管有两处膨大——胃和降结肠,它们分别具有储存食物和粪便的功能。人消化管总长为 6～7 m,其中从门齿到胃出口部约长 0.75 m,小肠长 4～5 m,结肠长约 1 m,直肠长 20～25 cm。

组织解剖消化管壁的构造,除口腔外,一般可分四层,由里向外依次为黏膜、黏膜下层、肌层和外膜。黏膜经常分泌黏液保持腔面滑润,可使消化管壁免受食物和消化液的化学侵蚀和机械损伤。消化管有的部位上皮下陷形成各种消化腺,大部分消化管黏膜均形成皱褶,小肠黏膜的皱褶上还有指状突起——绒毛。这些结构使消化管的内表面积大大增加,有利于吸收,故黏膜层是消化和吸收的重要结构,黏膜下层由疏松结缔组织组成,其中含有较大的血管、淋巴管和神经丛,有些部位的黏膜下层中没有腺体。消化管中除口腔、咽部、食管上 1/3 及肛门等的肌层为骨骼肌外,其余大部分消化管的肌层均为平滑肌。

　　消化管平滑肌是一种兴奋性较低、收缩缓慢的肌肉,经常处于轻度收缩状态,称为紧张性收缩。紧张性收缩使消化管管腔内经常保持一定压力,并使消化管维持一定的形态和位置。消化管肌肉的各种收缩运动也都是在紧张性收缩的基础上发生的。此外,消化管平滑肌还有较大的伸展性,最长时可比原来长度增加 2～3 倍,是消化管对能容纳大量食物功能的一种适应。

　　消化管的主要运动形式是蠕动。蠕动通常是在食物的刺激下,通过神经系统反射引起一种推进性的波形运动。蠕动波发生时,在食团的上方产生收缩波,在食团的下方产生舒张波,一对收缩和舒张波顺序推进,促使食物在消化管中下移。胃的一个蠕动波通常可将 1～3 mL 的食糜推送入十二指肠。蠕动还可研磨食物,使食物与消化液充分混合,从而有利于酶解。

　　小肠还有一种重要的分节运动,是一种以环行肌为主的节律性收缩和舒张运动。在含有食糜的一段肠管内,环行肌在许多点同时收缩,把食糜分割成许多节段,随后,原来收缩的部位舒张,舒张的部位收缩,如此反复进行,使食糜不断地分开,又不断地混合。分节运动的推进作用很小,其意义主要是使食物与消化液充分混合,便于化学性消化,是一种混匀性运动。分节运动还使食糜与肠壁紧密接触,有利于吸收。

　　消化腺的形态与结构按其分布的位置可分为大、小两种类型。小型消化腺局限于消化管的管壁内,如唇腺、舌腺、食管腺、胃腺和肠腺等。这些小型消化腺根据其形态的不同,又可分为单管状腺、分支管状腺、复泡管状腺、复管泡状腺等。大型消化腺位于消化管壁之外,它包括唾液腺(腮腺、舌下腺、颌下腺)、胰腺和肝脏。大型消化腺外面一般均包以结缔组织被膜。结缔组织深入腺体实质,将腺体分隔为若干叶和小叶。腺体由分泌部和排出部组成。分泌部也称为腺泡,分泌消化酶和黏液等物质;排出部是指各级分支的导管,它们将分泌物排出到消化管腔内,导管的上皮细胞也具有分泌水和电解质的功能。

　　消化腺分泌物的量和成分与刺激的性质和强度有关。如以肉粉喂狗,可引起大量黏稠的唾液分泌,而喂以有害物质如酸时,则引起大量稀薄的唾液分泌;人若长期吃大量糖类食物,则唾液中的淀粉酶浓度升高;幼年反刍动物以母乳为主要食物,故胃液中含有强烈凝乳作用的凝乳酶等。这些现象均反映消化腺的分泌能对刺激产生适应性的变化。消化系统可吸收进入其内的 80% 的水和 90% 的 Na^+ 和 Cl^-(图 2-10)。

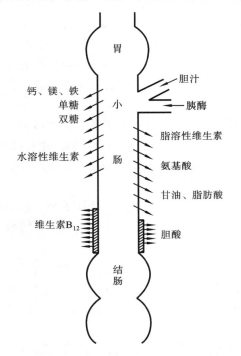

图 2-10　各种主要营养物质在小肠的吸收部位

消化腺的分泌活动包括从细胞外液摄取原料,然后在细胞内合成与浓缩,形成分泌颗粒在细胞内储存,以及最后向细胞外释放等一系列过程,是腺细胞主动活动的结果,需要消耗能量、氧和营养物质。引起消化腺分泌的自然刺激物是食物,食物可以通过神经和体液途径刺激或抑制腺体分泌。不同的神经和不同的传入冲动可引起不同腺细胞产生不同程度的活动。人在一昼夜所分泌的消化液的总量为 6000~8000 mL。

消化管不同部分的吸收能力和吸收速度是不同的,这主要取决于该部分消化管的组织结构及食物在该部分的成分和停留时间。口腔和食管不吸收食物,胃只吸收酒精和少量水分,大肠主要吸收水分和盐类,实际上小肠内容物进入大肠时可吸收的物质含量已不多了。小肠是主要吸收部位。人的小肠黏膜面积约 10 m²,食物在小肠内被充分消化达到能被吸收的状态;食物在小肠内停留的时间较长,这些都为小肠吸收提供了有利条件。小肠不仅吸收被消化的食物,而且吸收分泌入消化管腔内的各种消化液所含的水分、无机盐和某些有机成分。因此,人每天由小肠吸收的液体量可达 7~8 L 之多。如果这样大量的液体不能被重吸收,必将严重影响包括简单扩散、易化扩散的被动过程,以及通过细胞膜上载体转运的主动吸收过程。

营养素通过肠上皮细胞进入体内的途径有两条:一是进入肠壁的毛细血管,从而直接进入血液循环,如葡萄糖、氨基酸、甘油和甘油单酯、电解质及水溶性维生素等主要是通过这条途径吸收的;另一条途径是进入肠壁的毛细淋巴管,经淋巴系统再进入血液循环,如大部分脂肪酸和脂溶性维生素是循这条途径间接进入血液的。

4. 消化系统的血液循环

消化系统各器官的血液供应主要来自腹主动脉分支:腹腔动脉,肠系膜上、下动脉。腹腔动脉供给食管下段、胃、十二指肠、胰腺、胆囊、脾脏及大小网膜的营养。腹腔动脉的分支与食管动脉及肠系膜上动脉的分支相吻合。肠系膜上动脉供营养给胰腺、十二指肠、空肠、回肠、盲肠、阑尾、升结肠、横结肠、小肠系膜及横结肠系膜。肠系膜上动脉在十二指肠与腹腔动脉相吻合;在结肠左曲与肠系膜下动脉相吻合。肠系膜下动脉供营养给结肠、乙状结肠及直肠的上2/3 部分,它与肠系膜上动脉及腹腔动脉形成吻合支。

消化器官的血流量受机体全身血液循环功能状态、血压和血量的影响,并与机体在不同的活动状态下血液在各器官间的重新分配有关。进食活动通过神经和体液机制,不仅增加消化管运动和消化腺分泌,同时,流经消化器官的血量也相应地增多。一般认为,流经消化器官的血量对消化管和消化腺的功能具有允许作用和保证作用。如果血管强烈收缩,血流量减少,消化液分泌量随之大为减少,消化管运动也随之大为减弱。

胃贲门至直肠上部之间的消化管静脉血汇流入肠系膜上静脉。胰腺、肠、脾的静脉血则汇流入脾静脉和肠系膜下静脉,它们不直接到下腔静脉。肠系膜上、下静脉汇合成门静脉进入肝脏。门静脉在肝内分支,形成小叶间静脉,小叶间静脉多次分支,最后分出短小的终末支进入肝血窦。在肝血窦内,血液与肝细胞进行充分的物质交换后汇入中央静脉,中央静脉又汇合成小叶下静脉,进而汇合成 2~3 支肝静脉,肝静脉出肝后注入下腔静脉。门静脉是肝的功能血管,它汇集了来自消化管的静脉血,其血液中含有从胃肠道吸收的、丰富的营养物,输入肝内,借肝细胞加工和储存。门静脉血中有毒物质在经过肝脏处理后,变成无毒或溶解度较大的物质,随胆汁和尿液排出体外。由门静脉供应肝的血量约占供应肝的总血量的 3/4。

5．消化系统活动的调节

在消化过程中,消化系统各部分的活动是紧密联系、相互协调的。如消化管运动增强时,消化液的分泌也增加,使消化和吸收得以正常进行。又如食物在口腔内咀嚼时,就反射性地引起胃、小肠的运动和分泌的加强,为接纳和消化食物作准备。消化系统各部分的协调是在中枢神经系统控制下,通过神经和体液两种机制的调节实现的。

1）神经调节

消化系统全部结构中,除口腔、食管上段和肛门外括约肌受躯体神经支配外,其他部分均受自主性神经系统中的交感和副交感神经的双重支配,其中副交感神经的作用是主要的。支配消化系统的交感神经起源于脊髓的第三胸节至第三腰节,在腹腔神经节更换神经元后,节后纤维随血管分布到消化腺和消化管。节后纤维的末梢释放去甲肾上腺素,这一神经递质作用于靶细胞上的肾上腺素能使 α 或 β 受体发挥其效应。支配消化系统的副交感神经主要发自延髓的迷走神经,只有远端结肠的副交感神经是来自脊髓骶段的盆神经。副交感神经的节前纤维进入消化管壁后,首先与位于管壁内的神经细胞产生突触联系,然后产生节后纤维支配消化管的肌肉和黏膜内的腺体这一效应。节后纤维末梢释放乙酰胆碱,这一神经递质作用于靶细胞上的毒蕈碱受体(M 受体)而发挥其效应。

交感神经和副交感神经对消化系统的作用是对立统一的。副交感神经兴奋时,使胃肠运动增强,腺体分泌增加;而交感神经的作用则相反,它兴奋时,使胃肠运动减弱,腺体分泌减少。支配消化系统的自主性神经,除交感神经和副交感神经外,还存在着第三种成分。有人认为是嘌呤能神经,其节后末梢释放嘌呤类物质,如三磷酸腺苷;但更多的人则认为是肽能神经,其末梢释放的神经递质是肽类物质,如血管活性肠肽、P 物质、脑啡肽、生长抑素、蛙皮素样肽、胆囊收缩素、胃泌素、神经降压素等。肽能神经在消化系统的活动中可能主要起抑制性作用。

此外,从食管中段起到肛门为止的绝大部分的消化管壁内,还含有内在的神经结构,称为壁内神经丛,食物对消化管腔的机械或化学刺激可通过壁内神经丛引起局部的消化管运动和消化腺分泌。壁内神经丛包括黏膜下层的黏膜下神经丛和位于纵行肌层与环行肌层之间的肌间神经丛。

2）体液调节

消化系统的活动还受到由其本身所产生的内分泌物质——胃肠激素的调节。

从胃贲门到直肠的消化黏膜中,分散地存在着多种内分泌细胞。消化管内的食物成分、消化液的化学成分、神经末梢所释放的化学递质,以及内分泌细胞周围组织液中的其他激素,均可刺激或抑制这些内分泌细胞的活动。不同的内分泌细胞释放不同的肽,这些肽进入血液,通过血液循环再作用于消化系统特定部位的靶细胞,调节它们的活动。如在食物中蛋白质分解产物的作用下,存在于胃幽门部黏膜中的内分泌细胞(G 细胞),可释放出一种由 17 个氨基酸残基组成的肽,称为胃泌素。胃泌素通过血液循环,作用于胃底和胃体部的胃腺和胃壁肌肉,引起胃液分泌增加和胃运动增强。对胃肠分泌而言,激素调节较神经调节可能具有更重要的意义,但两者的相互作用不可忽视。如神经和激素同时作用于同一个靶细胞时,有相互加强作用。又如,刺激迷走神经,特别是刺激迷走神经的背干,会引起胃泌素分泌明显增加;切断内脏神经,可使此反应加强,说明内脏神经具有抑制胃泌素分泌的作用。

6. 消化系统功能与机体其他功能的联系

消化系统的活动在机体内与循环、呼吸、代谢等有着密切联系。在消化期内,循环系统的活动相应加强,流经消化器官的血量也会增多,从而有利于营养物质的消化和吸收。相反,会产生循环系统功能障碍,特别是门静脉循环障碍,将会严重影响消化和吸收功能的正常进行。消化活动与其紧接着的下一过程——中间代谢也有紧密联系。进食动作可反射地刺激迷走神经-胰岛素系统,促使胰岛素早期释放;在消化过程中,由食物和消化产物刺激所释放的某些胃肠激素,也能引起胰岛素分泌。胰岛素是促进体内能源储存的重要激素,胰岛素的早期释放有利于及时地促进营养物质的中间代谢及有效储存能源,这对机体生命活动是有益的。精神焦虑、紧张或自主性神经系统功能紊乱都会引起消化管运动和消化腺分泌的失调,进而产生胃肠组织损伤。

2.3　生物体的主要机能

生物体机能具有广泛的多样性,在新陈代谢的基础上主要表现为生长、发育、遗传、繁殖、应激、运动、呼吸、消化、防御、记忆、学习、光合作用,等等。目前,生命科学正在探索和揭示着生物机能的奥秘如下:

(1) 遗传——DNA 复制和 RNA 复制;

(2) 生长——细胞分裂;

(3) 发育——基因表达调控;

(4) 免疫——淋巴细胞、抗体(免疫球蛋白)等;

(5) 学习与记忆——海马 NMDA 受体等;

(6) 生物发光——荧光素酶、荧光蛋白;

(7) 生物钟——生物钟基因等。

2.3.1　物质运输

物质运输保证了生物体的新陈代谢。生物体的物质运输归根结底要依靠细胞的跨膜转运。

2.3.1.1　生物膜的结构与功能

包在细胞外面的细胞膜和真核细胞的内部膜系统统称为生物膜,其基本成分为磷脂和蛋白质。细胞膜结构是所谓的"流动镶嵌模型(fluid-mosaic model)",主要功能为:①细胞的动态屏障;②支配着细胞的内外物质交换和通信;③细胞的固定化生产基地。

2.3.1.2　物质的跨膜运输方式

物质的跨膜运输方式(图 2-11)包括以下三种主要方式。

(1) 渗透(扩散)。小分子按渗透原则从浓度高的一侧通过生物膜向浓度低的一侧扩散运动,其特点是不需要能量。一般而言,非极性分子比极性分子容易扩散通过生物膜。有些分子如 O_2、N_2、CO_2、H_2O 等可以自行扩散,不需要载体。有些则需要膜上的蛋白质载体协助扩散,这样的蛋白质属于转运蛋白,按其构造和功能的不同分别称为载体和通道。葡萄糖等单

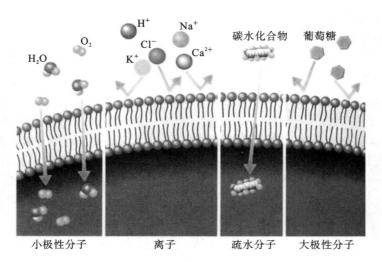

图 2-11　细胞的运输方式

糖、氨基酸、有机酸等有机小分子的扩散需要载体；Ca^{2+}、K^+、Na^+ 等离子的扩散需要通道。

载体和通道都是有选择性的，只允许一种或几种物质通过。许多通道是受控的。如门控通道，只有当膜电位改变或化学信号刺激时通道才会开启。又如细胞渗透调节，生活在淡水中的一类单细胞生物——变形虫依靠体内可以伸缩的液泡来调节细胞质的渗透压，细胞质的水可以进入液泡，当液泡涨大到一定程度时，液泡就与细胞膜融合，将里面的内容物排空。这样的过程不断重复，变形虫就不至于因水不断地进入机体而涨破。

（2）主动运输。细胞通过质膜上具有泵样作用的蛋白质将物质从浓度低的一侧运往浓度高的一侧的方式，其目的是维持细胞中这类物质的浓度水平。如 Na^+-K^+-ATP 酶，细胞内是一个高 K^+ 低 Na^+ 环境，而体液如血液的血浆却是低 K^+ 高 Na^+ 环境，要维持细胞的高 K^+ 低 Na^+，细胞就要不断地逆浓度梯度转运 K^+ 和 Na^+，这个工作靠 ATP 供能，由细胞膜上 Na^+-K^+-ATP 酶执行。因此，Na^+-K^+-ATP 酶也称为 Na^+-K^+-泵，每消耗 1 个 ATP 可以泵出 3 个 Na^+ 和泵入 2 个 K^+。

（3）胞吞和胞吐。一种运输颗粒性物质的方式。胞吞——细胞膜内陷形成囊泡，将外界物质裹进细胞。如细胞吸收胆固醇、胰岛素，鸟类卵细胞摄取卵黄蛋白，巨噬细胞吞噬病毒、细菌和衰老细胞等。胞吐——利用质膜包裹大分子和固体性物质细胞，形成囊泡，然后排出。如胰腺细胞分泌酶原。

2.3.2　新陈代谢

生物体从环境获取营养，经过物质的合成、分解及能量的释放、储存，将营养物质转变为自身组成物质，将自身原有组成物质转变为废物并排放到环境中的不断更新的过程称为新陈代谢。新陈代谢是生物体内全部有序化学变化的总称，其中的化学变化一般都是在酶的催化作用下进行的。它包括物质代谢和能量代谢两个方面。

2.3.2.1　能量代谢

糖、脂肪、氨基酸、有机酸和有机醇等有机物被氧化并释放可以做功的能量的过程称为能量代谢。能量代谢是以细胞为基本单位进行的。

有氧氧化过程,即细胞呼吸,是指有机物被细胞彻底氧化为 CO_2 和 H_2O 的过程。细胞呼吸包括柠檬酸循环、呼吸链电子传递和氧化磷酸化三个相互联系的代谢途径,它们都位于细胞的线粒体中。

无氧氧化过程包括糖酵解、细菌发酵等。

细胞代谢中释放的能量推动着 ATP 的合成。ATP 即三磷酸腺苷,是细胞的能量载体。细胞内许多需能反应或生理活动与 ATP-ADP＋自由能偶联。正常情况下细胞内 ATP 保持恒定的水平。

2.3.2.2 物质代谢

生物的物质代谢也是以细胞作为基本单位进行的。细胞的物质代谢途径是多种多样的,这是因为细胞的物质需求有很大的时空差异性。但是在合成细胞的四类生物大分子,特别是信息大分子——核酸和蛋白质上,细胞都遵循着共同的构建原则。

2.3.2.3 代谢途径和代谢网络

代谢中,若干反应组成一个反应系列,前一个反应的产物是后一个反应的底物,这样的反应系列称为代谢途径(metabolic pathways)。各种代谢途径交织形成复杂的代谢网络。细胞的代谢反应大多数都是酶催化的,酶是细胞合成的,能加速生物化学反应,但是在反应前后保持不变的生物大分子。催化一条代谢途径的各个酶彼此联合作用,称为多酶体系。细胞可以通过控制酶的活性来控制代谢途径的速度和代谢流量,保持代谢平衡。

2.3.3 光合作用

光合作用是地球上非常重要的生命活动过程,地球上几乎所有生物都直接或间接地通过光合作用获取所需的有机物及能量。自养类生物,如苔藓、蕨类、开花植物、光合细菌等,能够直接通过光合作用利用二氧化碳、水等无机物合成糖类等有机化合物,同时把光能转化为有机化合物中的化学能。每年地球上光合作用生物能够制造出大约 2.2×10^6 kg 的有机物,其产量极其惊人。异养类生物,如人类及动物等,则以这些自养生物为食,通过消化、分解等生理过程,从光合作用产物中吸收营养、获取能量,维护自身正常生命活动。

2.3.3.1 光合作用场所

绿色植物是地球上进行光合作用的主要生物,其进行光合作用的场所是细胞中的叶绿体,而光合细菌等则主要通过细胞膜上的光合色素来吸收光能完成光合作用过程。

叶绿体是绿色植物细胞质中的一种半自主性细胞器,由双层膜包裹着一个充满流动基质的腔室,流动基质中含有叶绿体 DNA、蛋白质合成体系及淀粉粒、质体小球等一些颗粒性成分,是二氧化碳生成糖,即暗反应发生的地方。基质中有一个复杂的盘状囊膜系统,由基粒类囊体和基质类囊体组成,基粒类囊体由周围闭合的两层膜组成,呈扁囊状,膜上含有能捕获光能的光合色素和电子传递链组分,又称光合膜。多个基粒类囊体像圆盘一样垛叠在一起,形成基粒,是光反应的主要场所。基质类囊体则贯穿在两个或两个以上基粒之间,没有发生垛叠,形成叶绿体基质中的基质片层结构(图 2-8)。

2.3.3.2 光合作用色素

光合作用色素,又叫光合色素,主要附着于叶绿体基粒的类囊体膜上,按照吸收波长的不同,可以分为叶绿素及类胡萝卜素两种,其中叶绿素又分为叶绿素 a 及叶绿素 b。叶绿素 a 主要吸收蓝紫光和红光,叶绿素 b 主要吸收蓝色和橙色光,类胡萝卜素则主要吸收蓝绿色光。按照功能区分,光合色素包括光反应中心色素及聚光色素,光反应中心色素是指少数能够将光能转换成电能的活性叶绿素 a 分子,而聚光色素则是指其余大多数色素,它们没有光化学活性,只能吸收、聚集光能,并将之传给光反应中心色素,辅助它完成光反应过程。

2.3.3.3 光合作用过程

光合作用是一个复杂的物质与能量转换过程,大致可以分为需要光参与的光反应及不需要光参与的暗反应两个阶段。总的来说,光合作用是把二氧化碳和水转变为有机物,同时把光能通过光反应转变成 ATP 中活跃的化学能,再通过卡尔文循环转变成有机物中稳定的化学能,其总反应方程式如下:

$$CO_2 + H_2O \xrightleftharpoons[\text{叶绿体}]{\text{光}} (CH_2O) + O_2$$

在上述过程中,光合作用的原料二氧化碳和水既可以是周围环境中的物质,也可以是生物体自身细胞呼吸作用的产物,同样其产物葡萄糖等有机物及氧气既能作为自身细胞呼吸作用的原料,也可以被细胞储备或释放。光合作用过程简图如图 2-12 所示。

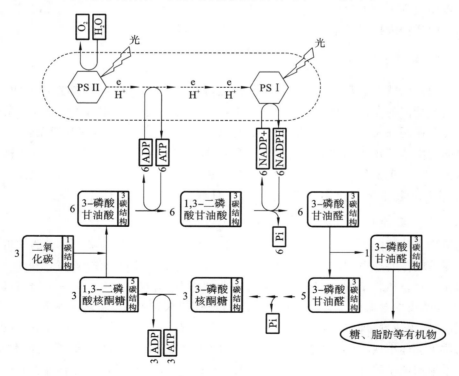

图 2-12　光合作用过程简图

1. 光反应过程

光反应发生的场所主要在叶绿体的基粒类囊体膜上,主要包括原初反应、电子传递、光合磷酸化三个过程。原初反应是光反应的第一步,聚光色素首先被光激发并将能量快速逐级传递给具有光合化学活性的叶绿素 a 分子并将叶绿素 a 激活,释放电子,电子被其附近的电子受体捕获后在 PS Ⅰ 及 PS Ⅱ 两个光系统之间进行传递,最终水被分解,释放出氧和氢,NADP 被还原成 NADPH,同时通过光合磷酸化生成 ATP,将光能转换为化学能。

2. 暗反应过程

暗反应发生的场所在叶绿体的液态基质中,是利用光反应产生的 NADPH 及 ATP 将二氧化碳还原为糖,即碳同化的过程。高等植物同化 CO_2 的生化途径有三条:卡尔文循环、C_4 途径和景天酸代谢(CAM)途径。大多数植物碳同化的途径是卡尔文循环,玉米、甘蔗、高粱等原产于热带地区的植物则是通过 C_4 途径,景天科、龙舌兰科、大戟科、百合科等植物是通过景天酸代谢途径固定 CO_2。在这三种途径中卡尔文循环是最基本的,也只有这条途径才具备合成淀粉等产物的能力,其他两条途径只能起固定、运转 CO_2 的作用,最终要进入卡尔文循环才能生成储能的有机物。

卡尔文循环使得叶绿体就像一个高效能的、不断循环运转的糖厂,其过程主要包括羧化、还原、再生三个不断循环的阶段。

(1)羧化:叶绿体基质中的 1,5-二磷酸核酮糖在 1,5-二磷酸核酮糖羧化酶的作用下与 CO_2 结合,随后转变为 2 分子 3-磷酸甘油酸。

(2)还原:这一阶段要利用光反应形成的 ATP 及 NADPH。3-磷酸甘油酸首先在磷酸甘油激酶催化作用下被 ATP 磷酸化形成 1,3-二磷酸甘油酸,再在磷酸甘油醛脱氢酶催化下被 NADPH 还原形成 3-磷酸甘油醛(C_3 糖)。假如 3 分子 CO_2 被 3 分子 1,5-二磷酸核酮糖固定,经过还原可以形成 6 分子 C_3 糖,其中 5 分子 C_3 糖用于再生 3 分子 1,5-二磷酸核酮糖,只有 1 分子 C_3 糖作为光合作用初级产物,被运到细胞质中转变为蔗糖,或留在叶绿体中转变为淀粉暂时储藏在叶绿体中。

(3)再生:3-磷酸甘油醛经过一系列变化,可以再转变成 1,5-二磷酸核酮糖,重新用于 CO_2 的固定,期间所使用的 ATP 也是光反应过程中产生的。

2.3.3.4　光合作用的影响因素

光合作用是地球上有机物的重要来源,因此研究影响光合作用的因素以提高其效率一直是植物学研究的重要课题。目前,普遍认为光合作用速率主要受以下几个因素影响。

(1)光照强度:光合作用一般会随着光照强度的增减而增减。当同一片叶子在同一时间内,光合作用过程中吸收的 CO_2 与呼吸作用过程中放出的 CO_2 等量时,其光照强度就被称为光补偿点。C_3 植物在光补偿点时,生成的有机物与消耗的相等,不能积累干物质,而晚间呼吸作用还要消耗干物质,因此从全天来看,植物所需的最低光照强度,必须高于光补偿点,才能使植物正常生长。

(2)光的波长:叶绿体类囊体膜上的聚光色素可以被波长为 400～700 nm 范围的可见光激发成激发态,从而引发光反应的氧化还原、电子传递等一系列过程。

(3)二氧化碳浓度:二氧化碳浓度越高,碳同化效率越高,有机物的合成量就会越高。

(4)温度:光合作用的最适温度一般是 25～30 ℃。

(5) 水:水对光合作用的影响主要是当植物缺水后,会关闭气孔,从而影响二氧化碳的吸收量,导致光合作用强度下降。

(6) 矿质元素:氮、磷、钾、铁等元素有些参与电子传递、水分解、碳同化、糖代谢等过程,有些则是叶绿素等物质结构合成所必需的,对光合作用有着直接或间接的影响。

人们可以通过调控上述影响因素来影响光合作用强度,达到农作物增产、花卉增色等目的,使光合作用更好地为人类服务。

2.3.4　生物体的生长

2.3.4.1　细胞周期

细胞的生命活动包括生长和分裂两个阶段,在生长过程中其体积逐渐增大,为细胞分裂提供了基础。细胞的生长和分裂是有周期性的。细胞从一次分裂结束到下一次分裂结束所经历的过程称为一个细胞周期(cell cycle)(图 2-13)。细胞周期包括分裂间期(interphase)和分裂期(mitotic phase)。在分裂期,细胞分裂为两个子细胞。两次细胞分裂之间的时期称为分裂间期。分裂间期又根据 DNA 的复制情况分为三个时期,包括 DNA 合成复制的合成期(S 期),以及 S 期前后的两个间隔期,分别称为合成前期(G_1 期)和合成后期(G_2 期)。一般认为,细胞在 G_1 期合成 DNA 复制所需的酶、底物和 RNA 等,在 G_2 期合成纺锤体和星体的蛋白质。细胞分裂间期所需的时间较分裂期长,占整个细胞周期的 90%~95%。

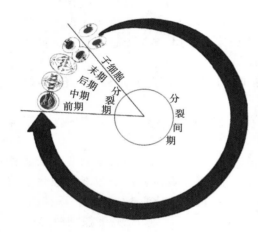

图 2-13　有丝分裂细胞周期示意图

2.3.4.2　细胞分裂

1. 原核细胞分裂

人们对原核细胞分裂仍然了解不多,只对少数细菌的分裂有些具体研究。原核细胞既无核膜,也无核仁,只有由环状 DNA 分子构成的核区,又称为拟核,具有类似细胞核的功能。拟核的 DNA 分子或连在质膜上,或连在质膜内陷形成的质膜体上。质膜体又称为间体,随着 DNA 的复制间体也复制成两个。此后,两个间体由于其间质膜的生长而逐渐被隔离开来,与它们相连接的两个 DNA 分子也被拉开,一个 DNA 分子与一个间体相连。之后,被拉开的两个 DNA 分子之间的细胞膜向中央生长形成隔膜,最终使一个细胞分裂为两个细胞。

2. 真核细胞分裂

真核细胞的分裂按细胞核分裂的状况可分为三种:有丝分裂(mitosis)、减数分裂(meiosis)和无丝分裂(amitosis)。有丝分裂是真核细胞分裂的基本形式。减数分裂是在进行有性生殖的生物中发生的导致生殖母细胞中染色体数目减半的分裂过程,是有丝分裂的一种变形,由相继的两次分裂组成。无丝分裂又称为直接分裂,其典型过程是核仁首先伸长,在中间缢缩分开,随后核也伸长并在中部从一面或两面向内凹进横缢,使核变成肾形或哑铃形,然后断开一分为二,差不多同时细胞也在中部缢缩分成两个子细胞;由于在分裂过程中不形成由纺锤丝构成的纺锤体,不发生染色质浓缩成染色体的变化,故名无丝分裂(图 2-14)。

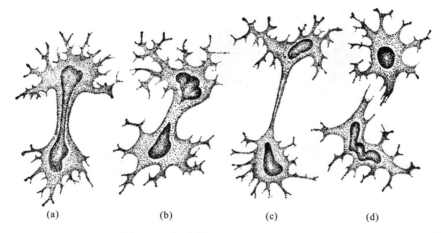

图 2-14　细胞的无丝(直接)分裂模式图

(a) 前期;(b) 中期;(c) 后期;(d) 末期

1) 无丝分裂

无丝分裂由于不经过染色体有规律的平均分配,故存在不能保证遗传物质平均分配的问题。由此,有人认为这是一种不正常的分裂方式。无性分裂生殖时核的分裂方式多为无丝分裂。分裂生殖又称为裂殖,是无性生殖中常见的一种方式,即母体分裂成两个(二分裂)或多个(复分裂)大小形状相同的新个体。这种生殖方式在单细胞生物中比较普遍,但对不同的单细胞生物而言,在生殖过程中核的分裂方式是有所不同的,可归纳为以下几种。

(1) 以核的无丝分裂方式营无性分裂生殖。无丝分裂是一种最简单的细胞分裂方式。整个分裂过程中不经过纺锤丝和染色体变化,复制好的两个 DNA 分子与质膜相连,随着细胞生长,两个 DNA 分子被拉开,细胞分裂时细胞壁与质膜发生内褶,最终把母细胞分成了大致相等的两个子细胞。这种分裂生殖方式在细菌、蓝藻等原核生物中最常见。

(2) 以核的有丝分裂方式营无性分裂生殖。有丝分裂的过程要比无丝分裂复杂得多,是多细胞生物细胞分裂的主要方式,但一些单细胞生物如甲藻、眼虫、变形虫等在分裂生殖时也以有丝分裂的方式进行。

(3) 以核的无丝分裂和有丝分裂方式营无性分裂生殖。这种方式最典型的代表就是草履虫。草履虫属原生动物门的纤毛虫纲,细胞内有大小两类核,即大核和小核,小核是生殖核,大核是营养核。在草履虫进行无性繁殖时,小核进行核内有丝分裂,大核则进行无丝分裂,接着虫体从中部横缢分成两个新个体。

(4) 植物细胞通过分裂进行繁殖。植物细胞的分裂包括无丝分裂、有丝分裂、减数分裂和细胞自由形成等不同的方式。

2) 有丝分裂

有丝分裂又称为间接分裂,它是一种最普遍、最常见的分裂方式。有丝分裂是一个连续的过程,为了叙述方便,人为地把它划分为前期、中期、后期和末期四个阶段(图 2-15),各阶段的特点如下。

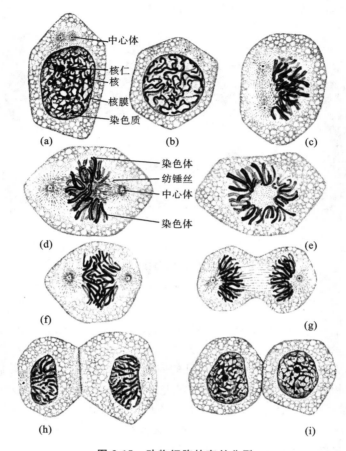

图 2-15　动物细胞的有丝分裂

（a）间期；（b），（c）前期；（d），（e）中期；（f），（g）后期；（h）末期；（i）子细胞

前期：核内的染色质凝缩成染色体，核仁解体，核膜破裂，纺锤体开始形成。

中期：染色体排列到赤道板上，纺锤体完全形成。

后期：各染色体的两条染色单体分开，分别由赤道板移向细胞两极。

末期：为形成两个子核和胞质分裂的时期，染色体分解，核仁、核膜出现。

通过有丝分裂，每一个母细胞分裂成两个子细胞，子细胞的染色体数目、形状、大小都一样，每一条染色体所含的遗传信息与母细胞基本相同，从而使物种保持比较稳定的染色体组型和遗传稳定性。

3）减数分裂

有性生殖需要通过两性生殖细胞的结合形成合子，再由合子发育成新个体。生殖细胞中的染色体数目是体细胞中的一半，即在形成生殖细胞（精子和卵）时染色体数目需要减半，由此必须经过减数分裂，即在 DNA 复制一次后第一次分裂时同源染色体分离开来，第二次分裂时两条姐妹染色单体分离开来（图 2-16）。

以精子细胞的形成为例，在减数第一次分裂的前期，细胞中同源染色体两两配对，称为联

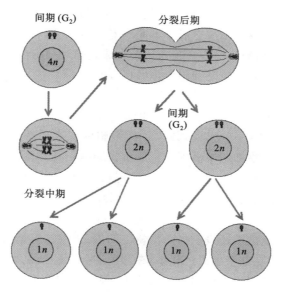

图 2-16　减数分裂过程的示意图

会。所谓同源染色体是指减数分裂时配对的两条染色体,它们的形状和大小一般都相同,一个来自父方,一个来自母方。联会后,染色体进一步螺旋化、变粗,在光学显微镜下逐渐可见每个染色体都含有两个姐妹染色单体,由一个着丝点相连。一对同源染色体含有四个姐妹染色单体,称为四分体。对比四分体时期与联会,由于染色体复制在精原细胞减数分裂时就发生了,因此这两个时期所含的染色单体和 DNA 数目均是相同的,不同的主要是染色体的螺旋化程度。联会时染色体螺旋化程度低,染色体细,在光学显微镜下还看不清染色单体;而四分体时期,染色体螺旋化程度高,染色体变粗,可在光学显微镜下清楚地看到每一个染色体有两个单体。

在细胞第一次分裂时,细胞内同源染色体彼此分离,一个初级精母细胞便分裂成两个次级精母细胞,而此时细胞内的染色体数目也减为一半,细胞内不再存在同源染色体。第一次减数分裂结束。

第二次减数分裂是从次级精母细胞开始的,细胞未经染色体复制直接进入第二次分裂。在细胞第二次分裂中,染色体的行为与有丝分裂过程中的染色体非常相似,细胞内染色体的着丝点排列在赤道板后接着进行分裂,两条姐妹染色单体分离移向细胞两极,最终分裂形成精子细胞。两个次级精母细胞最终生成了四个精子,减数分裂全部结束。

2.3.5　生物体的发育

以高等动物为例,在受精卵进行一段时间的卵裂后,细胞便开始逐渐在形态、结构和功能上形成稳定性差异,产生不同的细胞类群,这个过程称为细胞分化。在细胞分裂、生长及分化的基础上,生物体逐渐完成个体发育过程。

2.3.5.1　细胞分化

细胞分化使同一来源的细胞逐渐发生各自特有的形态结构、生理功能和生化特征,使细胞发生空间上及时间上差异的过程。细胞分化是从化学分化到形态、功能分化的过程。从分子水平看,细胞分化意味着各种细胞内合成了不同的专一蛋白质(如红细胞合成血红蛋白,肌细胞合成肌动蛋白和肌球蛋白等),而专一蛋白质的合成是通过细胞内一定基因在一定时期的选择性表达实现的。因此,基因调控是细胞分化的核心问题。

细胞分化的特点主要可以概括成以下三点。

(1) 持久性:细胞分化贯穿于生物体整个生命进程中,在胚胎期达到最大程度。

(2) 稳定性和不可逆性:一般来说,分化了的细胞将一直保持分化后的状态,直到死亡。但大量科学实验证明,在植物细胞中高度分化的植物细胞仍具有发育成完整植株的能力,即植物细胞的全能性。在动物细胞中,部分细胞(有细胞核)也有此能力。

(3) 普遍性:生物界普遍存在,是生物个体发育的基础。

胚胎细胞在显示特有的形态结构、生理功能和生化特征之前,需要经历一个称为细胞决定的阶段。在这一阶段,细胞虽然还没有显示出特定的形态特征,但是内部已经发生了向这一方向分化的特定变化。细胞在整个生命进程中,在胚胎期分化达到最大限度。

在细胞分化中,细胞核起决定作用。一般认为,细胞核内含有该种生物的全套遗传信息。当条件具备时,它可使所在细胞发育分化为由各种类型细胞所组成的完整个体。细胞分化与细胞质及细胞间的相互关系都有着密切的关系。

细胞分化中基因表达的调节控制是一个十分复杂的过程,在蛋白质合成的各个水平,从 mRNA 的转录、加工到翻译,都会有调控的机制。在 DNA 水平也存在调控机制(如基因的丢失、放大、移位重组、修饰及染色质结构的变化等)。不同的细胞在其发育中的基因表达的调节控制不同;相同的细胞在其发育的各阶段中,调节控制的机制不同。

2.3.5.2　干细胞

干细胞(stem cells,SC)是一类具有多向分化潜能和自我复制能力的原始的未分化细胞。根据干细胞的分化能力,干细胞可以分为全能干细胞、多能干细胞和单能干细胞。全能干细胞可以分化为机体内的任何一种细胞,直至形成一个复杂的有机体。多能干细胞可以分化为多种类型的细胞,如造血干细胞可以分化为 12 种血细胞。单能干细胞(也称为专能、偏能干细胞),这类干细胞只能向一种类型或密切相关的两种类型的细胞分化,如上皮组织基底层的干细胞、肌肉中的成肌细胞。

干细胞具有以下生物学特点:

(1) 终生保持未分化或低分化特征;

(2) 在机体中的数目、位置相对恒定;

(3) 具有自我更新能力;

(4) 能无限制地分裂增殖;

(5) 具有多向分化潜能,能分化成不同类型的组织细胞,造血干细胞、骨髓间充质干细胞、神经干细胞等成体干细胞具有一定的跨系甚至跨胚层分化的潜能;

(6) 分裂的慢周期性,绝大多数干细胞处于 G_0 期;

(7) 通过两种方式分裂——对称分裂和不对称分裂,前者形成两个相同的干细胞,后者形成一个干细胞和一个祖细胞。

2.3.5.3　胚胎干细胞

根据个体发育过程中出现的先后次序不同,干细胞又可分为胚胎干细胞和成体干细胞。胚胎干细胞(embryonic stem cells,ESC)是指从胚胎内细胞团或原始生殖细胞筛选分离出的具有多能性或全能性的细胞,此外也可以通过体细胞核移植技术获得。ESC 能表达 POU 家族的转录因子;在移植后能形成的畸胎瘤,在体外适当条件下能分化为代表三胚层结构的体细胞。

ESC 的用途主要有:①克隆动物,由体细胞作为核供体进行克隆动物生产,虽然易于取材,但克隆动物个体中表现出严重的生理或免疫缺陷,而且多为致命性的;②转基因动物,以 ESC 细胞作为载体,可大大加快转基因动物生产的速度,提高成功率;③组织工程,人工诱导 ESC 定向分化,培育出特定的组织和器官,用于医学治疗的目的。

随着细胞生物学的发展,人们现已发现,成体组织不但能再生,而且可以衍生成与其来源不同的细胞类型。如肌肉细胞在一定环境下可成为有增殖能力的骨髓细胞。相反地,血液"前体细胞"(未完全成熟的血细胞)也可变成肌肉细胞,甚至长出肝或脑细胞来。

ESC 虽好,但其来源有限。目前 ESC 多取自人工流产的极早期胚胎或是培植试管婴儿时剩余的胚胎。然而,现已有科学家证实,ESC 可以在体外即实验室的试管中培养与繁殖,并且可使 ESC 细胞增殖、定向分化,形成多巴胺能性细胞,而这正是治疗帕金森病所亟需的神经元。

起开关作用的蛋白质名为"GATA"。研究人员利用基因工程方法使老鼠胚胎干细胞的"GATA"含量增加,结果胚胎干细胞变成了在孕育生命阶段起重要作用的其他细胞。研究人员还同时发现,除了"GATA"蛋白质,还有其他物质也起到开关作用,它们相互合作,共同决定胚胎干细胞的命运。人们期望通过基因操作技术找到所有"开关"蛋白,如果真能这样,胚胎干细胞就会按人的意志生成各种组织或器官,同时也可使普通干细胞变成"万能干细胞"。

干细胞尤其是胚胎干细胞的识别、分离、增殖、定向分化将成为细胞生物学及整个生命科学的热点方向,对再生医学起到引领作用。因此,干细胞和再生医学的研究已成为自然科学中最为引人注目的领域。2013 年 12 月 1 日,美国哥伦比亚大学医学研究中心的科学家首次成功地将人体干细胞转化成了功能性的肺细胞和呼吸道细胞。2014 年 4 月,爱尔兰首个可用于人体的干细胞制造中心获得爱尔兰药品管理局的许可,在爱尔兰国立戈尔韦大学成立。中国在干细胞低温超低温气相、液相保存技术,定向温度保存技术及超低温干细胞保存抗损伤技术等方面处于世界领先水平。干细胞理论的日臻完善和技术的迅猛发展必将在疾病治疗和生物医药等领域产生划时代的意义,是对传统医疗手段和医疗观念的一场重大革命。

目前,有一个新的有趣发现,生命细胞活着时为左旋,死亡后变为右旋,一切病毒、细菌和死亡的物质却只会右旋不会左旋。这是否与宇宙本来就是左右不对称有关(地球自转、公转是左旋,十大行星几乎都是左旋,宇宙大黑洞也是左旋,中微子也为左旋)。这一现象提示衰老问题涉及更广阔的研究领域。

2.3.5.4　生物体的发育过程

以高等动物为例,其胚胎发育从受精卵卵裂开始,卵裂进行到一定时间后,细胞数目增多,形成一个内部有腔的球状胚,称为囊胚,其中央有一空腔,称为囊胚腔。囊胚继续发育形成原肠胚。由于动物极一端的细胞分裂较快,新产生的细胞便向植物极方向推移,使植物极一端的细胞向囊胚腔内陷,囊胚腔缩小,内陷的细胞不仅构成了胚胎的内胚层,而且围成了一个新的腔,称为原肠腔。在内外细胞层之间分化出一个新的细胞层,称为中胚层,这时的胚称为原肠胚。高等动物胚胎发育示意图如图 2-17 所示。

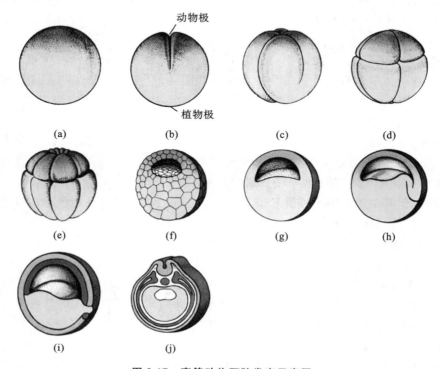

图 2-17　高等动物胚胎发育示意图

(a) 受精卵(单细胞);(b) 一次卵裂(两个细胞);(c) 两次卵裂(四个细胞);(d) 三次卵裂(八个细胞);
(e) 多次卵裂;(f) 和(g) 囊胚腔;(h) 动物极细胞向植物极细胞推移;(i) 和(j) 具有三个胚层的原肠胚

原肠胚的特点:具有原肠腔和外、中、内三个胚层。原肠胚的外胚层由胚胎表面的细胞构成,内胚层由陷入囊胚腔的细胞构成,中胚层位于内、外胚层之间,这三个胚层继续发育,经过组织分化、器官形成,最后形成一个完整的幼体。

外胚层:形成神经系统的各个器官,包括脑、脊髓、神经、眼的网膜、虹膜上皮、内耳上皮及皮肤的表皮和皮肤的附属结构。

内胚层:形成消化道(咽、食道、胃、肠等)和呼吸道(喉、气管、支气管等)的上皮,肺、肝、胰和咽部分衍生的腺体(甲状腺,副甲状腺、胸腺等)及泌尿系统的膀胱、尿道和附属腺体的上皮等。

中胚层:主要形成各种肌肉、骨骼、结缔组织及皮肤的真皮,循环系统(心脏、血管和血液)、排泄系统(肾、输尿管)、生殖系统(生殖腺、生殖管道及附腺等)、气管和消化道的管壁、体腔膜等。

2.3.6　遗传和变异

生物亲代能产生与自己相似后代的现象称为遗传。遗传的物质基础是 DNA，亲代将自己的 DNA 传递给子代，而且遗传性状和物种保持相对稳定性。生命之所以能够一代一代地延续，主要原因是遗传物质在这个进程中得以代代相承，从而使后代具有与前代相近的性状。只是亲代与子代之间、子代个体之间不会绝对相同而已，总是存在或多或少的差异，这种现象称为变异。

遗传与变异是生物界的普遍现象，也是物种形成和生物进化的基础。遗传和变异是对立的统一体，遗传使物种得以延续，变异则使物种不断进化。

2.3.6.1　遗传物质是核酸

1. 肺炎双球菌的转化实验

肺炎双球菌(*Diplococcus pneumoniae*)的转化现象最早于 1928 年由英国的细菌学家格里菲斯(Griffith)发现的。

转化是指受体细胞直接摄取供体细胞的遗传物质(DNA 片段)，将其同源部分进行碱基配对，组合到自己的基因中，从而获得供体细胞的某些遗传性状，这种变异现象称为转化。

肺炎双球菌是一种病原菌，存在着光滑型(smooth，简称 S 型)和粗糙型(rough，简称 R 型)两种不同类型。其中，光滑型的菌株产生荚膜，有毒，在人体内它导致肺炎，在小鼠体中它导致败血症，并使小鼠患病死亡，其菌落是光滑的；粗糙型的菌株不产生荚膜，无毒，在人或动物体内不会导致病害，其菌落是粗糙的。

格里菲斯以 R 型和 S 型菌株作为实验材料进行遗传物质的实验。他将活的、无毒的 R Ⅱ 型(无荚膜，菌落粗糙型)肺炎双球菌或加热杀死的有毒的 S Ⅲ 型肺炎双球菌注入小白鼠体内，结果小白鼠安然无恙；将活的、有毒的 S Ⅲ 型(有荚膜，菌落光滑型)肺炎双球菌或将大量经加热杀死的有毒的 S Ⅲ 型肺炎双球菌和少量无毒的、活的 R Ⅱ 型肺炎双球菌混合后分别注射到小白鼠体内，结果小白鼠患病死亡，并从小白鼠体内分离出活的 S Ⅲ 型肺炎双球菌。格里菲斯把这一现象称为转化作用。实验表明，S Ⅲ 型死菌体内有一种物质能引起 R Ⅱ 型活菌转化产生 S Ⅲ 型肺炎双球菌，这种转化的物质(转化因子)是什么？格里菲斯对此并未做出回答。

1944 年，美国的埃弗雷(O. Avery)、麦克利奥特(C. Macleod)及麦克卡蒂(M. Mccarty)等人在格里菲斯工作的基础上，对转化的本质进行了深入的研究(体外转化实验)。他们从 S Ⅲ 型活菌体内提取 DNA、RNA、蛋白质和荚膜多糖，将它们分别和 R Ⅱ 型活菌混合均匀后注射入小白鼠体内，结果只有注射 S Ⅲ 型菌 DNA 和 R Ⅱ 型活菌的混合液的小白鼠才死亡，这是一部分 R Ⅱ 型肺炎双球菌转化产生有毒、有荚膜的 S Ⅲ 型菌所致，并且它们的后代都是有毒、有荚膜的。

由此说明 RNA、蛋白质和荚膜多糖均不引起转化，而 DNA 却能引起转化。如果用 DNA 酶处理 DNA 后，则转化作用丧失。实质是 S 型的 DNA 或基因与 R 型活细菌 DNA 之间重组，使后者获得了新的遗传信息。外源 DNA 分子一旦找到它的内源同源体，这两个分子就可进行遗传交换了。交换的结果是使外源 DNA 被整合，而使同源的内源 DNA 分子从 R 型细菌的 DNA 中排斥出去，从而产生由 R 型细菌变为 S 型细菌的遗传转化。

2. 噬菌体感染试验

T2 是感染大肠杆菌的一种噬菌体,它由蛋白质外壳(约 60%)和 DNA 核芯(约 40%)构成。首先,用 ^{35}S 标记 T2 蛋白质中的硫,用 ^{32}P 标记 T2 DNA 中的磷;然后,进行感染试验,就可分别测定 DNA 和蛋白质的功能。Hershey 和 Chase(1952 年)在含有 ^{32}P 或 ^{35}S 的培养液中得到标记的噬菌体,然后用标记的噬菌体感染常规培养的大肠杆菌,再测定寄主细胞的同位素标记。结果显示,用 ^{35}S 标记的噬菌体感染时,寄主细胞中很少有同位素标记,大多数的 ^{35}S 标记噬菌体蛋白附着在寄主细胞的外面;而用 ^{32}P 标记的噬菌体感染时,大多数放射性标记在寄主细胞内。显然,感染过程中进入细胞的物质主要是 DNA。

3. 病毒重建实验

烟草花叶病病毒(TMV)由蛋白质外壳和 RNA 核芯子组成,可从 TMV 分别抽提取得到它的蛋白质部分和 RNA 部分。F. Conrat(1956 年)经实验证明,用这两种成分分别接种烟草,只有病毒 RNA 可引起感染,虽然感染效率较低,但足以说明遗传物质为 RNA。F. Conrat 利用分离后再聚合的方法,先取得 TMV 的蛋白质外壳和霍氏车前病毒(Holmes' ribgrass virus,HRV)的 RNA,然后把它们结合起来形成杂合病毒,这种杂合病毒有着普通 TMV 的外壳,可被抗 TMV 抗体所灭活,但不受抗 HRV 抗体的影响。当用杂合病毒感染烟草时,却产生 HRV 感染的特有病斑,从中分离的病毒可被抗 HRV 抗体所灭活。反过来,将 HRV 的蛋白质和 TMV 的 RNA 结合起来也可得到类似的结果。

目前已经能够从许多小型 RNA 病毒和某些 DNA 病毒提取感染性核酸。这些感染性核酸在感染细胞以后,可产生具有蛋白质衣壳和脂质囊膜的完整子代病毒。由脊髓灰质炎病毒的 RNA 与柯萨奇病毒的衣壳构成的杂合病毒,在感染细胞后产生的子代病毒为完全的脊髓灰质炎病毒。

以上事实说明,核酸是病毒的遗传决定因素,而蛋白质衣壳和脂质囊膜不过是在病毒核酸遗传信息指导下合成的或从寄主细胞"掠夺"的成分。它们决定着病毒的抗原特性,且与病毒附着的细胞有关,在一定程度上影响着病毒与寄主细胞或机体的相互关系,如感染与免疫特性。

2.3.6.2 生物的变异

变异主要是指基因突变、基因重组与染色体变异。其中,基因突变是产生新基因的根源,也是产生生物多样性的根源。可以通过人工诱变的方法创造更多的生物资源,如利用辐射、激光、病毒和一些化学物质(如秋水仙素)都可以产生变异。而遗传则是变异后新物种繁育的根本方式,变异只有通过遗传才能表现在下一代中。通常情况下,生物体亲代与子代间及子代个体间总存在着或多或少的差异,但只有可遗传的变异才能传给下一代,而这种变异是由遗传物质发生变化而引起的。

2.3.6.3 遗传学三大基本定律

遗传学的三大基本定律分别是分离定律、自由组合定律、连锁与交换定律。

1. 分离定律

分离定律是遗传学中最基本的一个规律。它从本质上阐明了控制生物性状的遗传物质是以自成单位的基因存在的。基因作为遗传单位在体细胞中是成双的,它在遗传上具有高度的独立性。因此,在配子形成的减数分裂过程中,成对的基因能够彼此互不干扰地独立分离,在子代继续表现各自的作用。这一规律从理论上说明了生物界由于基因分离所出现的变异的普遍性。孟德尔(Gregor Mendel)用开红花的豌豆和开白花的豌豆进行杂交试验,所产生的 F_1 代植株全开红花。在 F_2 代群体中出现了开红花和开白花两类,比例为 3∶1。孟德尔还反过来做白花与红花的杂交试验,结果完全一致,这说明 F_1 代和 F_2 代的性状表现不受亲本组合方式的影响,父本性状和母本性状在其后代中都是要分离的。

2. 自由组合定律

自由组合定律是指两对以上独立基因的分离和重新组合,是对分离定律的发展。该定律在分离定律基础上进一步揭示了多对基因间自由组合的关系,解释了不同基因的独立分配是自然界生物发生变异的重要来源之一。

按照分离定律,在显性作用完全的条件下,当亲本间有 2 对基因差异时,F_2 代有 $2^2 = 4$ 种表现型;当有 4 对基因差异时,F_2 代有 $2^4 = 16$ 种表现型。因此,分离定律的应用完全适用于自由组合定律。这个规律说明基因的分离和自由组合,是生物界多样性产生的重要原因之一。

3. 连锁与交换定律

1900 年,孟德尔遗传定律被重新发现后,人们以更多的动、植物为材料进行杂交试验,其中属于两对性状遗传的结果有的符合分离定律,有的不符合。美国遗传学家摩尔根(Thomas Hunt Morgan)以果蝇为试验材料进行了研究,最后确认所谓不符合独立遗传规律的一些例证实际上不属独立遗传,而属连锁遗传。于是继孟德尔的两条遗传规律之后,连锁遗传定律成为遗传学中的第三个遗传定律。所谓连锁遗传定律,就是原来为同一亲本所具有的两个性状,在 F_2 代中常常有连锁在一起遗传的倾向。

连锁遗传定律的发现,证实了染色体是控制性状遗传基因的载体。通过交换的测定进一步证明了基因在染色体上呈直线顺序排列,且相互之间具有一定的距离。这为遗传学的发展奠定了坚实的理论基础。

2.3.6.4　中心法则

中心法则(genetic central dogma)是指遗传信息从 DNA 传递给 RNA,再从 RNA 传递给蛋白质的转录和翻译过程,以及遗传信息从 DNA 传递给 DNA 的复制过程(图2-18),这是所有具有细胞结构生物所遵循的法则。另外,某些病毒中的 RNA 自我复制(如烟草花叶病毒)和能以 RNA 为模板逆转录 DNA 的过程(如某些致癌病毒)是对中心法则的补充。RNA 的自我复制和逆转录过程在病毒单独存在时是不能进行的,只有寄生到寄主细

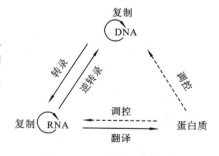

图 2-18　中心法则模式图

胞中才能发生。逆转录酶在基因工程中是一种很重要的酶,它能以已知的 mRNA 为模板合成目的基因,是基因工程中获得目的基因的重要技术手段。

遗传物质可以是 DNA,也可以是 RNA。绝大部分生物的遗传物质都是 DNA,只有一些病毒的遗传物质是 RNA。以 RNA 为遗传物质的病毒称为逆转录病毒(retrovirus),在这种病毒的感染周期中,单链的 RNA 分子在逆转录酶(reverse transcriptase)的作用下,可以逆转录

成单链的 DNA,这种 DNA 分子称为互补 DNA(complementary DNA,cDNA),这个过程称为逆转录(reverse transcription)。之后,再以单链的 cDNA 为模板生成双链 DNA,双链 DNA 可以成为寄主细胞基因组的一部分,并与寄主细胞的基因组一起传递给子细胞。

由此可见,遗传信息并不一定是从 DNA 单向地流向 RNA,RNA 携带的遗传信息同样也可以流向 DNA。但是 DNA 和 RNA 中包含的遗传信息只是单向地流向蛋白质,迄今为止还没有发现蛋白质的信息能逆向地流向核酸。这种遗传信息的流向,就是克里克(F.Crick)概括的中心法则。

任何一种假设都要经受科学事实的检验。逆转录酶的发现,使中心法则对关于遗传信息从 DNA 单向流入 RNA 作了修改,遗传信息是可以在 DNA 与 RNA 之间相互流动的。那么,对于 DNA 和 RNA 与蛋白质分子之间的信息流向是否只有核酸向蛋白质分子的单向流动,还是蛋白质分子的信息也可以流向核酸,中心法则仍然肯定前者。可是,病原体朊粒的行为曾对中心法则提出了严重挑战。

朊粒是一种蛋白质传染颗粒,它最初被发现是作为羊的瘙痒病的病原体。瘙痒病是一种慢性神经系统疾病,在 200 多年前就已发现。1935 年,法国研究人员通过接种发现这种病可在羊群中传染,这意味着这种病原体是能在寄主动物体内自行复制的感染因子。朊粒同时又是人类的中枢神经系统退化性疾病,如库鲁病(Kuru disease)和克-雅氏综合征的病原体,也可引起疯牛病,即牛脑的海绵状病变。之后的研究证明,这种朊粒不是病毒,而是不含核酸的蛋白质颗粒。一个不含 DNA 或 RNA 的蛋白质分子能在受感染的寄主细胞内产生与自身相同的分子,且实现相同的生物学功能即引起相同的疾病,这意味着这种蛋白质分子也是负载和传递遗传信息的物质。这个结论从根本上动摇了遗传学的基础。

实验证明,朊粒确实是不含 DNA 和 RNA 的蛋白质颗粒,但它不是传递遗传信息的载体,也不能自我复制,而仍是由基因编码产生的一种正常蛋白质的异构体。

人体编码 PrP 的基因位于第 20 号染色体短臂上,PrP 由 253 个氨基酸残基组成,其氨基端有 22 个氨基酸残基组成信号肽。在正常脑组织中的 PrP 称为 PrP^C,相对分子质量为33000～35000,对蛋白酶敏感。在病变脑组织中的 PrP 称为 PrP^{Sc},相对分子质量为 27000～30000,是 PrP^C 中的一段,蛋白酶对其不起作用。现已知 PrP^C 和 PrP^{Sc} 是 PrP 的两种异构体,其氨基酸组分和线性排列次序相同,但是三维构象不同。在 PrP^C 的结构中,α-螺旋占 42%,β-折叠占 30%;PrP^{Sc} 则是 α-螺旋占 30%,β-折叠占 43%。PrP^C 的 4 条螺旋可以排列成一个致密的球状结构,这个结构的随机涨落会长成部分折叠的单体 PrP^*,这是一种中间体,即 PrP^* 可以生成 PrP^C,也可以生成 PrP^{Sc}。一般情况下,PrP^* 的含量极少,所以生成的 PrP^{Sc} 极少。PrP^{Sc} 的不溶性使生成 PrP^{Sc} 的过程不可逆转。PrP^{Sc} 在神经细胞里大量沉积,引起神经细胞的病变,破坏了神经细胞的功能。因此,PrP^{Sc} 感染正常细胞后可促使细胞内生成更多的 PrP^{Sc},PrP^{Sc} 逐渐积累,需要有一个时间过程才会引发疾病,这也就是这种神经退化性疾病有一个很长潜伏期的原因。所以说,PrP^{Sc} 进入寄主细胞并不是自我复制,而是将细胞内基因编码产生的 PrP^C 变成 PrP^{Sc}。由此可见,中心法则是正确的,至少在目前还是无须修正的。

2.3.7　生物的生殖

生物的生殖是生物个体产生下一代的现象,是生命最基本的特征之一。通过长期的自然选择,生物体逐步产生了多种多样、适应不同环境的生殖方式。这些生殖方式主要可分为两大类:有性生殖和无性生殖。此外,生物界还存在着少量特殊的生殖类型,如非细胞生物病毒的增殖、植物的无融合生殖、动物的多胚生殖及真菌的准性生殖等。

2.3.7.1　有性生殖

有性生殖是指通过有性生殖细胞结合来完成的生殖方式,即由亲本产生有性生殖细胞(配子),经过两性生殖细胞(如精子和卵细胞)的结合而成为受精卵,再由受精卵发育成新个体的生殖方式。有性生殖是生物界中普遍存在的一种生殖方式。按照受精方式的不同可分为两性生殖和单性生殖。

1. 两性生殖

通过两性个体直接结合或经过两性配子融合产生后代的生殖方式称为两性生殖,可分为接合生殖和配子生殖。

1) 接合生殖

单细胞生物,如细菌、绿藻和某些原生动物等进行有性生殖时,两个细胞互相靠拢形成接合部位,并发生原生质融合而生成接合子,由接合子发育成新个体的生殖方式称为接合生殖。细菌的接合生殖是两个菌体通过暂时形成的原生质桥单向转移遗传信息,供体(雄体)的部分染色体可以转移到受体(雌体)的细胞中并导致基因重组,这是最原始的接合生殖。藻类植物水绵进行接合生殖时,细胞中的原生质体可以收缩形成配子,雄配子以变形虫式运动与雌配子融合成为合子,合子在环境适宜时萌发成新的植物体。而原生动物的接合生殖多见于纤毛虫类,按接合的双方即接合子的形态又可分为两类:①同配接合,即接合时双方暂时融合,小核在减数分裂后进行交换,相互受精后分开,如尾草履虫;②异配接合,即在进行接合生殖前虫体先经历一次不均等分裂,除小核外大核和虫体都分成大小两部分,成为大接合子和小接合子,前者固着,后者自由游泳,小接合子找到大接合子后即牢固附着在其上开始接合,在接合过程中合子核只在大接合子中形成,小接合子被大接合子吸收,如钟虫。

2) 配子生殖

配子生殖是指经过两性配子的受精作用形成新个体的生殖方式,是有性生殖发展的高级阶段。按配子的大小、形状和性表现可将配子生殖分为三种类型:①同配生殖,两性配子在形状、大小、结构和运动能力上均相同的原始生殖类型,如衣藻;②异配生殖,两性配子的形态、结构相同,但大小不同,如实球藻;③卵式生殖,两性配子在大小、形态、结构及运动能力上均存在明显的差异,雌配子称为卵,雄配子称为精子。配子生殖的进化趋势是由同配到异配,最后发展为卵式生殖。卵式生殖是高等植物和多数动物所普遍具有的一种有性生殖方式。在原生动物和单细胞植物中,所有个体或营养细胞都可能直接转变为配子或产生配子,而在高等动物中生殖细胞则是由特殊的性腺产生的。

2. 单性生殖

单性生殖是指某些生物的配子可不经融合而单独发育为新个体的生殖方式。孤雌生殖是单性生殖的典型代表,是指有些生物在生殖过程中,由雌体产生的卵不需要与雄体产生的精子结合即可发育成新个体的生殖方式。其卵发育成的子代一般均为雌性个体。少数动物至今只有雌性个体,尚未发现雄性个体的存在,一生中只进行孤雌生殖,如某些轮虫。有些动物的生殖是两性生殖与孤雌生殖并存,如蜜蜂的卵不受精即发育成雄蜂;卵受精则发育成雌性的工蜂和蜂王。有的动物在一生中有一时期进行两性生殖,另一时期进行孤雌生殖,如蚜虫在其生活史的大多数时间里进行孤雌生殖,只到秋末时才进行两性生殖,产生的卵与精子结合后休眠越冬,次年再发育成雌性蚜虫。

2.3.7.2 无性生殖

无性生殖是指不经过两性生殖细胞的结合,由母体直接产生新个体的生殖方式,可以分为分裂生殖、出芽生殖、孢子生殖、营养生殖和断裂生殖等。

1. 分裂生殖

分裂生殖又称为裂殖,是生物由一个母体分裂出新子体的生殖方式。分裂生殖生出的新个体的大小和形状都是大体相同的。在单细胞生物中这种生殖方式比较普遍,如草履虫、变形虫、细菌等都是进行分裂生殖的。

2. 出芽生殖

出芽生殖又称为芽殖,是母体在一定部位长出芽体,芽体长大后离开母体并在一定条件下发育成独立新个体的生殖方式。海绵、水螅和酵母菌常常进行出芽生殖。

3. 孢子生殖

孢子生殖是指某些生物在一定时期能够产生一种称为孢子的细胞,孢子可以直接形成新个体。孢子生殖是无性生殖的高级方式,常见于黏菌、真菌、藻类、苔藓和蕨类植物中。

4. 断裂生殖

某些生物沿身体主轴横断为两部分或多个部分,各部分发育成新个体的生殖方式称为断裂生殖,多见于真菌的菌丝体、藻类、扁形动物和环节动物中。如涡虫分裂时以虫体后端黏于底物上,虫体前端继续向前移动,直到虫体断裂为两半,然后各自再生出失去的一半,从而形成两个新个体。

5. 营养繁殖

营养繁殖是植物繁殖方式的一种,它不通过有性途径,而是利用营养器官如根、茎、叶等繁殖后代。植物体的一部分在脱离植物体后仍然能够存活,并且长成一株维持其母本原有性状的植物,这在自然界中很常见。在自然状态下进行的营养繁殖称为自然营养繁殖,如草莓的匍匐枝、秋海棠的叶、马铃薯的块茎、竹子的根状茎等。如果人为取部分植物体繁殖植物则称为人工营养繁殖。人工营养繁殖方式有压条、扦插、嫁接、组培等。在生产实践中,无法用种子繁殖的植物,或者用种子很难繁殖的植物,均可以通过营养繁殖实现。此外,在农业中为了保持果树的优良性状,往往通过营养繁殖培育果树。

2.3.7.3 无性生殖和有性生殖的生态学意义

无性生殖的优点是能保持品种的优良特性,生长快,而有性生殖则在进化中更具有优势,并加速了进化的进程。有性生殖中,基因组合的广泛变异可以增加子代适应自然选择的能力,使后代能够在难以预料和不断变化的环境中得到存活的机会,从而对物种有利。有性生殖还能够促进有利突变在种群中的传播。如果一个物种有两个个体在不同的位点上发生了有利突变,通过交配与重组可以使这两个有利突变同时进入同一个个体的基因组中且在种群中传播。此外,进行有性生殖的物种其生活周期中都有二倍体的阶段。如果基因发生突变成为有新功能的基因,通过自发的复制和有性生殖中的遗传重组,这个新基因可与原有基因一起传递下去。二倍体物种可以用这样的方法使其基因组不断丰富。基于以上原因,如今地球上的物种中有性生殖占据了主要地位,现存 150 余万种生物中,从细菌到高等动植物,能进行有性生殖的种类占到了 98% 以上。

2.3.8　衰老

衰老是指生物体随时间的推移而机能下降的现象。它的主要特征为生物体逐渐丧失完好的生理状态,导致其生理功能受损,更易死亡。在人类个体中,这种机能下降现象是罹患癌症、糖尿病、心血管疾病、神经退行性疾病等重大疾病的主要风险因素。20 世纪 80 年代,研究人员发现了长寿的线虫品系,从而开启了现代衰老研究,极大地加深了人们对衰老的认识。目前,我们知道衰老的速度至少在一定程度上是由演化过程中保守的遗传和生物化学过程调控。在不同生物中,衰老体现出九个共同特征:不稳定的基因组、端粒消减、表观遗传变化、蛋白稳态丧失、营养感知失调、线粒体功能异常、细胞衰老、干细胞耗竭、细胞间通信变化。

(1)不稳定的基因组(genomic instability):在衰老过程中基因组的损害不断积累。生命进程中,遗传物质的完整性与稳定性持续被外界的物理、化学、生物因素,以及体内的 DNA 修复错误、自发的水解反应、活性氧化物等所影响。通过破坏 DNA 修复机制、人为诱导 DNA 损伤能加速衰老。这些外源和内源的损伤对遗传物质产生多种效应,包括点突变、染色体易位、染色质和 DNA 的增加或减少等。此外,细胞核核膜上纤层蛋白缺陷引起的核纤层蛋白病,会导致细胞核结构的缺陷,从而破坏基因组的稳定性并使患者呈现出早衰症状。

(2)端粒消减(telomere attrition):在哺乳动物中,衰老过程伴随染色体端粒的缩短。这是因为直链 DNA 分子末端的复制依赖于端粒酶,而哺乳动物细胞不表达端粒酶,于是随着时间的推移染色体终端的端粒序列逐步丧失。对人和小鼠的研究显示端粒缺失会加速衰老,在小鼠中激活端粒酶则能延缓衰老。

(3)表观遗传变化(epigenic alteration):衰老过程伴随有表观遗传变化,包括 DNA 甲基化修饰、组蛋白翻译后修饰,以及染色质构象的变化。模式动物中的研究显示,扰乱表观调控会促发早衰症状。组蛋白去乙酰化酶 SIRT6 是重要的表观调控因子。它的功能缺失导致小鼠寿命缩短,增强其功能则可延长小鼠寿命。

(4)蛋白稳态丧失(loss of proteostasis):衰老及相关疾病皆伴随有蛋白稳态的破坏。蛋白稳态包括蛋白的稳定与正确折叠,以及蛋白被蛋白酶体或溶酶体降解。扰乱蛋白稳态会加速衰老相关的病理过程,在哺乳动物中促进蛋白稳态则能延缓衰老。

(5)营养感知失调(deregulated nutrient sensing):同化或合成代谢的信号加速衰老,而营养信号的减弱则能延长寿命。在多种真核生物中,限制饮食能延长寿命。在小鼠中通过雷帕霉素等药物处理模拟营养受限的状态也能延长其寿命。

(6)线粒体功能异常(mitochondrial dysfunction):随着细胞和生物体的老化,线粒体呼吸链的效率降低,电子泄露增加,ATP 的生成减少。在哺乳动物中线粒体功能异常会加速衰老。

(7)细胞衰老(cellular senescence):细胞衰老是指稳定的细胞周期停滞现象,以及与其相关的一些固定的表型变化。在生物体衰老过程中,衰老的细胞数目增加,因此细胞衰老被当作是导致机体衰老的原因之一,但这一观念与细胞衰老的目的相悖。细胞衰老的意义是防止损伤细胞的增殖、诱导免疫系统对其进行清除,所以细胞衰老可能是一种对机体有益的响应措施,帮助去除受损组织和潜在癌变细胞。但当这一机制耗竭了机体的再生能力时,就可能变得有害并加速衰老。

(8) 干细胞耗竭(stem cell exhaustion):衰老最明显的特征之一就是组织再生潜能的下降。随着时间的推移,干细胞与前体细胞的增殖能力下降,这不利于生物体长期机能的维护。此外,干细胞与前体细胞的过度增殖也是有害的,这会加速干细胞的耗竭。干细胞耗竭是导致组织与系统层面的衰老的重要原因之一。更新干细胞有可能逆转系统层面的衰老表型。

(9) 细胞间通信变化(altered intercellular communication):除了单个细胞层面的变化,衰老还涉及细胞间通信的变化。在衰老过程中,神经内分泌信号失调,炎症反应增加,免疫系统对于病原和癌前细胞的清除作用减弱,胞外环境的成分发生变化。研究显示血液中的一些系统性因子可作为潜在靶点,针对其研发延缓或逆转衰老的方法。

以上九个衰老的特征相互联系、相互影响,增强或减弱某个特征会对其他的一个或多个特征产生影响。解析这些特征之间的联系和每个特征对衰老过程的贡献是该领域的重大挑战,而其最终目的是找到合适的药物靶点,从而能在人类的衰老过程中促进健康且无明显副作用。

习　　题

1. 选择题(课堂完成,扫右边的二维码做题)

2. 名词解释

细胞分化、细胞凋亡、蛋白质的结构、分子生物学中心法则。

3. 简答题

(1) 组成生命的化学元素有何特点?

(2) 简述生物四类大分子的组成特点。

(3) 什么是组织?通常将组织分为几大类?这几类组织分别有何特点?

(4) 什么是细胞周期,它包含哪几个时期? 各时期细胞发生了哪些事件?

(5) 什么是干细胞? 可以分成哪几种? 简要说明干细胞技术在医学领域的应用。

(6) 请列举"核酸是生物的遗传物质"的几个经典实验以及相关结论。

(7)1958 年,克里克提出了遗传信息传递的中心法则,请叙述其主要内容,并列举目前为止对此法则的补充和扩展。

(8) 比较原核细胞和真核细胞的异同。

(9) 简述细胞膜的结构与功能。

第 3 章 生命的起源

3.1 生命的自然史

生命的自然史是指生命的发生与发展演化史,人类目前对生命的自然史仅了解个大概,有很多关键性细节均有待于深入探索与阐明。

3.1.1 有关生命起源的几个假说

1. 神创论

18 世纪以前,《圣经》及其宣扬的神创论或创世说在西方学术界、知识界及整个西方文化中占据着统治地位。

神创论也称为特创论。神创论认为,生物界的所有物种(包括人类),以及天体和大地都是上帝在 6000 多年以前即公元前 4004 年 10 月 23 日上午 9 时创造出来的。世界上的万物一经造成,就不再发生任何变化,即使有变化,也只能在该物种的范围内发生变化,是绝对不可能形成新物种的。神创论还认为,各种生物之间都是孤立的,相互之间没有任何亲缘关系。在那个时代,大多数人相信世界是上帝有目的地设计和创造的,由上帝制定的法则所主宰,是有序协调、合理安排、美妙完善且永恒不变的,并且那个年代所有著名的学者都毫不怀疑地相信《圣经》的字面解释。神创论的思想对那个时代的科学发展产生了极大的影响。

2. 自然发生论

人们根据自己双眼对许多表面现象的观察,如腐肉会产生蛆、久不洗澡会生虱子等,得出了低等生物是由非生命物质自然产生的,这称为自然发生论或自生论。

古埃及人认为,尼罗河的淤泥经过阳光曝晒,可以生出鱼、青蛙、蛇、鼠等。古印度人认为,汗液和粪便可以产生虫类。而我国古代则有"白石化羊""腐草化茧""腐肉生蛆"的说法。

古希腊学者亚里士多德坚信,低等生物是在雨、空气和太阳的共同作用下,从黏液和泥土中产生的。他还编制了名录,如晨露同黏液或粪土相结合,会产生萤火虫、蠕虫、蜂类等;正在腐烂的尸体和人的排泄物可形成绦虫,河黏液则能产生蟹类、鱼类、蛙类等;老鼠是从潮湿的土壤中产生的。亚里士多德被认为是古代最博学的人,他的看法无疑给自然发生论增加了分量。

一直到 17 世纪,绝大多数人都对自然发生论深信不疑,人们怎能不相信自己的眼睛看到的东西呢?一个叫范·海尔蒙特(V. Helmont)的医生甚至开出了制造老鼠的方子,即把小麦和浸有人汗的衬衣一同放进容器,经过 21 天"发酵"就会长出活老鼠。就连伟大的科学家牛顿也加入了这一行列,他认为植物是由变弱的彗星尾巴形成的。

自然发生论在最初有着朴素的唯物主义思想,它试图从物质的原因来说明生命的起源,打击了唯心的、不可知的神创论。但它毕竟是不科学的,对生物学和医学的进一步发展构成了障碍。而统治阶级和宗教神学则竭力把自然发生论纳入它们的体系,提出生物之所以能够自生是由于上帝的意志决定的。在中世纪,一些传教士甚至宣传不仅花、草、鱼、虫可以自生,而且鸭、鹅、羊等都是从鹅树、羊树上长出来的,因此吃鸭、吃鹅都被算作是吃素。

然而,19 世纪巴斯德(L. Pasteur)的"鹅颈烧瓶实验"证明了生命不能自然产生,生物只能来自于生物。这一发现对医学(消毒)、食品工业、酿造业贡献极大。

3. 宇生论

19 世纪末 20 世纪初,人们已经知道地球诞生时是一个炽热的球体,不可能有生命,于是一些人提出是彗星、陨石、光压把宇宙胚种带到了地球上,这样地球上才有了生命。

德国科学家亥姆霍兹(H. Helmholtz)就假设生命是由陨石带到地球上的。1907 年,瑞典科学家阿仑尼乌斯(S. A. Arrhenius)提出,微生物是从空间飘到地球上播下生命的种子。他认为,宇宙间的生命是以孢子的形式游动的,它们被太阳光的压力推向前进,直到死掉或落在某个行星上。地球上的孢子就是被光压从星际空间传递过来的,后来逐渐进化成各种各样的生命。阿仑尼乌斯还计算出孢子在光压下前进的速度,一个直径为 $0.0002\sim0.00015\ \mu m$ 的细菌芽孢离开地球后,在光压的作用下 14 个月就可以飞出该行星系。

古生物地质学提供的证据表明,在地壳刚形成时生命就出现了,但生命似乎出现得太快,给化学进化留下的时间太短。最近发现宇宙星际物质中存在大量生物单分子化合物。新的观点认为,地球上的生命起源不是从水、二氧化碳、氨等无机分子开始的,而是来自宇宙空间的生物分子。

有人认为,含有生物分子的星际尘埃颗粒是在地球形成的凝聚阶段后期由彗星带到地球上的。地球形成早期,曾遭受彗星大规模轰击,彗星尾部把大量的有机分子撒到地球上。在地球形成的前 50 亿年内,有几十亿吨的星际尘埃参与了地球的凝聚,从空间带来了大量的有机物。从地球大气圈上层收集到的宇宙空间颗粒分析结果表明,由于大气圈有制动作用,细小的颗粒没有剧烈升温,所以有机物没被破坏。

但是,由于面临种种无法解释的难题,加之建立在实验基础上的化学进化论的崛起,宇宙胚种说渐渐沉寂了。

20 世纪 70 年代,天文学家发现了星际有机分子、彗星和陨石中的有机物,地球上的生命来自宇宙的看法又有回升。英国著名天文学家霍伊尔(Fred Hoyle)根据彗星中发现有机物的事实提出假设,地球上的生命可能来自彗星。他认为,彗核中的放热反应有可能导致无机物生成复杂的有机物,直到最后形成孢子。而当彗星飞临地球时,这些孢子就可能飞到地球上繁衍并滋生。

发现 DNA 双螺旋结构的克里克认为,地球上的生物有着统一的遗传密码,而稀有元素钼在生物的许多酶中起着重要作用,很可能地球上的生命是数十亿年前由一个含钼的文明星球上的外星人带来的。1971 年 9 月,克里克在地外文明通信会议上说地球上的生命可能起源于用无人飞船送到地球上的微生物,是宇宙高级文明。有两个事实支持这个理论:一是遗传密码的一致性,表明生命进化中曾在某个阶段越过了一个小种群的环节;另一个是宇宙年龄可能是地球年龄的两倍多,所以生命有足够长时间再一次完成从简单的起点进化到高度复杂的文明。

1985 年,克罗托(H. W. Kroto)利用激光照射使石墨气化,制得了含 60 个碳原子的稳定化合物,为当代化学开拓了一个新领域,也为星际聚链烃、环烃提供了确认数据。宇宙物质中复杂有机分子和构成生命基础分子的确认,是探索地球外生命的一个重要目标:火星上有机物质的存在决定火星是否存在过生命的可能性;"土卫六"是研究地外生命重要目标之一;类木行星大气有机物的观测是研究太阳系起源、演化及了解这些行星的重要途径。

这些假设的确非常有趣和吸引人。宇宙是无限的,在其他星系上很可能存在生命,也许比地球上的生命还要发达,它们会不会设法把生命送到地球上?而且孢子的生命力也是非常顽强的,现已证实某些细菌的孢子经得住绝对零度($-273\ ℃$)的酷寒、真空与干燥的折磨。它们的寿命也非常长,人们曾从埋在冻土层中的古象鼻黏液中分离出多种微生物。科学家认为,在极低温下细菌可以保持生命力达数万年以上。当然,宇宙中对生命最大的考验是其能否通过杀伤力极强的紫外线、X 射线、带电粒子的辐射,如果是类似地球上由蛋白质和核酸构成的生命,那么在星际空间的长途运行中是难以存活的。

不过,以上毕竟都是假说,到目前为止还没有任何确凿证据证明地球上的生命来自宇宙。退一步讲,即使宇宙生命可以到达地球,那么宇宙中的生命又是从哪里来的呢?所以依然没有从整体上解决生命起源的问题。更何况最早的宇宙胚种论是建立在生命的永恒性之上的,这从根本上违反了物质和有机界的发展规律。

但也有一些现象与生命起源研究密切相关,如一些已消失的文明难以用现今地球上存在的文明来作解释。

3.1.2　生命来自非生命物质

新"自然发生论"认为,非生命物质在地质年代中进化为生命。巴斯德证明的是在现在条件下生命不可能自然发生,但 20 世纪以来的一些发现证明生命与非生命间并没有不可逾越的鸿沟,很可能是在宇宙进化的某一阶段实现了非生命物质向生命体形式的进化。

3.1.3　宇宙进化和地球的形成

宇宙起源始于 180 亿年前～120 亿年前的一次突发的大爆炸,太阳系形成于宇宙大爆炸后,地球则更晚了。地球基本上是由各种石质物体、尘和气的混合物积聚而成的。初始地球的平均温度估计不超过 $1000\ ℃$。由于长寿命放射性元素的衰变和引力势能的释放,地球的温度逐渐升高。当温度超过铁的熔点时,原始地球中的铁元素熔化成液态,由于密度大流向地球的中心部分,从而形成了铁质地核。地球内部温度继续升高,使地幔局部熔化,引起了化学分异,促进了地壳形成。由于初期地球表面包含氢、氦及固体尘埃等物质的初级大气圈逸出地球,使得地球表层温度下降,但内部温度仍很高,火山活动频繁,产生大量气体,如 H_2O、NH_3、CH_4、H_2S 等,但不含 O_2 和 N_2,从而形成了次生还原性大气圈。地球起初并没有河流和海洋,地表温度下降后,水蒸气凝结成雨降到地面,汇集在低洼处形成河流和海洋。次生还原性大气圈中的物质在原始地球上强烈的紫外线、闪电、放射线、火山和温泉放热等的作用下合成了新的分子。这些新的分子及一些气体溶入河流和海洋中,经过漫长的相互作用,形成了地球上最初的原始生命。根据岩石矿物和陨石中铅同位素的精密分析,人们现在都认可地球的年龄约为 46 亿年。

3.1.4　化学进化——生命发生的最早阶段

20 世纪的 70 年代和 80 年代,科学家在澳大利亚西部地区连续发现了距今 35 亿年的丝状微化石。它们由多个细胞组成,形态也比较复杂,必然走过了漫长的演化道路。所以多数学者推测,原始生命诞生的时间可能在距今 38 亿年前~37 亿年前,在此之前是生命起源的化学演化阶段,之后为生物进化阶段。考察生命起源的化学进化全过程,大体上可区分为 5 个主要阶段:生命发生的最早阶段包括从无机分子生成有机分子、从有机分子生成生物大分子、多分子体系的形成和原始生命的出现、多分子体系生物化学过程的进化和自养营养的出现,以及真核细胞的起源等阶段。

3.1.4.1　从无机分子生成有机分子

通过模拟原始地球环境的实验,人们实现了从无机物分子到有机物分子的合成。1953 年,美国化学家米勒(S. L. Miller)在他精心设计的密闭设备中,利用电火花模拟闪电,并模拟原始地球大气混合物(CH_4、NH_3、H_2、水蒸气),由此合成了多种氨基酸、有机酸及尿素等有机分子。类似的实验也获得了相似的结果,进一步证实了从无机物到有机物的转变是可能的。

3.1.4.2　从有机分子生成生物大分子

生命物质最主要的大分子为蛋白质和核酸。蛋白质和核酸的合成过程为:氨基酸、核苷酸→在海水中浓缩→聚合作用→形成原始蛋白质和核酸。这里的聚合作用包括溶液聚合和浓缩聚合:溶液聚合是在黏土表面吸附作用下发生的;浓缩聚合则表现为小水体长期蒸发,水中氨基酸等分子含量很高,逐步形成原始蛋白质等大分子物质。

3.1.4.3　多分子体系的形成和原始生命的出现

由生物大分子进一步形成多分子体系,表现出初始的生命现象。有关多分子体系的产生目前提出了团聚体学说和微球体学说。

1. 团聚体学说

20 世纪 50 年代,苏联生物化学家奥巴林(A. I. Oparin)曾将白明胶水溶液和阿拉伯胶水溶液混合,发现混合后原本澄清的液体变得混浊了,取少许制片在显微镜下观察,发现许多大小不等的小滴,于是把它称为团聚体。后来他还用蛋白质与核酸、组蛋白和多核苷酸、蛋白质与多糖、蛋白质与核酸和类脂制成多种多样的团聚体进行了相关特性研究,发现在一定条件下团聚体可以进行所谓的生长、分裂,具备了原始生命的特征。他认为,在原始蛋白质演化到一定阶段就会形成大量各种各样的多分子体系和复合体。但这种团聚体是用天然胶体物质和组蛋白等现有生物大分子混合而成的,毕竟不同于原始生命物质,而且结构也不稳定。正如奥巴林所说,团聚体小滴绝不是复制过去遥远生命现象唯一可能的模型。

2. 微球体学说

20 世纪 60 年代,美国生物化学家福克斯(S. W. Fox)把多种氨基酸加热聚合形成的酸性类蛋白质并放入稀薄的盐溶液,冷却,或将其溶于水使温度降低到零摄氏度,在显微镜下观察会看到大量直径为 0.5~3 μm 的均一球状小体,即类蛋白质微球体。实验证明,当把微球体悬液的 pH 值由 3.5 上调到 4.5 或 5.5 时,在显微镜下能清楚地看到微球体具有类似细胞膜的双层膜结构;将微球体悬液放置一段时间,可以看到出芽,变成第二代微球体。福克斯认为类蛋白质微球体是一种比较理想的多分子体系,并坚信这些类蛋白质微球体是现代生物细胞的前体。但是,微球体模型在组成上没有核酸成分,所以对核酸和蛋白质如何作用仍不能解释清楚。

3.1.4.4　多分子体系生物化学过程的进化和自养营养的出现

最初多分子体系(原始生命)均为异养营养,其生物化学过程的进化表现为先直接利用环境中物质,后转变为间接利用环境中物质,如进化出利用 A 物质的酶或产生了使 A 物质转化为 B 物质的酶。

后经进一步进化发展出卟啉色素,可将光能转化为 ATP,进而把 CO_2 转化为糖类释放出氧气,即所谓的光合作用。自养营养的出现使生物体脱离对有机物的依赖,且开始积累有机物并提供给其他营养方式的生物,同时还产生了现代大气层,形成臭氧保护层阻挡紫外线,产生有氧呼吸。

3.1.4.5　原核和真核细胞的起源

多分子体系(团聚体、微球体)原始细胞开始逐渐完善表面膜,拥有遗传密码、转录和翻译机制,从而进化为原核生物。化石表明原核生物最晚出现在 34 亿年以前。

真核生物的起源明显晚于原核生物,化石证据表明真核生物的出现不超过 20 亿年以前。这是由于真核生物均为好氧生物,必须在地球大气含氧后才出现。目前,比较著名的真核生物起源学说为内共生学说。

内共生学说主张,真核细胞是由祖先真核细胞吞入细菌共生进化而来的,如线粒体及叶绿体分别由内共生的能进行氧化磷酸化和光合作用的原始细菌进化而来的。这一学说由美国生物学家马古利斯(Lynn Margulis)于 1970 年出版的《真核细胞的起源》一书中正式提出。她认为,好氧细菌被变形虫状的原核生物吞噬后经过长期共生能成为线粒体,蓝藻被吞噬后经过共生能变成叶绿体,螺旋体被吞噬后经过共生能变成原始鞭毛。支持该学说的证据包括以下几点。

(1) 共生是生物界的普遍现象。如根瘤菌与豆科植物的共生关系,蓝藻或绿藻与真菌共生形成地衣等;有一种草履虫,其体内有小的藻类与之共生,并能进行光合作用。

(2) 叶绿体和线粒体都有其独特的 DNA,可以自行复制,不完全受核 DNA 的控制;线粒体和叶绿体的 DNA 同细胞核的 DNA 有很大差别,但与细菌和蓝藻的 DNA 却很相似。

(3) 线粒体和叶绿体都有自己特殊的蛋白质合成系统,不受核合成系统的控制。原核生物的核糖体由沉降系数分别为 30S 和 50S 的两个亚基组成,而真核生物的核糖体由 40S 和 60S 两个亚基组成。线粒体和叶绿体的核糖体分别与细菌和蓝藻的一致,也是由 30S 和 50S 两个亚基组成的,这说明细菌与线粒体、蓝藻与叶绿体是同源的。

(4) 线粒体和叶绿体的内、外膜有显著差异,内、外膜之间充满了液体。

但内共生学说不能解释细胞核的起源问题。因此,也有人主张真核生物和原核细胞同时起源于原始生命的观点。事实上,细菌分成真细菌和古细菌,两者间存在极大的不同,但均起源于原始生命。

3.2 生物进化的化石记录

3.2.1 化石

什么是化石？由于自然作用在地层中保存下来的地史时期生物的遗体、遗迹,以及生物体分解后的有机物残余,包括生物标志物、古 DNA 残片等统称为化石,可分为实体化石、遗迹化石、模铸化石、化学化石、分子化石等不同的保存类型。虽然一个生物是否能形成化石取决于许多因素,但有三个因素是最基本的:①有机物必须拥有坚硬部分,如壳、骨、牙或木质组织,但如果在非常有利的条件下,即使是非常脆弱的生物如昆虫或水母也能够变成化石;②生物在死后必须立即避免被毁灭,如果一个生物身体部分被压碎、腐烂或严重风化,就可能降低该种生物变成化石的可能性;③生物必须被某种能阻碍分解的物质迅速埋藏起来,而这种掩埋物质的类型通常取决于生物生存的环境。海生动物的遗体通常都能变成化石,这是因为海生动物死亡后沉在海底被软泥覆盖,软泥在后来的地质时代中则变成页岩或石灰岩。颗粒较细的沉积物不易损坏生物的遗体,在德国发现侏罗纪时期的某些细粒沉积岩中很好地保存了诸如鸟、昆虫、水母这样一些脆弱的生物化石。

3.2.2 地层年龄

关于各地层的年龄,过去只能根据地层的厚薄,按照地层每增厚 1 m 约需若干年来计算,或首先估算地球的年龄,再根据地层的厚薄按比例计算。这种估算方法误差很大。20 世纪 30 年代以后,根据同位素衰变速度计算地层年龄,才得到了比较准确的数据。同位素有一定的衰变速度,这个速度不受环境条件的影响,利用这个特点可以比较准确地测定地层的年龄。最常用的是同位素^{238}U。火山岩浆喷出,冷却形成火山岩,其中同位素^{238}U 衰变为^{206}Pb。各种同位素的衰变速度都是以半衰期计算的。^{238}U 原子的一半衰变为^{206}Pb 需要 45 亿年时间,所以^{238}U的半衰期是 45 亿年。此外,^{46}K 的半衰期是 13 亿年,^{14}C 的半衰期是 5568 年。利用这些半衰期长短不一的同位素,可以分别测出不同地层和埋藏在地层中化石的年龄。利用同位素测定的地球年龄约 46 亿年。

地质年代可分为四个宙,即冥古宙、太古宙、元古宙、显生宙。

3.2.2.1 冥古宙(46 亿年前～38 亿年前)

大约在 40 亿年前,越来越多较轻的硅酸盐成分迁移到上部冷凝,地球终于有了一个虽然还比较薄、但已是连续完整的地壳。最初的大气成分主要是水蒸气,还有一些二氧化碳、甲烷、氨、硫化氢和氯化氢等,直到距今 38 亿年前,地球上的大气仍是缺氧和呈酸性的。随着时间的流逝,地球上温度逐渐降低(低于 100 ℃),大气中的水蒸气陆续凝结出来,形成了广阔的海洋,海水中也缺少氧,而且也含有许多酸性物质。

3.2.2.2 太古宙(38 亿年前～25 亿年前)

38 亿年前,海洋中开始有了生命的活动,出现了最原始的原核细胞生物——蓝绿藻;32 亿年前～29 亿年前能进行光合作用的藻类开始繁殖,能消耗二氧化碳,产生氧气;大约到 27 亿年前,游离氧在海洋中出现。绿色植物的大量繁殖,进一步加快了大气和海洋环境的变化,使其有利于高等耗氧生物的进化。

3.2.2.3　元古宙(18 亿年前～6 亿年前)

元古宙时期大陆不断扩大,大气成分变成以二氧化碳为最主要的成分,海洋里的生物最多的是菌藻植物,它们的活动促成二氧化碳和海水中的钙、镁等元素相结合并形成碳酸钙镁等物质沉淀在海底,使大气中的二氧化碳减少,同时氧和氮的含量逐步增加。元古宙晚期出现了真核生物及多细胞生物。

3.2.2.4　显生宙(最近 6 亿年)

显生宙分为古生代、中生代和新生代。显生宙时期大气圈的成分渐渐接近目前的状况。大气和海洋中,原为酸性的水在与岩石相互作用时,将硅酸盐物质中的钠、钾、钙、镁、铝、铁等金属元素夺取出来,形成多种盐类(以氯化物为主),海水的成分也慢慢变成与今天相近的样子,在这种环境中生命加速发展,海洋中的生物迅速繁荣起来(化石证据较多)。

1. 古生代

古生代早期为高等藻类和无脊椎动物的时代,中期为裸蕨类和鱼类时代,晚期为蕨类和两栖类时代。

5.4 亿年前～5.3 亿年前的寒武纪是古生代的第一个纪,大量多细胞生物突然涌现,生命爆发式地在寒武纪的岩层中出现,现有大多数动物的祖先在当时都已经出现,小至几毫米,大至数米,地球上一下子热闹起来。这就是生物学上著名的“寒武纪物种大爆发”。人们是通过化石记录确认这场爆发事件的。1909 年,科学家在加拿大的伯吉斯发现了 5.15 亿年前的动物化石群,经过数十年的研究,发现这一动物化石群中已经出现多种多样的动物门类,成为大爆发的直接证据。而 20 世纪 80 年代以来,中国科学家陆续发现的澄江动物化石群再次震撼了世界。这些化石群不仅保存完整、种类繁多,而且在时间上要比加拿大伯吉斯动物化石群早1500 万年。澄江动物化石群也因此成为大爆发最有力的证据。

2. 中生代

中生代为裸子植物和爬行类动物繁盛时代。那时的森林成为现在地下的煤炭。三叠纪末出现原始的哺乳动物,侏罗纪则出现鸟类。

3. 新生代

新生代为被子植物、昆虫、哺乳类动物和鸟类大发展的时代,灵长类动物中的一支在此期间进化为人类。

3.3　人类的起源和进化

人为万物之灵,有特别发达的大脑和思维,有智慧,能劳动,能制造工具。已确定人是从动物进化而来的,在生物学上人仍然是动物。在林奈的分类系统中,人、猿和猩猩等都属于灵长目,人属于灵长目的人科人属人种。

3.3.1　人在分类系统中的地位

人是灵长目的一员,与猩猩、黑猩猩、大猩猩血缘关系很近。在分类系统中,人属于人科

(Hominidae),3 种猩猩属于大猿科(Pongidae),而它们又同属于人猿超科(Hominoidea)。这个超科的动物主要生活于热带森林,而人是一个例外。由于智力高度发达,人类已经遍布地球的每个角落。

最早的灵长类体小、树栖、夜间活动,善于跳跃、攀援,以昆虫为食;"手"很发达,拇指和其他四指相对,便于捕捉和握执食物;爪发展为甲,手指的感觉能力也明显提高;眼也不再位于颜面的两侧,而是并列于颜面的前方,使感知距离和立体视觉的能力得到了加强。

在白垩纪发生了一次生物大绝灭,恐龙和很多哺乳类动物,特别是有袋类动物几乎都绝灭了。但正处在早期上升阶段的灵长类动物却迅速发展,并和其他生存下来的哺乳类动物一样适应了当时辐射极强的生存环境。适应辐射的结果是出现了大型的灵长类动物(图 3-1)。大多数灵长类动物从夜间活动变为昼夜活动,并且也开始吃植物性食物。它们的视力进一步得到发展,大多数具有了对颜色的分辨能力,手指的感觉能力也进一步得到提高。这些进步使得它们能够从树栖扩展到陆地生活。

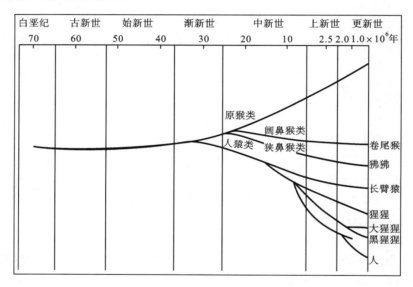

图 3-1　灵长类的家谱

人是直立行走的动物,用后肢而不是用四肢行走(图 3-2)。人的手很灵巧,能制作工具。人脑很发达,有语言能力,并有社会组织。这些特点均可在灵长类中找到根源,因此人类无疑是灵长类中一个最高级成员。

血清学证明,人和猩猩、黑猩猩、大猩猩在亲缘关系上很近。20 世纪 60 年代,美国的萨里奇(Vincent Sarich)和威尔逊(Allan Wilson)根据免疫距离的测定,认为人直到 500 万年前才与黑猩猩、大猩猩分开进化。之后的类似研究也支持这一结果。DNA 序列分析同样表明人和猩猩的分支较晚,是在 1000 万年前~700 万年前发生的。但也有人持不同的意见。

3.3.2　人的起源和进化

众所周知,达尔文的《物种起源》确定了一个观念,即现存所有物种均是从原来已存在的另一物种演变而来的。那么,人是从哪种生物进化而来的呢?解剖学上早已清楚,人在形态上与

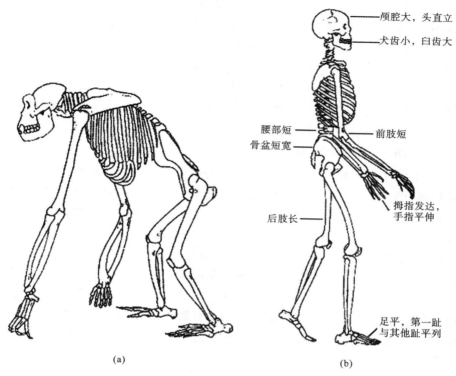

颅腔大，头直立

犬齿小，臼齿大

腰部短

骨盆短宽

前肢短

后肢长

拇指发达，手指平伸

足平，第一趾与其他趾平列

(a)

(b)

图 3-2 大猩猩和人的骨骼比较

（a）大猩猩的骨骼；（b）人的骨骼

类人猿极为相似，因此林奈将人归入灵长类之中。此后，赫胥黎（T. H. Huxley）于 1863 年、海克尔于 1866 年相继提出人源自于古猿的假说。达尔文也于 1871 年出版了《人类的由来》一书，并详细讨论了人类的进化问题。

但无论是赫胥黎还是达尔文，他们的假说均不是建立在考古学发现的基础上。当时仅有的人类化石是 1856 年发现的尼安德特人（简称尼人）。尼人化石的发现引起了半个世纪的争论，直到 19 世纪末 20 世纪初才逐渐被承认为化石人类。尼人属于早期智人（Homo sapiens），脑容量平均为 1500 mL，基本达到现代人水准，且不带有明显猿的特征，因而难以填补猿与人之间巨大的过渡空白。不过，赫胥黎和达尔文关于人类起源于猿的思想一直激励着人们去寻找这种人与猿之间的过渡环节。

荷兰青年杜布瓦（E. Dubois）于 1890 年至 1892 年间在印度尼西亚发现了爪哇人化石。研究表明，爪哇人能像现代人一样直立行走，但头部还保留了许多猿的特征。杜布瓦认为他找到了所谓的"缺环"。20 世纪 30 年代，步达生（D. Black）和裴文中等在我国北京周口店发现了北京人化石，同时还发现了石器和用火的遗迹。因此，北京猿人连同在此之前发现的爪哇猿人被学术界承认为化石人类。现在将北京人和爪哇人均归为直立人（Homo erectus）。

1924 年，澳大利亚人达特（R. A. Dart）在南非发现了南方古猿（Australopithecus）化石。研究发现，南猿已能两足直立行走，但脑容量比直立人的更小，约为 500 mL。达特将其命名为南方古猿非洲种（A. africanus）。这一发现起初并不被承认，直到 1950 年学术界才达成共识承认南猿属于人种。20 世纪 60 年代以来,利基(L. Leakey)、豪厄尔(C. Howell)、约翰逊(D. C. Johanson)等在纵贯埃塞俄比亚、肯尼亚和桑坦尼亚的东非大裂谷发掘出大量从 400 万年前~100 万年前的人科化石。现在被公认最古老化石人类是在埃塞俄比亚东部 Hader 处和在坦桑尼亚的 Laetoli 处发现的南方古猿阿法种(A. afarensis)。

目前,经几代人类学家的共同努力,已经将人类历史向前推至 400 万年前~300 万年前。现在可以重建 400 万年来人类从南猿演化到现代人的几乎所有进化历程,包括南猿阶段、能人阶段、直立人阶段和智人阶段。

3.3.2.1 南方古猿(400 万年前~100 万年前)

人科不同于猿科的主要特征是人科为灵长类中唯一能两足直立行走的种类。在大约 500 万年前,灵长类中的一个小系采取了两足直立行走姿势,促进身体构造发生与之相适应的变化,从此它们走上了向人科进化的道路。生活于 400 万年前~100 万年前的南猿已是直立行走,脑容量在 500~700 mL 之间,与现存大猿相似,且南猿颅骨结构与人的更接近。因此,南猿可能具有略高于现存大猿的智力。这是目前已知的最早人科成员。

达特发现的南猿化石是小孩的头骨,脑容量类似成年大猩猩,约为 500 mL,其头部已能平衡长在脊椎上方而不前倾,犬齿保持在齿列内而不突出。因此,南猿既具有猿的特征,又具有人的特征。此后又陆续发现了其他南猿的化石,可以粗略分成两类:纤细型和粗壮型(图3-3)。

纤细型南猿生活于 300 万年前~200 万年前,仍保留非洲南猿的名称,体形较小,身高不过 1.2 m,体重在 25~30 kg 之间,犬齿已门齿化,但具有大而有力的臼齿。颌骨与颧骨间的关节可用于旋转研磨,如同现代人的咀嚼运动,不同于现代猿的咬合式运动。根据牙齿的磨损情况判断,可能吃点肉,但主要是杂食性的。

粗壮型南猿生活于 200 万年前~100 万年前,是由罗伯特·布罗姆(R. Broom)及利基夫妇(L. Leakey, M. Leakey)所发现,被命名为粗壮南猿(A. robustus)和鲍氏南猿(A. boisei),它们均具有粗壮的颌骨和硕大的臼齿。鲍氏南猿的身高和体重显著超过纤细南猿。所有南猿面部均较大且向前突出,有浓重眉脊,呈现出猿的面容,这在人科中到很晚还很常见。

1973 年发现的阿法南猿把人类历史又向前延伸了近百万年。阿法南猿的化石是一具保留 40％骨骼的骨架,被命名为"露西"(图 3-4)和在 Laetoli 处发现的人科足印化石。与所有南猿一样,其脑容量小(约为 400 mL),能直立行走,但仍然保留了一些更为原始的性状,如阿法南猿的犬齿与典型猿相比已有所退化,但仍从齿列中突出来,犬齿与门齿间有齿隙,而其他南猿及人科成员的犬齿均不再突出于齿列,也无齿隙。阿法南猿的颌弓与猿近似,在门齿和犬齿间成直角,而其他人科成员弓成抛物线形(图 3-5)。"露西"的趾骨长而纤细,且成弯曲型,与猿类似。由此看来,阿法南猿既能直立行走又能在林中攀爬。

迄今为止,已发现的最早人科化石(约 400 万年前)与最晚古猿化石(约 1000 万年前)之间约有长达 500 万年的化石记录空白。根据分子人类学研究结果,人与猿的分化发生在大约 600 万年前~500 万年前。当前,古人类学家力求在考古发掘上有新突破,以填补这段空白。这段空白一旦被填补,人类起源之谜将进一步得到破解。

3.3.2.2 能人(早期猿人,200 万年前~175 万年前)

1959 年,玛丽·利基(M. Leakey)从坦桑尼亚奥杜韦峡谷(Olduvai Gorge)发掘出近乎完

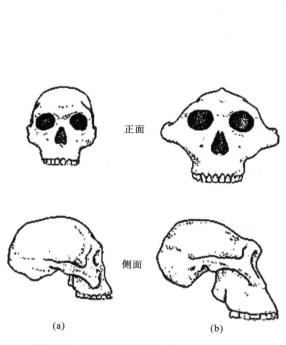

正面

侧面

(a)　　　　　　　　(b)

图 3-3　纤细南猿和粗壮南猿头骨的比较

（a）纤细南猿的头骨；（b）粗壮南猿的头骨

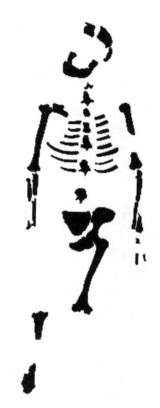

图 3-4　"露西"（阿法南猿）的骨架

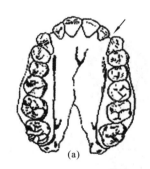　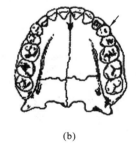

(a)　　　　　　　　(b)

图 3-5　阿法南猿上颌与人上颌的比较

（a）阿法南猿的上颌；（b）人的上颌

整的粗壮南猿头骨，同时还找到一些石器和破碎骨片，推测粗壮南猿可能会制作石器。但从头骨判断，要完成这些高级动作其脑容量（530 mL）好像不够。1961 年底，利基夫妇在同一地区找到了另一种更进步的人种化石，其脑容量大于 600 mL，脑的总体形态和沟回与人的相似，极有可能已具有语言能力，且颅骨和趾骨更接近于现代人，牙齿也比粗壮南猿的小。1964 年，利基夫妇把这一化石人种归入人属（*Homo*），称为能人（*Homo habilis*）（图 3-6）。

能人是现在已找到的最早人属成员，生活在 200 万年前～175 万年前。因此，能人生活时

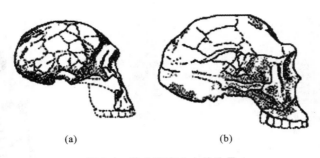

(a)　　　　　　　　　　(b)

图 3-6　能人和直立人的头骨

(a) 能人的头骨;(b) 直立人的头骨

期,粗壮南猿尚未完全灭绝。

如同直立行走是人科重要特征一样,脑的扩大和制造石器也是人属的重要特征。能人制作的石器包括石片、砍砸器和石锤等工具,这些遗存说明能人在食肉上有了巨大进步。

对南猿和能人的深入研究已可绘制一个人的谱系图,即阿法南猿是其他南猿和能人的共同祖先。在阿法南猿之后,人的进化分为两支:一支从纤细南猿发展到粗壮南猿;另一支进化到人属,即从能人到直立人,最后发展到智人。

3.3.2.3　直立人(200 万年前～20 万年前)

直立人最早是根据爪哇人和北京人的化石确定的。杜布瓦发现的爪哇人化石是一个具有猿的特征而脑容量又大于猿的头盖骨和一根与现代人类似的大腿骨。北京人的化石则要丰富许多,包括几十个个体的化石、大量的石器和用火遗迹,从而使周口店成为猿人阶段的典型地点。现在已有的研究表明,直立人化石应该广泛分布于非洲、亚洲和欧洲。直立人身高约为1.5 m,其骨骼与现代人很接近,但颅骨仍然保持着原始性状,如头骨低矮,有粗壮眉脊,以及牙齿比现代人的牙齿粗大等(图 3-7)。

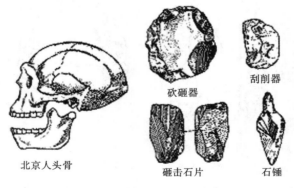

砍砸器　　　刮削器

北京人头骨　　　砸击石片　　　石锤

图 3-7　北京人的头骨及其石器

直立人脑容量在 800～1100 mL 之间,其高限已与现代人脑容量相衔接。旧石器早期文化主要是直立人创造的,代表工具有手斧(发现于欧洲)和大型砍砸器(发现于亚洲),以及小型刮削器和尖状器等。

在周口店北京猿人洞中发现成堆灰烬,说明直立人也曾用火。火的使用无疑是直立人文化发展的一个重大突破。火可以煮熟食物,这种进食的变革必然会对人的体质进化产生重大影响:牙齿和颌骨尺寸会进一步减小,并有利于大脑的发育。

人的语言是何时出现的现在尚不清楚,但能人可能已有了语言。有迹象表明,直立人已经具有一定的语言能力。现代人的语言中心在大脑左侧半球,由于语言中心的发育,大脑两半球出现了不对称性,而周口店第 5 号北京猿人头骨的两侧已有明显的不对称性,这是表明直立人具有语言能力的一个直接的形态证据。

3.3.2.4　智人(25 万年前)

在直立人之后,人类进入智人阶段。智人分为早期智人(古人)和晚期智人(新人)两类,现代人就属于晚期智人。两者属同一个种,他们的差别只是亚种水平上的。

早期智人生活于距今 25 万年前~4 万年前,属于更新世中晚期、旧石器时代中期。早期智人的化石分布于亚、非、欧许多地区,发现最早的早期智人是尼安德特人(图 3-8),是于 1856 年在德国尼安德特河谷发现的。之后在亚洲、非洲也相继发现早期智人化石,但古人类学将早期智人统称为尼安德特人。我国发现的早期智人有陕西大荔人、广东马坝人、湖北长阳人及山西丁村人等。典型尼人的代表化石标本是 1908 年在法国南部一个山洞里发现的,是一个老年男子骨架。通常关于尼人复原像的研究均是依据此标本。尼人的形态特征介于晚期猿人与现代人之间:身高约 1.6 m,眉脊突出,额明显后倾,脑容量平均可达 1400 mL,表明他们的智力已相当发达。尼人能够制造较先进的石器工具,并能人工取火。

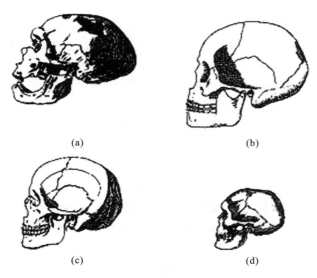

(a)　　　　　　　　(b)

(c)　　　　　　　　(d)

图 3-8　各种智人的头骨
(a)尼人的头骨;(b)克罗马农人的头骨;(c)山顶洞人的头骨;(d)现代人的头骨

晚期智人又称为新人,出现在距今约 4 万年前。晚期智人和早期智人在形态上的主要不同在于晚期智人的前部牙齿和颜面均较小,眉脊降低,颅高增大,与现代人更为接近。他们不仅分布在亚、非、欧洲,也扩展到了大洋洲。最早发现的新人化石为克罗马农人,是在法国克罗马农村发现的,形态非常接近现代人,身高 1.8 m 左右,眉脊不突出,额宽大,脑容量与现代人的接近,能制作复合工具,并拥有原始的绘画和雕刻技术。我国境内发现的晚期智人遗骸十分丰富,最著名的有广西柳江人和周口店山顶洞人。

山顶洞人和中国人、美洲印第安人、爱斯基摩人十分接近。一般认为山顶洞人代表原始黄种人。晚期智人和现代的人属于同种和同一亚种,学名 *Homo sapiens sapiens*。

现代人类起源于何处? 这是到目前为止都没有解决的问题。相信通过人类分子生物学和考古学的进一步发展,这个问题最终将会得到答案。

3.3.3 早期人类文化的发展和体质演化关系

什么是文化(culture)? 广义文化是指人类的创造活动及其成果的复合体。凡超越本能且有意识地作用于自然界和社会的一切活动,都属于文化范畴。从人与自然的关系讲,文化是人类特有的一种适应方式。生活在寒冷地区的哺乳动物,可以借助又长又厚的毛皮来抵御寒冷,这是一般生物性适应;人类则运用所制造的各种各样的衣服与庇身处,加上火的使用等手段御寒,这是一种文化适应。

阿法南猿已不具备猿那种匕首般尖锐的犬齿作为抵御野兽的武器。在热带稀树草原环境中,阿法南猿站立起来,用天然武器与野兽搏斗,也使用天然工具挖掘根茎。这时南猿已迈出了从猿到人的决定性一步,处于文化产生的前夕,还不具有严格意义上的文化。南猿之后的能人能够用一块石头敲击另一块石头,打制出锯齿状锋利石刃,用于剁开兽皮、切割兽肉或作为进攻防卫的武器。尽管这种石器还极为粗糙,但它是意识活动的产物,蕴含着能人的价值取向,是一种文化的创造。从此,在所有生物都面临的生存问题上,一种文化的而非生物的解决方法产生了,而人类也从此摆脱了动物的状态。人类学家把在坦桑尼亚奥杜韦峡谷发掘出的能人使用的石器称为奥杜韦文化(Olduvai culture)。这是目前所发现的最早的人类文化,它标志着人类文明的开端。

从能人到直立人再到早期智人和晚期智人的进化过程中,同时进行着体质和文化的双重演变。体质演变,使脑容量逐渐增大;文化演变,使石器更锋利且愈发多样化和标准化,石器的形态与天然石块的差别也越来越大;从制作单一石器到复合工具,从利用天然火种到人工取火。值得指出的是,体质演变不像其他动物那样只是专门适应一种特定生活条件,而是去适应人类所特有的制造工具和使用工具的劳动。人类凭借劳动制造不同的劳动工具,获取生活资料,适应多变的生活条件。劳动是人区别于猿的最重要特征之一,也是文化适应的基础。

在从猿到人的进化过程中,人类适应劳动的诸多性状发展并不平衡,有些性状发展快一些,有的则慢一些。因此,古人类的性状与猿总是镶嵌的,这种进化称为镶嵌进化(mosaic evolution)。所以,可以把南猿视为直立行走的猿,因为它还缺乏一双能制造石器的手,脑容量也基本停留在猿的水平。能人的体质酷似南猿,但已拥有一双灵巧的手,脑容量也有所增加。直立人的脑容量则进一步增加,但额部后倾,嘴部突出,眉脊粗重,仍然是一副猿的相貌。直到晚期智人才真正完成了体质上从猿到人的转变。

从能人到晚期智人属于旧石器时代,大约在10000年以前人类进入了新石器时代。此间,人类体质并没有发生显著变化,统称为现代人,但在文化上却发生了巨大而深刻的变化。人类开始有了磨光的石器,能制作陶器,标志着人类可通过进一步改变原材料性质制作劳动工具;此外,畜牧业和农业雏形也开始萌芽,如今人类所利用的大多数栽培植物和驯养动物均是从新石器时代开始驯化的;有了栽培植物和驯养动物后,人类可从采集和狩猎转变为食物生产,这是继发明工具后人类历史上又一重大事件;大约在 9000 多年前人类开始使用金属工具,首先是红铜(纯铜),然后是青铜(铜与锡的合金),最后是铁;5000 年前人类发明了文字,从而获得了有效推进文化交流和文化积累的工具,自此,人类跨入了文明时代。

3.3.4 人种

人种或种族(race)是根据体质上可遗传的性状来划分的人群。通常根据肤色、头发类型等体质特征把全世界的人划分为四个人种:蒙古利亚人(Mongoloid),或称为黄种人,其肤色黄,头发直,脸扁平,鼻扁且鼻孔宽大;高加索人(Caucasoid),或称为白种人,其皮肤白,鼻高而狭,眼睛颜色和头发类型多样;尼格罗人(Negroid),或称为黑种人,其皮肤黑,嘴唇厚,鼻宽,发卷曲;澳大利亚人(Australoid),或称为棕种人,其皮肤棕色或巧克力色,发棕黑而卷曲,鼻宽,胡须及体毛发达。

人种是根据某些体质特征而进行的生物学划分,而非文化上的分类,应严格地将它与民族的概念区分开来。人种作为生物学概念,必须注意以下几点:①任何一个人种都没有某个或某些专有基因,人种之间的差别仅仅是某种或某些基因频率的不同,如决定血型的 I^A 等位基因在欧洲白种人中频率比较高,I^B 等位基因在亚洲黄种人中频率比较高,i 等位基因在南美印第安人中比较高,但三个人种中都有 i、I^A、I^B 这三种等位基因;②由于各种中间类型的存在,各种族之间没有不可逾越的界限,如埃塞俄比亚人和南印度人的特征介于白种人和黑种人之间,南西伯利亚人和乌拉尔人的特征介于白种人和黄种人之间,而千岛人则具有白种、黄种、黑种三个主要人种的特征。此外,虽然在一定条件下,不同人群之间存在地理和文化上的隔离,但并不存在生殖隔离,种族在遗传上是开放的,不同种族间是可以通婚的,都能产生生命力强的后代。

上述种族特征大约是在化石智人阶段形成的。由于人类物质文化的进步,大多数种族特征早已失去适应上的意义。今天,一个黑人可以很好地生活在高纬度的北欧,白种人也可以借助衣服、帽子及房屋等设施很好地生活在赤道附近。

习 题

1. 选择题(课堂完成,扫右边的二维码做题)
2. 名词解释
团聚体学说、微球体学说、化石、文化、镶嵌进化、人种。
3. 简答题
(1) 什么是真核细胞起源的内共生学说?并列举支持这一学说的证据。
(2) 你认为原始生命应该具备哪些特征,为什么?

第4章　物种进化

4.1　达尔文和《物种起源》

在进化论出现前,关于物种和生命的起源是神创论占主导,即认为生物是在某一时刻由神一次创造的,其后一成不变。达尔文的进化思想与之截然不同,他认为,一个物种是从另一个物种演化而来的。

图4-1　查尔斯·达尔文

查尔斯·达尔文(1809—1882年),英国博物学家、生物学家、进化论的奠基人(图4-1)。他以博物学家的身份,参加了英国派遣的环球航行,做了五年的科学考察,在动、植物和地质方面进行了大量的观察和样本采集,经过综合探讨最终形成了生物进化的概念,并于1859年出版了震动当时学术界的《物种起源》。书中用大量资料证明了形形色色的生物都不是上帝创造的,而是在遗传、变异、生存斗争和自然选择中由简单到复杂、由低等到高等不断发展变化的。达尔文提出的生物进化论学说摧毁了各种唯心的神创论和物种不变论。恩格斯将进化论列为19世纪自然科学的三大发现之一,另外两大发现是细胞学说与能量守恒和转换定律。

达尔文所提出的天择与性择在当代的生命科学中是一致通用的理论。除了生物学之外,他的理论对人类学、心理学及哲学也相当重要。

4.2　自然选择学说

4.2.1　自然选择学说的内容

1. 过度繁殖

达尔文发现,地球上的各种生物普遍具有很强的繁殖能力,都有依照几何级数增长的倾向。达尔文指出,象是一种繁殖很慢的动物,但是如果每一头雌象一生(30~90 岁)产仔 6 头,每头活到 100 岁且都能进行繁殖的话,那么到 750 年以后,一对象的后代就可达到 1900 万头。因此,按照理论的计算,即使是繁殖周期较长的动、植物,也会在不太长的时期内产生大量的后代而占满整个地球,但事实上几万年来象的数量也从没有增加到那么多。自然界里很多生物的繁殖能力都远远超过了象,但各种生物的数量在一定的时期内都保持相对的稳定状态,这是为什么呢? 达尔文认为是由于生存斗争。

2. 生存斗争

生物的繁殖能力是如此强大,但事实上每种生物的后代能够生存下来的却很少。达尔文认为,这主要是繁殖过度引起的生存斗争的缘故。任何一种生物在生活过程中都必须为生存而斗争。生存斗争包括生物与无机环境之间的斗争,生物种内的斗争,如为食物、配偶和栖息地等的斗争,以及生物种间的斗争。生存斗争导致生物大量死亡,结果只有少量个体生存下来。但在生存斗争中,什么样的个体能够获胜并生存下去呢?

3. 遗传和变异

达尔文认为一切生物都具有产生变异的特性。引起变异的根本原因是环境条件的改变。在生物产生的各种变异中,有的可以遗传,有的不能够遗传。但哪些变异可以遗传呢?

4. 适者生存

达尔文认为,在生存斗争中,具有有利变异的个体容易在生存斗争中获胜而生存下去;反之,具有不利变异的个体,则容易在生存斗争中失败而死亡。这就是说,凡是生存下来的生物都是适应环境的,被淘汰的生物都是对环境不适应的,这就是适者生存。达尔文把在生存斗争中适者生存、不适者被淘汰的过程称为自然选择。达尔文认为,自然选择过程是一个长期的、缓慢的、连续的过程。由于生存斗争不断地进行,因而自然选择也是不断地进行,通过一代代的生存环境的选择作用,物种变异向着一个特定的方向积累,于是性状逐渐和祖先不同了,这样新的物种就形成了。由于生物所在的环境是多种多样的,生物适应环境的方式也是多种多样的,所以经过自然选择也就形成了生物界的多样性。

4.2.2 自然选择的作用

在自然选择中,自然环境条件可能会有利于具有某些性状的个体生存繁殖,而不利于具有另一些性状的个体生存繁殖。因此,在两个相对性状之间一个性状比另一个性状具有被选择生存的优势,或者说两个等位基因频率间有一个比另一个具有更能生存的优势,这种优势就是选择压。选择压的特点表现为:①相对性,依环境而变;②综合性,综合后有利基因被选择,不利基因被淘汰,如雄鸭的艳丽羽毛,镰刀形细胞贫血症与疟疾。

自然选择的作用集中表现在对群体中基因频率的影响。通过选择能够引起基因频率改变,从而选择或淘汰某些基因。如在理想环境中,假设基因选择压(s)为 0.001,即(AA+Aa):aa=1000:999,按照下述公式可以推出频率为 0.00001 的显性基因经过 23400 个世代后,其基因频率为 0.99。23400 个世代在地质年代上是很短的,假设生物一年繁殖一代,23400 年就可使物种发生基本改变。

$$n = \frac{1}{s}\left[\frac{q_0 - q_n}{q_0 q_n} + \ln\frac{q_0(1 - q_n)}{q_n(1 - q_0)}\right]$$

式中：n 为选择的世代数，s 为隐性基因选择压，q_0 为选择前隐性基因频率，q_n 为选择 n 世代后隐性基因频率，ln 为自然对数。

当选择压比较强时，短时期就可以形成新品种。如金黄色葡萄球菌存在抗青霉素基因，如果选择压较强，几个世代后其抗性基因就会达到纯合态，产生对青霉素的高耐受性，人类将无法控制该病菌了。因此不可滥用抗生素，且要经常更换抗生素种类。

对于多个等位基因所决定的性状，即使完全没有突变，只要有选择就能产生新品种或新性状，这对生物的进化是很重要的。

人工选育是定向给定一个强度的选择压力，使被选择的基因频率发生改变，获得新的基因组合，从而产生新表现型。如经过选育，玉米含油量可由 5％提高到 15％。

4.2.3　自然选择的类型

自然选择的类型包括如下几种。

（1）定向性选择，即所谓的极端类型，如抗性选择、含油量选择等。英国的椒花蛾在 19 世纪中叶以前是带斑点的灰白色，由于基因变异存在极少的暗黑色椒花蛾个体，随着英国工业革命大量燃烧煤，环境变成黑色，经过半个世纪的选择，到 19 世纪末 98％的椒花蛾为暗黑色。

（2）稳定性选择，即所谓的中间类型。如新生儿体重一般在 1～5.5 kg 之间，3 kg 左右存活率最高。

（3）中断性选择，即所谓的两极端类型。如白足鼠繁殖中仅保留长尾、短尾个体，中长尾的个体不能成活，属于被淘汰的中间类型。

4.3　物种和物种的形成

4.3.1　物种

物种是形态上类似，彼此能够交配，具有类似环境条件的生物个体的总称，是最基本且客观存在的分类单位。现代遗传学物种是指一个具有共同基因库、与其他类群有生殖隔离的类群。因此，判断是否为同一个物种，最根本的依据是看它们是否有生殖隔离。但有些物种不是或根本没有有性生殖，所以仍然依赖形态特征进行物种鉴定。根据形态特征进行物种鉴定不但有效而且方便，特别是对只进行无性生殖的多细胞生物、细菌及化石（古生物）等。

4.3.2　种群

种群是指一定地域内同一物种的个体集合。种群内的个体间能交配，保持同一个基因库。其存在特点包括：①同一物种的种群间存在地理隔离；②不同物种的种群间存在生殖隔离；③同种种群间消除隔离就能互相交配，恢复基因交流。

4.3.3　隔离在物种形成中的作用

隔离把一个种群分成许多小的种群，因此可能由于偶然的机会而使基因频率发生变化（遗传漂变等）。基因频率的改变，加上不同环境的选择作用，使各小种群向不同方向发展，就可能形成新物种。隔离主要分为地理隔离和生殖隔离,地理隔离和生殖隔离不是单独发生的,而是几种情况同时发生的,如既有生态隔离又有行为隔离等。隔离的作用是防止种群的杂交,并且总是由地理隔离发展成为生殖隔离,而一旦发展成为生殖隔离,一个种的两种群便成为两个种了。

4.3.3.1 地理隔离

地理隔离是十分普遍的,在进化上起着重要的作用。海水把海岛和大陆的动物隔开;两个湖泊之间的陆地把两个湖泊的水生动物隔开;两个森林之间如有一大片草原,两个森林中的动物就被草原隔开;一条大河有时也成为多种陆生动物的阻隔。这些都是地理隔离。这样的事例极多,不一一列举,但应该指出,对一种动物的地理隔离不一定是对另一种动物的隔离。隔离不但造成了种的分群,也限制了不同种的分布,因而也造成了不同的生物分布。由此可见,地理隔离影响选择,选择使地理隔离所造成的各种群增加差异,而差异逐渐累积就出现了生殖隔离,一旦出现了生殖隔离,种群之间就没有基因交流了。

4.3.3.2 生殖隔离

两个种群彼此不能杂交的情况称为生殖隔离。

1. 交配前生殖隔离

交配前生殖隔离是指因种种原因而不能实现交配的生殖隔离。

(1)生态隔离:两个种完全可以通过交配产生健康并有生育能力的后代,但由于生活在不同的地区,因而不能实现杂交。例如,西方悬铃木在美国,而东方悬铃木在地中海东部。

(2)栖息地隔离:两个种或种群生活在同一地区,由于占领了不同的栖息地不能实现杂交。例如,两种蟾蜍分别在河流和浅池沼中繁殖。

(3)季节性隔离:不同种群由于季节不同而产生的隔离。如两种松树,一种在二月传粉,而另一种则在四月传粉。

(4)行为隔离:两个种或种群由于行为不同,主要是交配行为的不同而产生的生殖隔离,如求偶行为不同的动物间。

(5)形态隔离或机械隔离:不同种群由于形态,特别是生殖器官形态不同而产生的隔离。这种现象在昆虫中比较常见。

2. 交配后生殖隔离

交配后生殖隔离是指交配后合子不能发育,或能发育但不能产生健康而有生殖能力后代的生殖隔离。

(1)配子隔离:个体之间可以交配或受粉,但不能发生受精作用。不同种的果蝇间可见这种现象。

(2)发育隔离:可以杂交,可以受精,但胚胎发育不正常,不到出生就死亡,如山羊和绵羊杂交。

(3)杂种不活:杂种可以形成,但杂种在生出之前即死亡,如烟草种间杂交。

(4)杂种不育:杂种可以存活但不育,不能繁殖产生后代。如马和驴杂交产生骡,但骡不具有生育能力。

4.3.3.3 异地物种形成和同地物种形成

先有地理隔离再有生殖隔离,这种形成新种的方式称为异地物种形成(allopatric

speciation)。这可能是生物进化中最主要的一种形成新种的方式。放养到马德拉小岛上的兔子就是通过异地物种形成的方式成为新种的。

有时没有地理隔离也能产生新物种,此种方式称为同地物种形成(sympatric speciation),但比较少见。一个种群在同一环境中生活,生态环境总是可以提供多种条件的。如果这个种群发生了突变,而突变个体又能适应原来野生种所不能适应或不甚适应的条件,也就是说,这些突变个体找到了新的生态位,那么它们就和野生种互不干扰了。最初它们是可以和原物种杂交的,但是不杂交对两者的生存更有利,因而自然选择的结果保留了互不杂交的个体,淘汰了能杂交的个体,这样两个新种就生成了。这种物种形成都是渐进的,需要几万年、几十万年甚至更长的时间。

4.3.3.4　渐变群

由于环境呈梯度变化,加上基因的流动,使形成的性状具有逐渐和连续改变的倾向,且呈梯度分布的生物类群称为渐变群。渐变群的地理分布广,两极端位置间的种群不能交配,相邻种群间能交配;若消除中间类群,则出现生殖隔离;经过进化必然形成新种。例如,美洲豹蛙(*Rana pipiens*)在美国从东北部一直连续分布到南端,将分布于东北部的豹蛙和分布于南端的豹蛙放在一起不能进行繁殖,即彼此已经是生殖隔离的了,但它们和邻近的蛙却能交配生殖。

4.3.3.5　多倍体

产生新物种的另一种形式是多倍体现象,只经过一两代就能产生新种,是爆发式的。多倍体现象在动物界很少发生,而在植物界中较为普遍,40%以上的被子植物是多倍体。多倍体包括同源多倍体和异源多倍体。同源多倍体较少见,如月见草和人工培育三倍体无籽西瓜。三倍体无籽西瓜的培育过程:西瓜($2n=22$)经秋水仙素处理后,茎尖使染色体加倍,形成的四倍体(同源多倍体)作母本,然后与作为父本的二倍体杂交,获得三倍体无籽西瓜。异源多倍体相对常见,如小麦、小黑麦等。

4.4　适应和进化形式

4.4.1　适应

适应(adaptation)是生物特有的普遍存在的现象,主要包含两方面含义。

(1) 生物的结构(从生物大分子、细胞,到组织器官、系统、个体乃至由个体组成的群体等)大都适合于一定的功能。例如,DNA分子结构适合于遗传信息的储存和"半保留"的自我复制;各种细胞器适合于细胞水平上的各种功能(有丝分裂器适合于细胞分裂过程中遗传物质的重新分配,纤毛、鞭毛适合于细胞的运动);高等动、植物个体的各种组织和器官分别适合于个体的各种营养和繁殖功能;由许多个体组成的生物群体或社会组织(如蜜蜂、蚂蚁的社会组织)的结构适合于整个群体的取食、繁育、防卫等功能。在生物的各个层次上都显示出结构与功能的对应关系。

(2) 生物的结构与其功能适合于该生物在一定环境条件下的生存和繁殖。例如,鱼鳃的结构及其呼吸功能适合于鱼在水环境中的生存,陆地脊椎动物肺的结构及其功能适合于该动物在陆地环境的生存,等等。生物经自然选择,具有对环境的适应能力,主要表现在:①形态上,如花色、毛色;②生理上,如出汗、冬眠;③行为上,如装死、放墨汁。以上有的涉及单个基因或个别器官,也有的涉及多个基因或整个生物体。

4.4.2　适应的类型

1. 花对于昆虫采粉的适应

(1) 蜜蜂:花黄色、蓝色,无红色花,有香味。

(2) 蜂鸟:红色、黄色花,无香味。

(3) 蛾:白色和淡色,有香味。

(4) 蝇:有臭味,颜色暗淡。

2. 保护色

动物外表颜色与周围环境相类似,这种颜色称为保护色。很多动物有保护色,类似豹子的花纹和青蛙的绿色,还有不少会变色。自然界里有许多生物,如椒花蛾、变色龙就是靠保护色避过敌人,在生存竞争当中保存自己的。

3. 恶臭

一些生物,如黄鼠狼、蝽象(图 4-2)等,在进化过程中由于产生了难闻气味,让天敌不愿选择其为食物,经过一定时间的进化,这种恶臭气味得以进一步加强,成为其防卫敌害的一种方式。

图 4-2　具恶臭味的蝽象

4. 警戒色

警戒色是指某些有恶臭和毒刺的动物所具有的鲜艳色彩和斑纹。这是动物在进化过程中形成的,可以使敌害易于识别,避免自身遭到攻击。如毒蛾的幼虫多数都具有鲜艳的色彩和花纹,如果被鸟类吞食,其毒毛会刺伤鸟的口腔黏膜,这种毒蛾幼虫的色彩就成为鸟的警戒色;胡蜂用它有毒的螫针对其他昆虫发起致命的攻击;夹竹桃虽可观赏,但其茎叶有毒。这些生物对捕食者构成了威胁或伤害,其艳丽夺目的体色成为捕食者终生难忘的预警信号。

5. 拟态

拟态是指一种生物在形态、行为等特征上模拟另一种生物,从而使一方或双方受益的生态适应现象。拟态包括三方:模仿者、被模仿者和受骗者。这个受骗者可为捕食者或猎物,甚至是同种中的异性。在寄主拟态现象中,受骗者和被模仿者为同一物。许多有毒、味道不佳或有刺的动物往往有警戒色,这一点常为其他生物所模仿。拟态按照效果可分为两种情况:一种是尺蠖蛾(图4-3)像小树枝似的不引人注目,这种拟态称为隐蔽拟态或称为模仿(mimesis);另一种是虻由于具有像黄蜂一样显眼的色彩而欺骗了捕食者,诸如此类的拟态称为标志拟态或拟态伪装(mimicry)。

图 4-3 尺蠖蛾

4.4.3 协同进化(共进化)

协同进化是指两个相互作用的物种在进化过程中发展的相互适应的共同进化,是一个物种由于另一物种影响而发生遗传进化的进化类型。例如,一种植物由于食草昆虫所施加的压力而发生遗传变化,这种变化又导致昆虫发生遗传变化。

4.4.4 趋同进化和趋异进化

趋同进化是指在相同的环境和选择压的作用下,不同生物发展出功能相同或相似的形态结构。例如,鱼类、哺乳类的海豚和鲸均具有鳍和流线型身体,有利于在水中运动;仙人掌科植物和大戟科植物的外形相似,有利于在沙漠中生活。

趋异进化是指在不同环境和选择压下的同一物种发展出功能相异的结构。如北极熊(Ursus maritimus)是从棕熊(Ursus arctos)发展而来。第四纪的更新世时,大冰川将一群棕熊从主群中分离开来,它们在北极严寒环境的选择之下发展成北极熊。北极熊的白色与环境颜色一致,便于猎捕食物;头肩部成流线型,足掌有刚毛,能在冰上行走而不致滑倒,并有隔热和御寒的作用。北极熊肉食,棕熊虽然也属食肉目,却以植物为主要食物。

4.4.5 适应辐射

一个物种因适应多种不同环境,分化成多个不同的物种而形成一个同源的辐射状进化系统,称为适应辐射。适应辐射常发生在开拓新的生活环境时。一个物种在进入一个新的自然环境之后,由于新的生活环境提供了多种多样可供生存的条件,于是种群向多个方向进入,分别适应不同的生态条件,有的上山,有的入水,有的住到阴湿之处,有的进入无光照的地下等,在不同环境条件选择之下最终发展成各不相同的新物种。例如,加拉帕戈斯群岛的几种地雀(图4-4),由同一个祖先进化而来,喙差别很大,不同种之间存在生殖隔离,占据不同生态位。又如生物进化史上出现的三次大的生物适应辐射:脊椎动物由水生到陆生,爬行动物的出现及哺乳动物的出现。

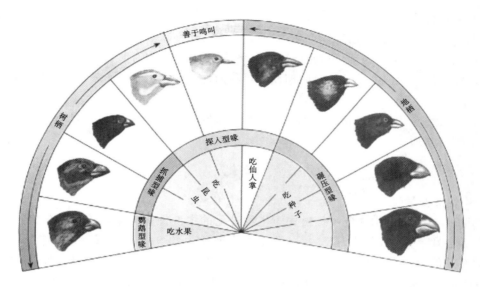

图 4-4 加拉帕戈斯群岛的几种地雀

4.5 进化理论的发展

4.5.1 综合进化论对达尔文学说的修改

达尔文进化论的一个重要思想在于进化是靠微小变异的积累来实现的。按照他的理论，自然选择导致的进化只能是渐变的、非常缓慢的过程。通常将这种渐变的进化称为达尔文式的进化。

20 世纪以来，进化理论的发展表现在：①现代综合进化论对达尔文式的进化论给予了新的、更加精确的解释；②人们发现除了这种由于自然选择引起的渐变进化之外，可能还有其他方式的进化，统称为非达尔文式的进化。

达尔文创立进化学说所采用的方法基本上是描述和比较。综合进化论则是建立在实验和定量分析的基础上，因而是比达尔文学说更为精确的理论。在达尔文时代，自然选择还只是一种推测，而现在则是被受控实验所证明的理论。

综合进化论使自然选择学说更加精确，它更新了自然选择学说的一些基本概念。

首先，在达尔文看来进化的改变仅仅体现在个体上，综合进化论则认为由于基因的分离和重组，有性繁殖的个体不可能使其基因型恒定地延续下去，只有交互繁殖的种群才能保持一个相对恒定的基因库。因此，进化体现在种群的遗传组成的改变上，不是个体在进化，而是种群在进化。

其次，在达尔文学说中自然选择来自繁殖过剩和生存斗争，它是基于繁殖过剩和生存斗争得出的一个推论，而在综合进化论中则将自然选择归结为不同基因型有差异的延续。在种间或种内的生存斗争中，竞争的胜利者被选择，其基因型得以延续下去，但除此以外生物之间的一切相互作用包括捕食、竞争、寄生、共生、合作等，只要能够影响基因频率和基因型频率的变化都具有进化价值。没有生存斗争,没有"生死存亡"问题,单是个体的繁殖机会的差异也能造成后代遗传组成的改变,自然选择也在进行。

最后,达尔文还不能区别可遗传的变异和不遗传的变异,他有时还采用了后天获得性遗传的概念。综合进化论摒弃了这些过时的概念,而将自然选择学说和孟德尔理论及基因论结合起来。

综合进化论对达尔文学说做了上述一系列重要修改,巩固了达尔文的理论,使之能更好地为人们所理解和接受。

4.5.2 中性突变学说和分子进化

1. 中性突变学说

1968 年,日本学者木村资生提出关于生物进化的中性突变学说。该学说认为,生物体的 DNA 分子会发生突变,从而导致生物进化。他还认为约 90% 的突变有害,中性突变约占 10%,而有益的突变微乎其微。遗传密码的兼并现象就是中性突变,它不受自然选择控制,完全取决于遗传漂变。但木村资生承认,中性突变学说仅从分子水平提出问题,不涉及宏观的表现,至于宏观水平的进化还是要用自然选择去解释。

中性突变对生物体无好处也无害处,自然选择对它们不起作用,包括有同义突变、非功能性突变和不改变功能的突变。同义突变是指由于生物的遗传密码子存在兼并现象,碱基被替换之后产生了新的密码子,但新、旧密码子是同义密码子,所编码的氨基酸种类保持不变,因此同义突变并不产生突变效应,如遗传密码子 CCA、CCG、CCC、CCU 都编码脯氨酸,UUC、UUU 都编码苯丙氨酸。非功能性突变是指 DNA 中不转录序列上发生的突变,如高度重复序列。不改变功能的突变是指结构基因发生突变但功能不变,如细胞色素 c、血红蛋白。

2. 分子进化

综合进化论认为,遗传漂变对进化有作用,但比自然选择要小得多。中性突变学说则认为,自然选择对中性突变不起作用,不是进化的动力。进化的动力是遗传漂变,即突变大多在种群中随机地被固定或消失。

分子进化速率取决于蛋白质或核酸等大分子中的氨基酸或核苷酸在一定时间内的替换数,即

$$K = \frac{d}{2tN}$$

式中:K 是分子进化速率(每个氨基酸位点每年的替换数),d 是氨基酸或核苷酸替换数目,N 是大分子结构单元(氨基酸或核苷酸)总数,t 是所比较的大分子发生分异的时间,$2t$ 代表进化时间,进化经历的时间是分异时间的两倍。密码子每年的突变频率为 $(0.3 \sim 9) \times 10^{-9}$。

生物大分子进化的特点之一是,不同物种中同源大分子的分子进化速率是一样的。例如,由人和马的血红蛋白 α 链计算得到的氨基酸分子进化速率,与由人和鱼的血红蛋白 α 链计算得到的进化速率基本相同。分子进化的速率与种群的大小、繁殖能力及生存寿命没有关系,不受环境因素的影响。分子进化是随机发生的,而不是选择的结果。

中性突变也取决于环境的变化。例如,某种酶的两个同工酶,它们的生化功能相同,一个在 33 ℃时失活,一个在 44 ℃时失活。当一个群体生活在 33 ℃以下时,两个同工酶是完全相

同的,因此任何一种同工酶都没有选择优势;但是假如温度到了 33～44 ℃之间时,前一种同工酶就会失活,因而它在选择上是不利的。所以,当温度在 33 ℃以下时两个同工酶的基因突变是中性突变,当温度在 33 ℃以上时选择就起作用了。

人的血红蛋白分子 β 链上的大多数氨基酸如果发生替换,都不影响血红蛋白的功能,可见决定这些氨基酸结构基因的突变都是中性突变,都不受选择,都可经遗传漂变随机地被保留下来。但是如果 β 链上的第 6 位的谷氨酸被缬氨酸所取代,血液中将出现不能运氧的镰刀形红细胞,导致镰刀形细胞贫血症的发生。如果是纯合子,所有红细胞都将变成镰刀形,患者不到成年就要死亡。可见,这种突变是在自然选择的压力下被淘汰的。但是在疟疾流行地区,带有这一突变基因(杂合子)的人很多,频率也很稳定,这是因为杂合子对疟疾有较强的抵抗力,比不带这一突变基因的个体更能适应疟疾。对于这种突变的保留显然用自然选择来解释最为合理,用遗传漂变就很难解释了。

4.5.3 渐变式进化和跳跃式进化

美国科学家戈尔德施米特(R. Goldschmidt)提出跳跃式进化(saltation),还有一个与戈尔德施米特的学说很相似的学说,即埃尔德里奇(N. Eldredge)和古尔德(S. Gould)提出的间断平衡进化(punctuated equilibrium evolution)。这个学说认为,化石的不连续性是历史的真实反映,说明物种经过一段没有什么变化的间隔期(稳定期)后就可被突然出现的新物种取代。新的物种起源于大突变。如果一个物种所分布的地区的外周部分因地形的改变而被隔离成小的种群,这些小的种群由于遗传漂变、建立者效应及近亲繁殖的作用,易于发生大突变,且大突变在隔离的环境中有更大的可能被留存下来。

自然选择在大突变的产生中起不了什么作用,但在大突变产生之后,特别是隔离状态的消失使得这些大突变的类型进入到大种群中时,自然选择就起作用了。如果大突变的物种更能适应环境,它们就会占领各个生态环境,大量繁殖及分化,而原来未发生大突变的旧物种就在竞争中被淘汰。反之,如果它们不能适应或适应力低于原来的物种也将被淘汰而灭亡。"间断平衡"学说是目前对进化过程中发生激变的一个假说。这个假说解释了化石不连续的现象,但是其缺点也同样是没有足够的证据。

渐变式进化和跳跃式进化不是对立的,两者可能同时存在,但是近来更强调的似乎是跳跃式进化。有些人还把灾变论和渐变式进化结合起来,认为不论是地球本身的突变还是天外飞来的灾变,一旦发生,许多生物尽管本来是适应的但也难免遭到绝种的厄运,而存活的物种经过渐变的过程,辐射适应于不同环境而产生出各种新的物种。据说哺乳动物的产生和发展很可能就是爬行类大量死亡的结果。

4.5.4 物种绝灭和灾变

植物或动物的种类不可再生性的消失或破坏,称为物种灭绝。一株植物枯萎,一只动物死亡,有时并不仅仅意味着单个生命有机体的消失,也许是整个此类物种的灭绝。在世界范围内,生物物种正以前所未有的速度消失,而其中有一些物种已灭绝。1600—1800 年间,地球上的鸟类和兽类物种灭绝 25 种;1800—1950 年间,地球上的鸟类和兽类物种灭绝了 78 种。曾经生活在地球上的冰岛大海雀、北美旅鸽、南非斑驴、澳洲袋狼、直隶猕猴、高鼻羚羊、台湾云豹等物种已不复存在。

地球在历史上可能出现过灾变(如陨石碰撞),导致气候剧烈变化引起物种灭绝(恐龙灭绝可能是此缘故),极少数活下来的物种通过适应辐射而产生新物种,并发生进化。

习　　题

1. 选择题(课堂完成,扫右边的二维码做题)
2. 名词解释

协同进化、趋同进化、物种、遗传漂变、生物发生律。

3. 简答题

(1) 达尔文进化论的主要内容包括哪些?

(2) 综合进化论对达尔文进化论做了哪些方面的修改?

第 5 章　生态系统、环境与健康

5.1　种　群

生态学（ecosystem）是研究生物与生物间、生物与其生存的环境间相互关系和生物生存状态的科学，也可认为是研究生态系统的科学。根据研究对象的层次，生态学又包括种群生态学、群落生态学、生态系统生态学等分支学科。

种群（population）是指在一特定时间内占据一定空间的同种生物所有个体的总称，如同一鱼塘内的鲤鱼或同一树林内的杨树。种群一词与物种概念密切相关。根据生物学关于种的定义，同一物种的个体不仅因其同源共祖而表现出性状上的相似（包括形态、大分子结构及行为等方面），而且它们之间能相互交配并将其性状遗传给后代个体。不同种之间则由于形态、生理或行为上的差异而不能交配繁育，这种现象称为生殖隔离。与此对应，广义的种群即是指一切可以交配并产生可育后代的同种个体集群，即该物种的全部个体，如世界总人口。

种群是生态学所研究的最小生态单位，通常用生态单位作为最小单位。在生物组织层次结构中，种群代表由个体水平进入群体水平的第一个层次。由于有性生殖过程是一个基因重组过程，重组产生新的变异，可供自然选择，所以相互交配繁育的种群便构成了一个进化单位，它可能成为分化新物种的起点。有的生物还由繁育关系组成一定的社群结构。另一方面，同一地区的同种个体共享同一资源，因而又表现出种内竞争或合作关系。

5.1.1　种群的基本特征

种群的基本特征包括如下几点。

1. 数量特征

数量特征是种群的最基本特征。种群是由多个个体组成的，其数量大小受到出生率、死亡率、迁入率和迁出率这四个种群参数影响，而这些参数又受种群的年龄结构、性别比率、内分布格局和遗传组成等的影响，从而形成种群动态。

2. 空间特征

种群均占据一定空间，其个体在空间上的分布可分为聚群分布、随机分布和均匀分布。此外，还有按地理范围划分的地理分布。

3. 遗传特征

种群是同种个体集合,因此具有一定的遗传组成,是一个基因库。但不同的地理种群之间存在着基因差异,不同种群的基因库也不同。种群的基因频率世代传递,在进化过程中通过改变基因频率以适应环境的不断改变。

4. 系统特征

种群是一个自组织、自调节的系统。它是以一个特定的生物种群为中心,以作用于该种群的全部环境因子为空间边界组成的系统,因此,应从系统角度研究种群内在因素及生境内各种环境因素与种群数量变化之间的相互关系,从而揭示种群数量变化的机制与规律。

5.1.2 种群的空间格局

组成种群的个体在其空间中的位置状态或布局称为种群空间格局(spatial pattern)或内分布型(internal distribution pattern)。种群的空间格局大致可分为 3 类:均匀型(uniform)、随机型(random)和成群型(clumped)。

随机分布中每一个体在种群领域中各个点上出现的机会是相等的,并且某一个体的存在不影响其他个体的分布。随机分布比较少见,因为在环境资源分布均匀、种群内个体间没有彼此吸引或排斥的情况下才能形成随机分布,如森林地被层中的一些蜘蛛、面粉中的黄粉虫。

均匀分布的主要原因是由于种群内个体间的竞争。例如,森林中的植物竞争阳光(树冠)和土壤中的营养物(根际),沙漠中的植物竞争水分。分泌有毒物质在土壤中以阻止同种植物幼苗的生长是形成均匀分布的另一原因。

成群分布是最常见的内分布型。成群分布形成的原因包括:环境资源分布不均匀,富饶与贫乏相嵌;植物传播种子的方式以其母株为中心扩散;动物的社会行为使其结合成群。成群分布又可进一步按种群本身的分布状况划分为均匀群、随机群和成群群,其中成群群具有两级的成群分布。

种群空间格局的研究是静态的,比较适用于植物、定居或不大活动的动物,也适用于测量鼠穴、鸟巢等栖居地的空间分布。

生物的构件包括地面枝条系统和地下根系统,其空间排列决定着光的摄取效率。同样,土壤中根分枝的空间分布决定水和营养物的获得。与动物通过活动/行为进行搜索/逃避不同,植物靠的是控制构件生长的方向来寻觅养分并适应复杂多变的环境。

植物重复出现的构件的空间排列可称为建筑学结构(architecture),它是决定植物个体与环境间相互关系及个体间相互作用的多层次的等级结构系统。构件建筑学结构的特征主要取决于分枝的角度、节间的长度和芽的死亡、休眠和产生新芽的概率。例如,草本植物可分为密集生长型和分散生长型两类,密集生长的草类其节间短,营养枝聚集成簇,如生草、丛草等;分散生长型的草类节间长,构件间相距较远,如车轴草等。

正如一些学者指出的,在寻找食物、发现配偶、逃避捕食等生存竞争中,动物(单体生物)的行为和活动具有首要意义,而对于营固定生活的植物,执行这些功能的是构件空间排列的建筑学结构。与动物种群生态学以极大注意力研究社会行为一样,植物种群生态学进一步强调个体和构件的空间排列。这是植物种群生态学与动物种群生态学发展中的一个重要区别。

5.1.3　种群数量与动态

5.1.3.1　生物种群密度的取样调查

在调查动物的种群密度时一般多采用标志重捕法,就是在一个有比较明确界限的区域内捕捉一定数量的动物个体进行标志,然后放回,经过一个适当时期即标志个体与未标志个体重新充分混合分布后再进行重捕,根据重捕样本中标志者的比例估计该区域的种群总数,计算出某种动物的种群密度。

标志重捕法的前提是标志个体与未标志个体在重捕时被捕的概率相等。在标志重捕法中标志技术极为重要,在操作中应注意以下几点。

(1)标志物和标志方法必须使动物的身体不会产生对寿命和行为的伤害。如选用着色标志时,要注意色素无害;采用切趾、剪翅等方法标志动物时,不能影响被标志动物正常的活动或者导致疾病、感染等。

(2)标志不能过分醒目。过分醒目的个体在自然界中有可能改变与捕食者之间的关系,最终改变样本中标志个体的比例而导致结果失真。

(3)标志符号必须能够维持一定时间,在调查研究期间不能消失。

标志重捕法应用比较广泛,适用于哺乳类、鸟类、爬行类、两栖类、鱼类和昆虫等动物。

与植物种群密度的调查相比,动物种群密度的取样调查要困难许多,而且费时费力。如果条件不允许采用标志重捕法时,可以采用模拟捉放法,两者的原理基本相同。

5.1.3.2　种群增长的"S"形曲线

在自然界中,环境条件是有限的,因此,种群不可能按照"J"形曲线无限增长。当种群在一个有限的环境中增长时,随着种群密度的上升,个体间对有限的空间、食物和其他生活条件的种内竞争必将加剧,以该种群生物为食的捕食者的数量也会增加,致使这个种群的出生率降低,死亡率增高,从而使种群数量的增长率下降。当种群数量达到环境条件所允许的最大值(以 K 表示)时,种群数量将停止增长,有时会在 K 值附近保持相对稳定。假

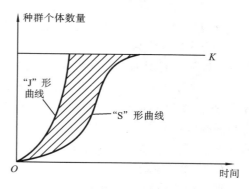

图 5-1　种群增长曲线

定种群的增长率随着种群密度的增加而按一定的比例下降,种群数量达到 K 值后保持稳定,那么,将种群的这种增长方式用坐标图表示出来就会呈"S"形曲线(图 5-1)。

5.1.3.3　天然种群的数量动态

1. 种群数量的季节变化

种群数量消长规律是种群数量动态规律之一。一般具有季节性生殖的物种,其种群的最高数量常落在一年中最后一次繁殖末,之后种群因只有死亡而无生殖,导致数量一直下降,直到下一年繁殖的开始,这段时间是种群数量最低的时候。在欧亚大陆寒带地区,许多小型鸟类和兽类通常在冬季停止繁殖,到春季开始繁殖前其种群数量最低;到春季开始繁殖后数量一直上升,到秋季因寒冷而停止繁殖以前其种群数量达到一年的最高峰。体型较大,一年只繁殖一

次的动物如狗獾、旱獭等,其繁殖期在春季,产仔后数量达到高峰,以后由于死亡数量逐渐降低。

2. 种群数量的年变化

种群数量在不同年份的变化有的具有规律性,称为周期性,有的则无规律性。有关种群动态的研究工作证明,大多数种类的年变化表现为不规律的波动,有周期性数量变动的种类是有限的。

在环境相对稳定的条件下,种子植物及大型脊椎动物具有较稳定的数量变动。常见的乔木如杨柳每年开花结果一次,其种子数量相对稳定;又如大型有蹄类动物,一般每年产仔 $1 \sim 2$ 个,其种群数量也相对稳定。蝙蝠出生率很低,多数一年只产一仔,但其寿命较长,为 $18 \sim 20$ 年,对蝙蝠的长期研究表明其数量变动很小;加拿大盘羊在 36 年内的种群数量变动,其最高数量与最低数量之比值为 4.5;而美洲赤鹿在 20 年内的冬季数量统计中,其最高数量与最低数量之比值则只有 1.8。在鱼类中,也有少数种类表现出周期性波动。

此外,动物中还有一些数量波动很剧烈但不表现出周期性的种类。其中最为人们熟知的是小家鼠,它们生活在住宅、农田和打谷场中,据中国科学院 16 年内的统计资料表明,其年均捕获率位于 $0.10 \sim 17.57$ 之间,即最高数量与最低数量相差几百倍;又如布氏田鼠也具有不规律的数量变动,其数量最低年代平均每公顷只有 1.3 只布氏田鼠,而在数量最高年份则每公顷可达 786 只布氏田鼠,两者竟差 600 余倍。但这种变动往往围绕着一个平均密度,即种群受某种干扰而发生数量的上升或下降,有重新回到原来水平的倾向,是动态平衡的。

3. 不规则波动

我国是世界上具有最长气象记录的国家,马世骏(1985 年)研究了大约 1000 年以来有关东亚飞蝗灾害与气象之间的关系,明确了东亚飞蝗在我国的大规模发生没有周期性现象,否定了过去曾认为有周期性的推测,同时还指出干旱是蝗灾大规模发生的主要原因。通过分析他还进一步明确了黄河、淮河等大河三角洲的湿生草地若遇到连年干旱,使土壤中蝗卵的存活率提高,是造成蝗虫大规模发生的原因。但旱涝灾害与飞蝗大规模发生的关系还因地而异,据此将我国蝗区划分为四类,并分区提出预测大规模发生的指标。在对东亚飞蝗生态学深入研究的基础上,我国飞蝗防治工作取得了重大成就,已基本得到控制。

4. 周期性波动

周期性波动经典的例子有:旅鼠和北极狐的波动周期为 $3 \sim 4$ 年,美洲兔和加拿大猞猁的波动周期为 $9 \sim 10$ 年。据近 30 年的资料表明,我国黑龙江伊春林区的小型鼠类种群也表现出明显的 $3 \sim 4$ 年的波动周期,每遇高峰年的冬季就造成林木危害,尤其是幼林,并且其周期与红松结实的周期性丰收相一致。根据以鼠为主要食物的黄鼬的每年毛皮收购记录统计研究,发现黄鼬也具有 3 年周期性,但高峰比鼠约晚一年。有趣的是,俄罗斯阿穆尔地区森林脑炎发病率也具有 3 年周期现象,其原因是鼠类数量高,种群中缺乏免疫力的幼鼠层增加,鼠是革蜱的主要寄主,而革蜱是森林脑炎病毒的主要传播媒介。紧随鼠高峰之后的次年,出现革蜱的数量高峰和革蜱种群中脑炎病毒感染高峰,从而使林区中居民受革蜱叮咬而感染森林脑炎的病人增加。因此,对鼠种群数量动态的研究是森林脑炎流行病预测的重要指标之一。

5. 种群的爆发

具有不规则或周期性波动的生物均有可能出现种群爆发现象。最闻名的爆发见于害虫和害鼠。我国古籍和西方圣经都有记载蝗灾,如"蝗飞蔽天,人马不能行,所落沟堑尽平,食田禾一空"等,非洲蝗灾至今仍时有发生,索马里 1957 年的一次蝗灾估计有蝗虫约 $1.6×10^{10}$ 只,总质量达 50000 t。1967 年,我国新疆北部农区小家鼠大爆发,估计造成粮食损失达 $1.5×10^8$ kg。

赤潮是指水中一些浮游生物(如腰鞭毛虫、裸甲藻、棱角藻、夜光藻等)爆发性增殖引起水色异常的现象,主要发生在近海。赤潮是由于水体富营养化,即水中氮、磷等营养物过多所致,主要危害包括:藻类死体的分解大量消耗水中溶氧,使鱼、贝等窒息而死;有些赤潮生物还产生毒素,杀害鱼、贝,甚至距离海岸 64 km 的人类也会受到由风带来毒素的危害,造成呼吸和皮肤不适。

5.1.3.4 人为干扰下的种群动态

1. 原生环境的破坏对种群动态的影响

原生环境是储藏自然资源的宝库,起着生态实验室、遗传库和信息储存库的作用。野生动物种群使这种自然系统获得平衡,而在人类的过度捕猎或栖息地被破坏的情况下,种群长期处于不利条件下,其数量可能长期下降甚至发生种群绝灭(extinction)的现象。现在世界上越来越多的国家逐渐认识到野生动物的灭绝对一个国家乃至全人类都是无可挽回的损失。

2. 生物资源的过度猎取

1913 年,太平洋鲑鱼的捕捞量为 240 万箱,之后人们在鲑鱼主要产卵河流上修筑了铁路,第一次破坏了产卵周期,其捕获量立即开始下降,到 1928 年鲑鱼在弗雷塞河流中捕捞量仅为 9 万箱。鲸鱼也是由于人类滥捕而不断衰落的。第二次世界大战期间,捕鲸业停顿了相当长的一段时间,战后随着捕鲸船吨位的变大,鲸的捕获量不断上升,到 20 世纪 50 年代已接近最高产量。当体型最大的蓝鳁鲸由于捕猎濒临灭绝后,人们便把注意力转向其他个体较小的种类,如长须鲸;20 世纪 60 年代以后,长须鲸也成为少见种,更小的小鳁鲸和抹香鲸又取而代之成为新的目标。目前,捕鲸技术发展很快,包括用直升机寻找鲸踪、利用声呐系统探测等,使这些具有经济价值的野生动物由于滥捕造成种群数量降低到不能恢复以致濒临灭亡的境地。

3. 环境污染后的种群动态

环境遭到污染后,原有生物与环境中各种物质关系发生变化,出现了新的生物与环境物质循环关系。耐污种类在污染环境中大量增殖,而耐污性较弱的种类消失,狭污性种类被广污性种类所代替。

5.1.4 种群数量变动的影响因素

在自然界,决定种群数量变动的基本因素是个体的出生、死亡、迁入和迁出等。个体的出生和迁入使种群数量增加,死亡和迁出使种群数量减少。如果增量大于减量,种群数量增加,反之减少,如果增量与减量相等,则维持不变。

5.1.4.1 出生率与死亡率

种群出生率(natality)是种群在单位时间内所出生的后代个体的百分数。例如,在一个拥有 1000 个个体的种群中,一年内出生了 200 个后代,这个种群的年出生率就是 20%。理论上,最大出生率等于种群的繁殖力或繁殖潜能,即在理想的最适条件下种群不受外界因素限制时的出生率。但事实上,永远不存在理想的最适条件,并且由于生存竞争等因素,繁殖力总要受到多方面的制约和抑制,如由于竞争而出现的食物缺少及气候变动等都能影响生殖力。因此,不是所有个体都能产最多卵,也不是所有卵都能孵化或长成成体。所以,实际出生率或称为生态出生率(ecological natality)总是低于理想的最大出生率。出生率的大小与性成熟的速度、胚胎发育所需时间、每胎的卵或幼仔数及每年繁殖的次数等有关。各种生物的生殖力有很大的差异,一般来说低等动物的生殖力要高于高等动物的生殖力。

死亡率(mortality)是种群在单位时间内死亡个体占种群总个体数的百分数。理论上,最小死亡率是指只有年老而自然死亡时的死亡率。但实际死亡率或生态死亡率(ecological mortality)总是远远大于最小死亡率的,因为种群中大多数个体不可能都生活到它的生理寿命,总是会因为疾病、饥饿、寒冷、被捕食及各种意外事件而夭折,这些都造成死亡率的增加。一般来说,种群密度增加时死亡率也会增大。当然,个体的寿命是决定死亡率的一个重要因素,各种生物的寿命也有很大的不同,昆虫多数是几天到几十天就死亡,而有的树木则可以活几千年。

死亡对种群来说不一定是坏事,必须与出生率联系起来。因为一些个体死亡了,在种群中留下的空隙被新出生的个体取代,这样的种群往往生命力更强。高死亡率、寿命短但具有强生殖力的种群往往比一个长寿命的种群有更大的适应能力。

物理因素能影响出生率和死亡率,如一次寒冬的低温可以引发大量越冬昆虫的死亡,而一个适合的气候条件则可招致害虫的大爆发。

5.1.4.2　其他作用因素

除出生率和死亡率外,种群结构本身的特点如性别比例、年龄结构等,也都能影响种群数量。种群中雌性个体多的出生率显然要比雄性个体多的种群高。在年龄结构上,生长快的种群年轻个体多,衰退的种群老年个体多,稳定的种群则具有比较均匀的年龄分布。所以,可以由每一种群内年龄组的相对分布来说明该种群数量的增长趋势。

动物的行为如扩散、聚集与迁移等可间接影响种群数量。例如,扩散使种群密度下降,因而对种群密度有影响的控制因素(如疾病的传染、食物竞争、生殖力降低等)不起作用,种群得以继续增长;相反,聚集使密度增加,因而对密度有影响的控制因素能够发挥作用,抑制种群进一步的增长,甚至导致死亡率上升。迁出、迁入与扩散、聚集的作用是一样的。

所以,种群数量对多数生物而言虽然可以达到稳定,但从来不可能是完全稳定不变的,因为自然界中永远存在着上述的各种物理、化学和生物因素,而且这些因素都在不断变动。

5.1.5　种群调节

在自然界中,绝大部分种群处在一个相对稳定的状态。由于生态因子的作用,种群在生物群落中与其他生物成比例地维持在某一特定密度水平上,这种现象称为种群的自然平衡,这个密度水平称为平衡密度。由于各种因素对自然种群的制约,种群不可能无限制增长,而是最终趋于相对平衡,密度因素就是调节其平衡的重要因素。种群离开其平衡密度后又返回到这一平衡密度的过程称为调节(regulation)。能使种群回到原来平衡密度的因素称为调节因素。根据种群密度与种群大小的关系,可分为密度制约因素和非密度制约因素两类。

密度制约因素是指种群的死亡率随密度的增加而增加,主要是由生物因子引起,如种间竞争、捕食者、寄生及种内调节等生物因素。

非密度制约因素是指种群的死亡率不随密度变化而变化,主要是由气候因子,如暴雨、低温、高温、污染物及其他环境理化性质等非生物因素引起。

5.1.5.1　种群调节理论

1. 外源性因素

外源性因素包括气候因素、种间生物因素和食物因素。

1) 气候因素

提出这一学说的学者主要是一些昆虫学家,也称为气候学派,主要的学者代表有博登海默(F. B. Boden heimer)、安德烈沃斯(Andrewartha)等。他们认为种群数量是气候因素的函数,气候改变资源的可得性,从而改变环境的容纳量。他们还认为种群数量是不断变动的,反对密度制约与非密度制约的划分。可见,该学派强调种群数量的变动与天气条件有关,认为气候因素是影响种群动态的首要原因。

2) 种间生物因素

这方面的典型学者代表是尼科森(Nicholsoh)、史密斯(Smith)、拉克(O. Lack)等,称为生物学派。他们认为,群落中的各个物种都是相互联系、相互制约的,从而使种群数量处于相对平衡状态。当种群数量增加时,会引起种间竞争加剧(食物、生活场所等),捕食及寄生作用加强,结果导致种群数量下降。显然,这种观点属于密度制约派。

3) 食物因素

强调食物因素的学者也可归为生物学派。例如,英国鸟类学家拉克认为,就大多数脊椎动物而言,食物短缺是最重要的限制因子,自然种群中支持这个观点的例子还有松鼠和交嘴鸟的数量与球果产量的关系,以及猛禽与一些啮齿类动物数目的关系等。此外,强调食物因素为决定性因素的还有皮达克(F. A. Pitelka)的营养物恢复假说。这一假说能够说明冻原旅鼠的周期性变动:在旅鼠种群密度很高的年份,食物资源被大量消耗,植被减少,食物的质(特别是含磷量)和量下降,幼鼠因营养条件恶化而大量死亡以至种群数量下降;在低种群密度下,植被的质和量得以逐步恢复,种群数量也再度回升,这个周期为 3~4 年。

2. 内源性因素

有关内源性因素的学说又称为自动调节学派。

1) 行为调节学说

该学说由英国生态学家温·爱德华(Wyune-Edwards)提出,主要内容为:种群中的个体(或群体)通常选择一定大小的有利地段作为自己的领域,以保证自身的存活和繁殖。但是在栖息地中这种有利的地段是有限的,随着种群密度的增加,有利地段都被占据,剩余社会等级比较低的从属个体只好生活在不利的地段中,或者迁往其他地方。这些个体由于缺乏食物及保护条件,易受捕食、疾病、不良气候条件的侵害,死亡率较高,出生率较低。这种高死亡率和低出生率及高迁出率也就限制了种群的增长,使种群维持在相对稳定的数量水平上。

2) 内分泌调节学说

1950 年,美国学者克里斯琴(Christian)提出当种群数量上升时种群内部个体之间的"紧张"心理加强了对神经内分泌系统的刺激,影响了脑下垂体的功能,引起生长激素和促性腺激素分泌的减少及促肾上腺皮质激素分泌的增加,最终导致出生率下降,死亡率上升,从而抑制了种群的增长。克里斯琴对野外啮齿类动物的调查及在实验室内对啮齿类动物的试验研究发现,高密度种群都伴有肾上腺增大、生殖腺退化及低血糖等病态现象。

3) 遗传调节学说

1960 年,奇蒂(Chitty)提出个体遗传素质的不同是决定它们的适应能力及死亡率的主要原因,而这种遗传素质是由亲代遗传下来的,因此种群密度高低的后果往往不是在此代就出现,而是通过改变种群自身的遗传素质影响下一代。例如,种群当中有两种遗传型,一种是繁殖力低、适合于高密度条件下的基因型 A,另一种是繁殖力高、适合于低密度条件下的基因型 B。在低种群密度条件下,自然选择有利于第二种基因型,使种群数量上升;当种群数量达到高峰时,自然选择有利于第一种基因型,于是种群数量下降。种群就是这样进行自我调节的。

5.1.5.2　种群数量的调节机制

世界上的生物种群大多已达到平衡的稳定期。这种平衡是动态的平衡:一方面,许多物理和生物的因素都能影响种群的出生率和死亡率;另一方面,种群有自我调节的能力,从而使种群保持平衡。

1. 密度制约因素和非密度制约因素

影响种群个体数量的因素很多。有些因素的作用是随种群密度的变化而变化的,这种因素称为密度制约因素。例如,传染病在密度大的种群中更容易传播,因此对种群数量的影响大,反之,在密度小的种群中影响就小。又如,在密度大的种群中竞争强度比较大,对种群数量的影响也较大,反之较小。有些因素虽对种群数量起限制作用,但作用强度与种群密度无关,如刮风、下雨、降雪、气温等气候因素都会对种群的数量产生影响,但能起多大作用与种群密度是无关的,因此这类因素称为非密度制约因素。无论是密度制约因素还是非密度制约因素,它们都是通过影响种群出生率、死亡率或迁移率来控制种群数量。

2. 密度制约因素的反馈调节

生物种群的相对稳定和有规则波动都与密度制约因素的作用有关。当种群数量的增长超过环境负载能力时,密度制约因素对种群的作用增强,死亡率增加,从而使种群数量回落到满载量以下。当种群数量在负载能力以下时,密度制约因素作用较弱,种群数量增长阻力较小。下面是各种因素对种群数量的反馈调节。

1) 食物

旅鼠过多时会在草原上大面积吃草,草原植被遭到破坏,结果导致食物缺乏,加上其他因素(如生殖力降低、容易暴露给天敌等),致使种群数量减少,但在旅鼠数量减少后植被又逐渐得到恢复,其数量也随着恢复过来。

2) 生殖力

池塘内的椎实螺在低密度时产卵多,高密度时产卵少。在英伦三岛的林区,大山雀每窝产卵数随种群密度的大小而减少或增多,这个结果也可能是由于种群密度高时食物缺少或某些其他因素引起的。

3) 抑制物的分泌

多种生物有用于调节种群密度能力的分泌抑制物。当种群密度高时,蝌蚪会产生一种毒素限制生长或增加死亡率。桉树有自毒现象,种群密度高时能自行减少其数量,达到自疏的目的。细菌也有类似情况,当繁殖过多时,它们的代谢物能限制数量的增加;当种群密度降低时,这些代谢产物含量少,不足以起到抑制作用,因而数量又能上升。

4)疾病、寄生物等

疾病、寄生物等是限制高密度种群的重要因素。种群密度越高,流行性传染病、寄生虫病越容易蔓延,结果个体死亡多,种群密度降低。种群密度降低,疾病不容易传染,种群密度又得以逐渐恢复。

3. 非密度制约因素的作用

生物种群数量的不规则变动往往与非密度制约因素有关。非密度制约因素对种群数量的作用一般都是剧烈的、灾难性的。例如,我国历史上屡有记载的蝗灾是由东亚飞蝗(*Locusta migratoria manilensis*)引起的。引起蝗虫大爆发的一个物理因素是干旱。东亚飞蝗在禾本科植物的荒草地中产卵,如果雨水多,虫卵或因水淹或因霉菌感染而大量死亡,因而不能成灾,只有气候干旱时才能发生蝗虫大爆发,所以我国历史上连年干旱常同时伴随虫灾。

物理因素等非密度制约因素虽然没有反馈作用,但它们的作用效果可以被密度制约因素所调节,即可以通过密度制约因素的反馈机制来调节。当某些物理因素发生巨大变化(如大旱、大寒)或因人的活动(如使用杀虫剂)而使种群死亡率增加时,种群数量大幅度下降,密度制约因素就不会再起控制作用,出生率得以上升,因此种群数量很快就可恢复到原来的水平。

研究生物种群数量变动的规律和影响数量变动的因素,特别是种群数量的自我调节能力,就有可能制定控制种群数量的措施,对种群数量变动进行预测预报,为生产服务,如制定防治害虫的规划,对害虫、害兽发生的测报,以及决定狩猎与采伐的合理程度等。

5.1.6 种群内的相互关系

5.1.6.1 集群

集群(aggregation)现象普遍存在于自然种群中。同一种生物的不同个体或多或少都会在一定时期内生活在一起,从而保证种群的生存和正常繁殖,因此集群是一种重要的适应性特征。在一个种群当中,一些个体可能生活在一起而形成群体,但另一部分个体却可能是孤独地生活着。例如,大部分狮子以家族方式行集群生活,而另一些个体则是孤独地生活着。

根据集群后群体持续时间的长短,可以把集群分为临时性和永久性两种类型。永久性集群存在于社会性动物中。所谓社会性动物是指具有分工协作等社会性特征的集群动物,主要包括一些昆虫(如蜜蜂、蚂蚁、白蚁等)和高等动物(如包括人类在内的灵长类动物等)。社会性昆虫由于分工专业化的结果,同一物种群体的不同个体具有不同的形态。例如,在蚂蚁社会中有大量的工蚁和兵蚁及一只蚁后,工蚁专门负责采集食物、养育后代和修建巢穴;兵蚁专门负责保卫工作,具有强大的口器;蚁后是专门产卵的生殖机器,具有膨大的生殖腺和特异的性行为,采食和保卫等机能则完全退化。大多数集群属于临时性集群。临时性集群现象在自然界中更为普遍,如迁徙性集群、繁殖集群等季节性集群,以及取食、栖息等临时性集群。

生物产生集群的原因复杂多样,可归纳为以下五个方面。

(1)对栖息地的食物、光照、温度、水等生态因子的共同需要。例如,潮湿的生境使一些蜗牛聚集成群;以一只死鹿作为食物和隐蔽地,招来许多食腐动物而形成群体。

(2)对昼夜天气或季节气候的共同反应。如过夜、迁徙、冬眠等群体。

(3)繁殖的结果。由于亲代对某一环境有共同反应,将后代(卵或仔)产于同一环境中,后代由此形成群体。如鳗鲡产卵于同一海区,幼苗集聚成洄游性集群,从海洋游回江河。家族式集群也是由类似原因引起的,但家族中的个体之间具有一定的亲缘关系。

(4) 被动运送的结果。如强风、急流可以把一些蚊子、小鱼运送到某一风速或流速较为缓慢的地方,形成群体。

(5) 由于个体之间社会吸引力相互作用的结果。集群生活的动物,尤其是永久性集群动物,通常具有一种强烈的集群欲望,这种欲望正是由于个体之间的相互吸引力所引起的。当一只离群的鸽子遇到一群素不相识的鸽子时,这只鸽子将很快加入到素不相识的鸽子群中。有时由于强烈的聚群欲望,离群的个体在没有同种生物可以聚群时就会加入到其他物种的群体中,以满足其聚群欲望,如离群的海鸥加入到海燕群中。

动物群体的形成可能是完全由环境因素决定的,也可能是由社会吸引力所引起的,根据这两种不同的形成原因可将其分为两大类,前者称为集会,后者称为社会。

许多动物种类都是群体生活的,说明群体生活具有多方面的生物学意义。群体的适应价值促进了动物社会结构的进化。目前已经知道许多种昆虫和脊椎动物的集群能够产生有利的适应效果。同一种动物生活在一起所产生的有利作用,称为集群效应。集群的生态学意义包括:有利于提高捕食效率;可以共同防御敌害;有利于改变小生境;有利于某些动物种类提高学习效率;能够促进繁殖。

5.1.6.2　领域性

动物个体、配偶或家族通常的活动都只是局限在一定范围的区域。如果这个区域受到保卫,不允许其他动物通常是同种动物的进入,那么这个区域或空间就称为领域,而动物占有领域的行为则称为领域行为或领域性。反之,若活动区域不受保卫,则称为家域。领域行为是种内竞争资源的方式之一。占有者通过占有一定的空间而拥有所需要的各种资源。

一些领域是暂时的,如大部分鸟类只是在繁殖期间才建立和保卫领域。一些领域则是永久的,如生活在森林中的每一对灰林鸮在繁殖期间都会占有一块林地,此后终生占有,不允许其他个体进入。动物建立领域往往只是排斥其他相同物种个体的进入,同种动物的资源需求相同,排斥其他相同物种个体的进入能够减少竞争,领域占有者因而可以占有更多资源。但当不同物种之间的资源利用方式非常相似时,领域行为也会发生,这种领域行为称为种间领域行为。例如,分布在美洲的黄头乌鸫和红翅乌鸫,这两种鸟类的食物和筑巢的地方都相似,因此它们的领域是相互排斥的。

5.1.6.3　社会等级

社会等级是指动物种群中各个动物的地位具有一定顺序的等级现象。社会等级形成的基础是支配行为,或称为支配-从属关系。如鸡群中的啄击现象,经过啄击形成等级,稳定下来后低等级的一般会向高等级的妥协和顺从,但有时也通过再次格斗而改变等级顺序。稳定的鸡群往往生长快,产蛋也多,原因是不稳定鸡群中个体间经常的相互格斗要消耗许多能量,而稳定的鸡群则不是这样。这是社会等级制在进化选择中保留下来的合理性解释。社会等级优越性还包括优势个体在食物、栖所、配偶选择中均有优先权,这样保证了种内强者首先获得交配和繁殖后代的机会,所以就物种种群整体而言,社会等级有利于种族的保存和延续。

5.1.6.4 通信

社会组织的形成还需要有个体之间相互传递信息为基础。信息传递,或者称为通信,是某一个体发送信号另一个体接收信号,并引起后者反应的过程。根据信号的性质和接收的感官,可以把通信分为视觉的、化学的和听觉的等。信息传递的目的很广,如个体识别(包括识别同种个体、同社群个体、同家族个体等),亲代和幼仔之间的通信,两性之间求偶,个体间表示威吓、顺从和妥协,相互警报,标记领域等。从进化意义来说,所选择的通信方式应以传递方便、节省能耗、误差小、信号发送者风险小及对生存必需的信号。

5.1.7 种群间的相互关系

种间关系是指不同物种种群之间的相互作用所形成的关系。两个种群的相互影响可以是间接的,也可以是直接的。这种影响可能是有害的,也可能是有利的。

种间的相互作用类型可分为三大类:中性作用,即种群之间没有相互作用,但事实上生物与生物之间是普遍联系的,没有相互作用只是相对的;正相互作用,按其作用程度可分为偏利共生、原始协作和互利共生;负相互作用,包括竞争、捕食、寄生和偏害等。

5.1.7.1 正相互作用

1. 偏利共生

共生仅对一方有利称为偏利共生。如兰花生长在乔木的枝上,藤壶附生在鲸鱼或螃蟹背上等,都是被认为对一方有利,而对另一方无害的偏利共生。

2. 互利共生

对双方都有利的共生称为互利共生。世界上大部分的生物是依赖于互利共生的,如草地和森林优势植物的根多与真菌共生形成菌根,多数有花植物依赖昆虫传粉,大部分动物的消化道也包含着微生物群落。

两种生物的互利共生有的是兼性的,即一种从另一种获得好处,但并未达到离不开对方的程度,而另一些是专性的。专性的互利共生也可分为单方专性和双方专性。

3. 原始协作

原始协作可以认为是共生的另一种类型,其主要特征是两个种群相互作用,双方获利,但协作是松散的,分离后双方仍能独立生存。如蟹背上的腔肠动物对蟹能起伪装保护作用,而腔肠动物又利用蟹作运输工具,从而得以在更大范围内获得食物;又如某些鸟类啄食有蹄类动物身上的体外寄生虫,而当食肉动物来临之际又能为其报警,这对共同防御天敌十分有利。

5.1.7.2 负相互作用

1. 捕食

广义的捕食者包括四种类型。

(1)传统意义的捕食者。捕食者捕食其他生物(猎物),以获得自身生长和繁殖所需的物质和能量。

(2)拟寄生者。拟寄生者主要是膜翅目和双翅目的昆虫,它们在成虫阶段营自由生活,但却将卵产在其他昆虫(寄主)身上或周围,幼虫在寄主体内或体表生长发育(寄主通常也为幼体)。最初的寄生并没对寄主产生伤害,但随着个体的发育最终会把寄主消耗殆尽并致其死亡。通常每一个寄主只有一个拟寄生者，但也有几个拟寄生者共享一个寄主的情况。

（3）寄生者。寄生者通常生活在寄主体内，它们从寄主获得物质和能量，从而对寄主的适合度产生影响。但一般情况下，寄生者并不会导致寄主死亡。

（4）食草动物。有些食草动物的作用形式如同真正的捕食，因为它们将植物完全取食，如食种子的动物；另外一些更像寄生者，如蚜虫生活在植物上，获得生长所需的物质和能量，并使植物的适合度降低；大部分食草动物不属于上述任何一类，它们只是消耗植物的一部分。

2. 寄生

寄生性天敌的寄主选择行为是一个等级的系列过程，除了与寄主有关外还与寄主的栖境有关，一般包括寄主栖境定位、寄主定位、寄主接受和寄主适宜性。在整个寄主选择行为过程中，寄生性天敌通过探测与寄主直接和间接相关的各种信息，识别寄主与非寄主，并判断不同寄主栖境与不同寄主间的收益性，最终对最适宜的寄主栖境和寄主做出选择。

寄生性天敌在寄主选择行为过程中所利用到的信息主要包括化学与物理信息，这些信息大多与寄主植物和寄主本身有关。一般来说，与寄主植物相关或与寄主间接相关的信息由于其可探测性高而可靠性又相对较低，因此主要在寄主栖境定位中起作用；而与寄主直接相关的信息尽管可靠性很高，但往往由于生物自身的进化而导致可探测性较低，因此主要在寄主定位及以后的各步骤中起作用。

3. 偏害作用

偏害作用在自然界很常见，其主要特征是当两个物种在一起时，一个物种的存在可以对另一物种起抑制作用，而自身却不受影响。异种抑制作用和抗生素作用都属于偏害作用。异种抑制一般是指植物分泌一种能抑制其他植物生长的化学物质，如胡桃树分泌胡桃醌抑制其他植物生长，因此胡桃树下的土表层中没有其他植物生长。抗生作用是微生物产生一种化学物质抑制另一种微生物的现象，如青霉素是由青霉菌所产生的细菌抑制剂，常称为抗生素。

5.1.8　种间竞争——生态位理论

两个近缘种不能生活在相同地方，这样的例子很多，从达尔文时代起就引起了人们的广泛注意。达尔文发现，当某个种占有的生活场所有近缘种侵入时，往往都是前者灭亡。他认为，这两种现象之间有共同的机制在起作用，即生存竞争在同一种内最激烈，其次是在同一属的近缘种之间。

近缘种围绕着共同的资源（食物、空间等）而斗争，其结果是一方或双方种群的生长、生存、分布和繁殖受到不良影响，这种现象称为种间竞争。

在进化过程中两个近缘种间激烈竞争，从理论上讲有两个可能的发展方向：其一是一个种完全排挤掉另一个种；其二是其中一个种占有不同的空间（地理上分隔），捕食不同的食物（食性上特化），或其他生态习性上的分隔（如活动时间分离），统称为生态隔离，从而使两个种之间形成平衡而共存。

生态位理论虽然已在种间关系、种的多样性、种群进化、群落结构、群落演替及环境梯度分析中得到广泛应用，但许多学者仍对生态位的概念争论不休，因此关于生态位的定义也是多样的。大致可把生态位定义归为三类：格林尼尔（Grinnell）的"生境生态位"认为，生态位为物种的最小分布单元，其中的结构和条件能够维持物种的生存；埃尔顿的"功能生态位"认为，生态位应是有机体在生物群落中的功能作用和位置,特别强调与其他种的营养关系,即营养生态位;哈奇森(Hutchinson)的"超体积生态位"认为,生态位是一个允许物种生存的超体积,即是 n 维资源中的超体积,又是对"生境生态位"的数学描述。哈奇森将生物群落中无任何竞争者和捕食者存在时该物种所占据的全部空间的最大值称为该物种的基础生态位。实际上,很少有一个物种能全部占据基础生态位,当有竞争者存在时必然使该物种只占据基础生态位的一部分,这一部分生态位空间称为实际生态位。竞争种类越多,某物种占有的实际生态位越小。

生态位相似的两种生物不能在同一地方永久共存;如果它们能够在同一地方生活,那么其生态位相似性必定是有限的,比如在食性、栖息地或活动时间等某些维度上有所不同,这就是竞争排斥原理。竞争排斥原理也称为高斯假说,因为该理论是俄罗斯生物学家高斯于 20 世纪 30 年代在种间竞争的基础上提出的。竞争排斥原理说明,物种之间的生态位越接近,相互之间的竞争就越剧烈。分类上属于同一属的物种之间由于亲缘关系较接近,因而具有较为相似的生态位,可以分布在不同的区域;如果它们分布在同一区域,必然由于竞争而逐渐导致其生态位的分离,即竞争排斥导致亲缘种的生态分离。大多数生态系统具有许多不同生态位物种,这些生态位不同的物种避免了相互之间的竞争,同时由于提供了多条能量流动和物质循环的途径而有助于生态系统的稳定性。

高斯以两种分类和生态位很接近的草履虫——双小核草履虫和大草履虫为对象进行竞争实验。两种草履虫单独培养时都表现为"S"形增长。混合培养时,两种草履虫开始都能增长,其中双小核草履虫增长较快;第 16 天以后只有双小核草履虫存在,大草履虫由于被排斥而全部死亡。

对于自然种群,符合竞争排斥原理的例子也很多。在太平洋的许多岛屿上都曾分布有缅鼠,后来随着交通运输事业的发展,黑家鼠和褐家鼠也常随船只来到这些岛屿上。由于外来种与本土种食性相近,彼此之间出现激烈的竞争,结果竞争能力较差的缅鼠被排挤而发生灭绝。另一个著名的事例是,在东美灰松鼠进入英国后,原产在大不列颠岛及其周围大部分地区的栗松鼠由于竞争处于弱势而逐渐灭绝。这些例子说明,外来种进入某一区域时,可能与当地生态位相似的物种发生竞争,这是引种工作所应重视的问题。竞争排斥原理对养殖业也有指导意义。例如,青、草、鲢、鳙四大家鱼由于相互之间的空间或食物生态位具有差别,因此可以混合养殖在同一水域,不仅不会由于竞争导致产量减少,反而提高了综合经济效益。

5.1.9　种群基因频率

一个种群的全部个体所含有的全部基因称为这个种群的基因库。种群中每个个体所含有的基因只是种群基因库中的一个组成部分。某个基因在某个种群基因库中所占的比例称为该基因的频率。所有不同基因在种群基因库中出现的比例组成了种群基因频率。在自然界中,由于存在基因突变、基因重组和自然选择等原因,种群基因频率总在不断变化中。自然选择实际上是选择某些基因并淘汰另一些基因,所以自然选择必然会引起种群基因频率的定向改变,决定生物进化方向。

5.2　群　落

5.2.1　群落概念

　　生物群落(biological community)是指生活在某一特定自然区域内、相互之间具有直接或间接关系的各种生物的总和(图5-2、图5-3)。与种群一样,生物群落也有一系列的基本特征,这些特征不是组成它的各个种群所能包括的,而是只有在群落总体水平上才能显示出来。生物群落的基本特征包括物种多样性、生长形式(如森林、灌丛、草地、沼泽等)和结构(空间结构、时间组配和种类结构)、优势种(群落中以其体大、数量多或活动性强而对群落的特性起决定作用的物种)、相对丰盛度(群落中不同物种的相对比例)、营养结构等。

图 5-2　陆地生物群落

图 5-3　珊瑚礁生物群落

生物群落与生态系统的概念不同。后者不仅包括生物群落,而且还包括群落所处的非生物环境,是把两者作为一个由物质、能量和信息联系起来的整体。因此,生物群落只相当于生态系统中的生物部分。

生物群落中各种生物间的相互关系主要有三类。

(1)营养关系。一个种以另一个种,不论是活体还是死亡残体,或它们生命活动的产物为食,就产生了营养关系。它又分直接营养关系和间接营养关系。采集花蜜的蜜蜂,吃动物粪便的粪虫,这些动物与作为它们食物的生物种间关系是直接营养关系。当两个种为了同样的食物而发生竞争时,它们之间就产生了间接营养关系。因为这时一个种的活动会影响另一个种的取食。

(2)成境关系。一个种的生命活动使另一个种的居住条件发生改变,就产生了成境关系。植物在这方面起的作用特别大。林冠下的灌木、草类和地被,以及所有动物栖居者都处于较均匀的温度、较高的空气湿度和较微弱的光照等条件下。植物还以各种不同性质的分泌物(气体的和液体的)影响周围的其他生物。一个种还可以为另一个种提供住所,如动物的体内寄生或巢穴共栖现象、树木干枝上的附生植物等。

(3)助布关系。一个种参与另一个种的分布,就产生了助布关系。在这方面动物起主要作用,它们可以携带植物的种子、孢子、花粉,帮助植物散布。

营养关系和成境关系在生物群落中具有最重要的意义,是生物群落存在的基础。正是这两种相互关系把不同种的生物聚集在一起,把它们结合成不同规模、相对稳定的群落。

5.2.2　群落种类划分

5.2.2.1　划分方式

生物群落的分类是生态学研究领域中争论最多的问题之一。对生物群落的认识及其分类的方法存在两种不同的观点。瑞士的布朗-布兰奎特(J. Braun-Blanquet)、美国的克列门茨(F. E. Clements)等认为,群落类型是自然单位,它们和有机体一样具有明显的边界,而且与其他群落是间断的、可分的,因此可以像物种那样进行分类。另外一种观点则认为,群落是连续的,没有明显的边界,它不过是不同种群的组合,而种群是独立的。然而实践证明,生物群落的存在既有连续性的一面,又有间断性的一面,因此,虽然由于不同国家或不同地区的研究对象、研究方法和对群落实体的看法不同,其分类系统有很大差别,但是不管哪种分类大家都承认要以生物群落本身的特征作为分类依据,并要十分注意群落的生态关系,因为按研究对象本身特征的分类要比任何其他分类更自然。

5.2.2.2　种类

地球上的生物群落首先分为陆地群落和水生群落两大类。它们之间尽管基本规律有相似的表现,但存在本质的差别。这些差别基本上是由环境的不同所引起的。水生群落的结构比陆地的简单;在水中,水底土质不同于陆地的土壤;植物和底栖动物与水体土质的联系主要是有机械性的;水生群落生物所经受的环境因素尤其不同于陆生生物。在研究陆地群落时,首先必须研究环境的降水量和温度,而在研究水生群落时,光照、溶氧量和悬浮营养物质更为重要。

在水生生物群落中占优势的是低等植物,尤其是藻类,其发挥的作用也最大;而在陆地生物群落中则是高等有花植物占优势。水生生物群落的动物栖居者种类极为广泛,但高等节肢动物和高等脊椎动物仅具有次要意义;在陆地生物群落中则相反,昆虫(高等节肢动物),特别是鸟类和哺乳动物起主要作用。

在典型的水生生物群落和陆地生物群落之间存在着一系列过渡形式。如沼泽生物群落、河漫滩阶地的水淹地段和遭受涨潮退潮影响的海岸部分的生物群落等。

动、植物的分布受许多因素控制,但从全球或整个大陆看,其中最重要的是全球气候。在生物群落中,受气候制约的、最大的和最易识别的划分是生物群域,生物群域又可按照占优势的顶极植被划分。分布于不同大陆的同类生物群域,其环境条件(气候和土壤)基本相似,因而有着相同外貌。年平均温度和降水量被认为是决定生物群域外貌的主要因素,在这两个因素的基础上表示出主要外貌类型之间的大致边界。但是美国学者惠特克(R. H. Whittaker)指出,该模式有一定局限性,即不能充分说明:①不同季节里温度和降水的相对变化;②火对决定许多地区出现草类占优势群落的影响;③土壤差别的影响;④群域之间连续的渐变。

世界主要生物群域如下。

(1)陆地生物群域,包括热带雨林、热带季节林和季风林、亚热带常绿林、温带落叶阔叶林、泰加林或北方针叶林、多刺林、亚热带灌丛、热带稀树草原、温带草原、冻原、荒漠、极地-高山荒漠(图 5-4)。

图 5-4　森林生物群落

(2)水-陆过渡性生物群域,包括内陆沼泽(酸沼和普通沼泽)、沿海沼泽(盐沼,热带亚热带的红树林)。

(3)水生生物群域,包括静止淡水(湖泊、池塘)、流动淡水(河流)、河口湾、沿岸海、大洋或深海。

5.2.3　空间分布

一个地区总由许多生境组成镶嵌结构,它们沿环境梯度(随高度、土壤特征、地表水分状况等的变化形成)相互联系。尽管有时这种梯度可能被某种障碍所打断,但多数情况下是连续的。每一个生境可能发展出一个与之相适应的顶极自然群落。沿某一连续环境梯度,一个群落的特征常是平滑地改变到其他群落的特征中。如果沿某一环境梯度每隔一定距离对群落取样(样条),统计出现的植物种类和数量,就可以观察到种群沿梯度分布的升降情况。当沿某一样条观察种群的分布或沿某一气候梯度观察植物生长型的变化时,大多数情况下群落是连续变化的,即作为连续体出现。这便是群落连续性原理。按照这一原理,沿连续的环境梯度,自然群落一般是连续地相互渐次变化,而不是以清晰的边界突然让位于其他种的组合。当然,在自然界也可观察到许多例外。如地形的突然变化(峭壁)、岩石性质的突然改变(酸性的花岗岩或砂页岩改变成基性的石灰岩)、水状况的陡然变更(水体到岸边)、森林和草地之间的林缘(火灾引起)等均能产生群落的不连续性。在这些情况下,一种群落会突然让位于另一种群落。

急剧的群落过渡(如森林和草地之间的林缘)称为生态交错区。在这里常表现出一种边界效应,即交错区的物种多样性有增高的趋势:既有出现在林缘本身的种,也有来自相邻两个群落的物种。

5.2.4 群落结构

5.2.4.1 空间结构

不同生活型的植物生活在一起,它们的营养器官配置在不同高度(或水中不同深度),因而形成分层现象。分层使单位面积上可容纳的生物数目加大,使它们能更完全、更多方面地利用环境条件,大大减弱它们之间的竞争强度,而且多层群落比单层群落的生产力大得多。

分层现象在温带森林中表现得最为明显,如温带落叶阔叶林可清晰地分为乔木、灌木、草本和苔藓地衣(地被)等四层。热带森林的层次结构最为复杂,可能有某个层次最为发达,特别是乔木层,各种高度的巨树、一般树和小树密集在一起,但灌木层和草本层不很发达。草本群落也一样分层,尽管层次要少一些,通常只分为草本层和地被层。

群落不仅在地上分层,地下根系分布也会分层。群落地下分层和地上分层一般是相对应的:乔木根系伸入土壤的最深层,灌木根系分布较浅,草本植物根系则多集中在土壤的表层,藓类的假根则直接分布在地表。

生物群落的垂直分层与光照条件密切相关,每一层的植物适应于该层的光照水平,并减弱了下层的光强度。在森林中光强度向下递减的现象最为明显。最上层的树木处于全光照之中,一般到达下层树木的光只有上层树木(全光照)的 10%～50%,到达灌木层的只有 5%～10%,而草本层则只剩 1%～5%。随着光照强度的变化,温度、空气湿度也发生相应变化。

每一层植物和被它们所制约的小气候为生活于其中的特有动物创造了特定环境,因此动物在种类上也表现出分层现象,不同种类出现在不同层次,甚至同一种的雌雄个体,也分布于不同层次。如在森林中可以区分出三组鸟种,在树冠层采食的、接近地面取食的及生活在灌木和矮树簇叶中的。

林地也由于枯枝落叶层的积累和植物对土壤的改造作用创造出特殊的动物栖居环境。较高层(草群,下木)为吃植物的昆虫、鸟类、哺乳动物和其他动物所占据;在枯枝落叶层中,腐烂分解的植物残体、藓类、地衣和真菌中生活着昆虫、蝉、蜘蛛和大量的微生物;在土壤上层,挤满了植物的根,并居住着细菌、真菌、昆虫、蝉、蠕虫等,有时在土壤的某种深度里还有穴居动物。

当然,也存在一些层外生物,它们不固定于某一层次。如藤本植物和附生植物,以及从一个层到另一个层自由活动的动物,它们增加了划分层次的难度。在结构极其复杂的热带雨林中经常有这种情况发生。

因为下层生物是在上层植物遮阴所形成的环境中发育起来的,所以生物群落中不同层的物种间有密切的相互作用和依赖关系。群落上层植物强烈繁生,下层植物的密度就会相应地降低;而如果由于某种原因使上层植物变得稀疏,下层的光照、热等状况得到改善,同时土壤中矿物养分释放加强,下层植物便会加速生长。下层植物的繁茂生长对动物栖居者也有利。这种情况特别反映在森林群落中,哪里乔木层稀疏便会导致那里的灌木或喜光草本植被丰富繁生;而乔木层的完全郁闭,有时甚至会抑制最耐阴的草本和藓类的生长。

生物群落不仅有垂直方向结构的分化,还有水平方向结构的分化。群落在水平方向的不均匀性表现为斑块。在不同的斑块上,植物的种类、数量比例、郁闭度、生产力及其他性质均有所不同。如在一个草原地段,密丛草针茅是最占优势的种类,但它并不构成连续植被,而是彼此相隔一定距离(30~40 cm)分布。各针茅草丛之间的空间则由各种不同的较小禾本科植物和双子叶杂类草占据,并混有鳞茎植物,其中的某些植物也出现在针茅草丛内部。因此,伴生少数其他植物的针茅草丛同针茅草丛之间,在外貌、种间数量关系和质量关系上均有很明显的差异。但它们的差异与整个植物群落(针茅草原)相比是次一级的差别,而且是不明显和不稳定的。在森林中,较阴暗的地点和较明亮的地点也可以观察到在植物种类的组成和数量比例方面及其他方面的类似差异。

群落内水平方向上的这种不一致性,称为群落的镶嵌性。这种不一致性在某些情况下是由群落内环境的差别引起的,如影响植物分布的光强度不同或地表有小起伏;在某些情况下是由于共同亲本的地下茎散布形成的植物集群所引起的;在另外的情况下,它们可能由种之间的相互作用引起,如在寄主种根出现的地方形成斑块状寄生植物。动物的活动有时也是引起不均匀性的原因。植物体通常不是随机地散布于群落的水平空间,它们表现出成丛或成簇分布。许多动物种群,不论是陆地群落或水生群落都具有成簇分布,有规则的分布是不常见的。但是,某些荒漠中灌木的分布、鸣禽和少数其他动物的均匀分布是这种有规则分布的实例。

5.2.4.2　时间组配

组成群落的生物种在时间上也常表现出分化,即在时间上互补。如在温带具有不同温度和水分需要的种组合在一起,一部分生长于较冷季节(春、秋),一部分出现于炎热季节(夏)。如在落叶阔叶林中,一些草本植物在春季树木出叶之前就开花,另一些则在晚春、夏季或秋季开花。随着不同植物出叶和开花期的交替,相关联的昆虫种类也依次更替着,一些昆虫在早春出现,另一些在夏季出现。鸟类对季节的不同反应表现为候鸟的季节性迁徙。生物也表现出与每日时间相关的行为节律,一些动物白天活动,另一些黄昏时活动,还有一些在夜间活动,白天则隐藏起来。大多数植物种的花在白天开放,与传粉昆虫的活动相符合;少数植物在夜间开花,由夜间动物授粉。许多浮游动物在夜间移向水面,而在白天则沉至深处远离强光,但是不同的种具有不同的垂直移动模式和范围。潮汐的复杂节律控制着许多海岸生物的活动;土壤栖居者中也有昼夜垂直移动的习性。

5.2.4.3　种类结构

每一个具体的生物群落以一定的种类组成为其特征,但是不同生物群落种类的数目差别很大。如在热带森林的生物群落中,植物种数以万计,无脊椎动物种数以十万计,脊椎动物种数以千计,其中的各个种群间存在非常复杂的联系。冻原和荒漠群落的生物种数要少得多。根据苏联学者 Б.А. 季霍米罗夫的研究资料表明,在西伯利亚北部的泰梅尔半岛冻原生物群落中共有139 种高等植物和 670 种低等植物,大约有 1000 种动物和 2500 种微生物。但这些生物群落的生物量和生产力比热带森林中生物群落的小得多。

生物群落中生物的复杂程度用物种多样性这一概念表示。多样性与出现在某一地区的生物种数量有关,也与种的个体分布均匀性有关。如两个群落都含有 5 个种和 100 个个体,在一个群落中这 100 个个体平均地分配在全部 5 个种之中,即每 1 个种有 20 个个体,而在另一个群落中 80 个个体属于 1 个种,其余 20 个个体则分配给另外的 4 个种。在这种情况下,前一群落的多样性比后一群落的要大。

在温带和极地地区,只有少数物种很常见,而其余大多数物种的个体很稀少,因此种类多样性就很低;在热带,个体比较均匀地分布在所有种之间,相邻两棵树很少是属于同种的(热带雨林),种类多样性相对较高。群落的种类多样性取决于进化时间、环境的稳定性及生态条件的有利性。热带雨林最古老,热带形成以来的环境最稳定,高温多雨气候对生物的生长最为有利,所以生物群落的种类多样性最大。在严酷的冻原环境中情况则相反,所以种类多样性相对较低。

每种植物在群落中所起的作用也是不一样的。一些种常常以大量个体出现,而另一些种以少量个体出现。个体多且体积较大(生物量大)的植物种决定了群落的外貌。绝大多数森林和草原生物群落的一般外貌取决于一个或若干个植物种,如中国山东半岛的大多数栎林取决于麻栎,燕山南麓的松林取决于油松,内蒙古高原中东部锡林郭勒的针茅草原取决于大针茅或克氏针茅等。在由数十种甚至百余种植物组成的森林中,常常只有一种或两种乔木提供 90% 的木材。群落中的这些个体数量和生物量很大的种称为优势种,它们在生物群落中占据优势地位。除优势种外,个体数量和生物量虽不占优势但仍分布广泛的种是常见种;个体数量极少,只偶尔出现的种是偶见种。

优势种常常不止一个,优势种中的最优势者称为建群种。通常陆地生物群落根据建群植物种命名,如落叶阔叶林、针茅草原、泥炭藓沼泽等。建群种是群落的创建者,是为群落中其他种的生活创造条件的种。如云杉在泰加带形成稠密的暗针叶林,在它的林冠下,只有适应于强烈遮阴条件、高的空气湿度和酸性灰化土条件的植物能够生活。相应于这些因素,在云杉林中还形成了特有的动物栖居者。因此,在该情况下云杉起着强有力的建群种作用。

松林中的建群种是松树,但与云杉相比它是较弱的建群种,因为松林树干稀疏,树冠不是十分茂密,比较透光,其植物和动物的种类组成远比云杉林丰富和多样。在松林中甚至能见到生活在林外环境中的植物。

温带和寒带地区的生物群落中建群种比较明显,无论是森林群落、灌木群落、草本群落或藓类群落,都可以确定出建群种,而且有时不止一个。亚热带和热带,特别是热带的生物群落优势种不明显,很难确定出建群种。

生物群落中的大多数生物种在某种程度上与优势种和建群种相联系,它们在生物群落内部共同形成一个物种的综合体,称为同生群。同生群也是生物群落中的结构单位。例如,一个优势种植物和与它相联系的附生、寄生、共生的生物及以它为食的昆虫和哺乳动物等,共同组成一个同生群。

5.2.4.4 生物多样性

生物多样性,是一个描述自然界生物及其存在环境多样性程度的概念。通常包括三个层次,即遗传多样性、物种多样性和生态系统多样性。下面介绍生物多样性的三个层次、演化、指数及保护。

1. 遗传多样性

遗传多样性是指地球上生物所携带的各种遗传信息的总和。因此,遗传多样性即为生物遗传基因的多样性。我们知道,任何一个物种或生物个体都拥有着大量的遗传基因,也可看作是一个基因库。一般认为,一个物种或个体所包含的基因越丰富,其对环境的适应能力也越强。基因多样性是自然界生物进化和物种分化的物质基础。遗传多样性可以表现在多个层次上,如分子、细胞、个体、种群等。自然界中,绝大多数有性生殖的物种其种群内的个体之间往往没有完全一致的基因型,种群就是由这些具有不同遗传结构的多个个体组成的。在生物的长期演化过程中,遗传物质的改变(或突变)是产生遗传多样性的根本原因。遗传物质的改变主要有两种类型:染色体数目和结构的变化、基因位点内部核苷酸的变化。前者称为染色体的畸变,后者称为基因突变。此外,基因重组也可以导致生物产生遗传变异。

2. 物种多样性

物种多样性是生物多样性的核心部分。关于物种的概念一直是分类学家和系统进化学家讨论的核心问题。分类学上,确定一个物种需要同时考虑形态、地理、遗传学等特征。一个物种必须同时具备如下条件:①具有相对稳定而一致的形态学特征,以区别于其他物种;②以种群形式生活在一定空间内,占据一定地理分布区,在此区域内生存和繁衍后代;③每个物种具有其特定的遗传基因库,同种的不同个体之间可以互相配对和繁殖后代,不同种的个体之间存在生殖隔离,不能配育或不能产生有繁殖能力的后代。

物种多样性是指地球上动物、植物、微生物等生物种类的丰富程度,一般包括两个方面:一是指一定区域内的物种丰富程度,称为区域物种多样性;二是指生态学上的物种分布均匀程度,称为生态多样性。物种多样性是衡量一定地区生物资源丰富程度的一个客观指标。在表述一个国家或地区生物多样性丰富程度时,最常用的是区域物种多样性。区域物种多样性的测量有以下三个指标:①物种总数,即特定区域内所拥有的特定类群的物种数目;②物种密度,指单位面积内的特定类群的物种数目;③特有种比例,指在一定区域内某个特定类群特有种占该地区物种总数的比例。

3. 生态系统多样性

生态系统是生物群落与其周围环境所构成的自然综合系统。在生态系统之中,各个物种之间形成相互依赖、彼此制约的关系,而且生物与其周围的各种环境因子也形成相互作用的关系。结构上,生态系统主要由生产者、消费者、分解者及其所依赖的环境构成。生态系统的功能是对地球上各种化学元素进行循环并维持能量在各组分之间的正常流动。生态系统的多样性主要是指地球上生态系统组成、类型、功能的多样性,以及各种生态过程的多样性,包括生态环境的多样性、生物群落的多样性和生态过程的多样化等方面。其中,生态环境的多样性是生态系统多样性形成的基础,生物群落的多样化则可反映生态系统类型的多样性。

此外,近年来也有些学者提出了景观多样性,作为生物多样性的第四个层次。景观是一种大尺度的空间,是由一些相互作用的景观要素组成的具有高度空间异质性的区域。景观要素是组成景观的基本单元,相当于一个生态系统。景观多样性是指由不同类型的景观要素或生态系统构成的景观在空间结构、功能机制和时间动态方面的多样化程度。

三者的关系是,遗传多样性是生物多样性的内在形式,也是物种多样性和生态系统多样性的物质基础,物种多样性则是构成生态系统多样性的基本单元。因此,生态系统多样性离不开物种多样性,也离不开不同物种所拥有的遗传多样性。

4. 生物多样性的演化

人们或许要问,生物多样性是怎样从有限的基因库演化而来的呢? 现在越来越多的科学证据表明,其复杂性主要在于转录因子对基因表达的调控使然。随着更多物种的基因组被测序,科学家发现基因组中的基因总数并不能反映生物的复杂性,而转录因子往往以多种组合形式发挥着关键作用,并带来更大的复杂性。比如,人们通过冷冻电镜,发现 TFIID 转录因子存在两种不同的结构状态,其差别仅表现为一个亚结构元件 lobe A 的易位,这种结构上的转换能够启动 DNA 转录,将遗传学信息从 DNA 转录到 RNA 中,以便合成蛋白。人们发现在多细胞动物进化过程中蛋白编码基因的数量是相对稳定的,但 DNA 调控元件的数量却在显著增加。TFIID 存在两种结构和功能形式,展示了转录因子组合调控基因表达水平,从而增加多样性的机制。

5. 生物多样性指数

生物多样性指数是指对物种多样性的测定,主要有三种类型:α 多样性、β 多样性、γ 多样性。

1）α 多样性

α 多样性主要关注局域均匀生境下的物种数目,也被称为生境内的多样性。

（1）Margalef 指数:

$$D = \frac{S-1}{\ln N}$$

式中,S 为群落中的物种总数,N 为观察到的所有物种的个体总数。

（2）Simpson 多样性指数:

$$D = 1 - \sum_i P_i^2$$

式中,P_i 为种 i 的个体数占群落中总个体数的比例。

（3）种间相遇概率（PIE）指数:

$$D = \sum_i \frac{N(N-1)}{N_i(N_i-1)}$$

式中,N_i 为种 i 的个体数,N 为所在群落的所有物种的个体数之和。

（4）Shannon-Weiner 指数:

$$H = -\sum_i P_i \ln P_i$$

式中,H 为样本的信息含量,即群落,P_i 为样本中种 i 的个体比例,如样本总个体数为 N,种 i 个体数为 N_i,即 $P_i = N_i/N$。

（5）Pielou 均匀度指数:

$$E = \frac{H}{H_{\max}}$$

式中，H 为实际观察的物种多样性指数，H_{max} 为最大的物种多样性指数，$H_{max}=\ln S$（S 为群落中的总物种数）。

2）β 多样性

β 多样性指沿环境梯度不同生境群落之间物种组成的相异性或物种沿环境梯度的更替速率，也称为生境间的多样性，控制 β 多样性的主要生态因子有土壤、地貌及干扰等。不同群落或某环境梯度上不同点之间的共有种越少，β 多样性越大。精确测定 β 多样性具有重要意义。这是因为：①它可以指示物种被生境隔离的程度；②β 多样性的测定值可以用来比较不同地段的生境多样性；③β 多样性与 α 多样性一起构成了总体多样性或一定地段的生物异质性。

（1）Whittaker 指数（β_w）：

$$\beta_w=\frac{S}{m\alpha-1}$$

式中，S 为所研究系统中记录的物种总数，$m\alpha$ 为各样方或样本的平均物种数。

（2）Cody 指数（β_c）：

$$\beta_c=\frac{g(H)+l(H)}{2}$$

式中，$g(H)$ 是沿生境梯度 H 增加的物种数目，$l(H)$ 是沿生境梯度 H 失去的物种数目，即在上一个梯度中存在而在下一个梯度中没有的物种数目。

（3）Wilson Shmida 指数（β_T）：

$$\beta_T=\frac{g(H)+l(H)}{2m\alpha}$$

该式是将 Cody 指数与 Whittaker 指数结合形成的。式中变量含义与上述两式相同。

3）γ 多样性

γ 多样性描述区域或大陆尺度的多样性，是指区域或大陆尺度的物种数量，也称为区域多样性。控制 γ 多样性的生态过程主要为水热动态，气候和物种形成及演化的历史，其主要指标为物种数（S）。γ 多样性测定沿海拔梯度具有两种分布格局，即偏锋分布和显著的负相关格局。γ 多样性指数是反映物种丰富度和均匀度的综合指标。必须指出的是，应用 γ 多样性指数时，具低丰富度和高均匀度的群落与具高丰富度和低均匀度的群落，可能得到相同的多样性指数。

在测量方法上，γ 多样性与 α 多样性类似，二者的主要区别在于研究范围的大小。α 多样性一般用于局域群落，例如一块样方，γ 多样性多用于大尺度的地理区域研究中，即区域群落。因此，将 Shannon 指数用于描述大尺度范围内的群落多样性，它所表征的就是该区域中生物群落的 γ 多样性。

6. 生物多样性的保护

（1）就地保护：为保护生物多样性，把包含保护对象在内的一定面积的陆地或水域划分出来进行保护和管理。例如，建立自然保护区实行就地保护。

（2）迁地保护：在生物多样性分布的异地，通过建立动物园、植物园、树木园、野生动物园、种子库、基因库、水族馆等不同形式的保护设施，对那些比较珍贵的物种、具有观赏价值的物种或其基因实施由人工辅助的保护。其目的只是使即将灭绝的物种找到一个暂时生存空间，待其元气得到恢复、具备自然生存能力的时候，还是要让被保护者重新回到生态系统中。

（3）建立基因库：人们已经开始建立基因库以实现保存物种的愿望。例如，为了保护作物的栽培种及其可能灭绝的野生亲缘种，建立全球性的基因库网。

（4）构建法律体系保护：必须运用法律手段保护生物多样性，完善相关法律制度。例如，加强对外来物种引入的评估和审批。

7. 生物多样性的价值

生物多样性也即是生物资源，已被人类所利用。另有更多生物尚未知其利用价值，也是一种潜在的生物资源。生物多样性的价值往往不被人们所重视，人们利用生物资源时，多数没有经过市场流通而直接被消费，只是取而用之。其实，生物多样性具有很高的开发利用价值，在世界各国的经济活动中，生物多样性的开发和利用均占有十分重要的地位。生物多样性的价值主要体现在以下方面。

（1）直接价值：也称使用价值或商品价值，是人们直接收获和使用生物资源所形成的价值，包括消费使用价值和生产使用价值两个方面。

①消费使用价值：指不经过市场流通而直接消费的一些自然产品的价值。生物资源对居住在产区的人们而言是十分重要的，人们从中获取薪柴、蔬菜、水果、肉类、毛皮、医药、建筑材料等生活必需品，尤其在一些经济不发达地区，利用生物资源是人们维持生计的主要方式。

②生产使用价值：指商业上收获后在市场上进行流通和销售的产品的价值。生物资源的产品一经开发，往往会具有比其自身高出许多的价值，常见的生物资源产品包括木材、鱼类、动物的毛皮、麝香、鹿茸、药用动植物、蜂蜜、橡胶、树脂、水果、染料等。

（2）间接价值：生物资源的间接价值与生态系统功能相关，目前并不表现在国家的核算体制上，但其间接价值往往要超过直接价值，而且直接价值常源于间接价值，因为收获的动植物必须有它们生存的环境，也是生态系统的组成成分。另一方面，没有消费和生产使用价值的物种在生态系统中起着重要作用，供养着那些有使用价值和消费价值的物种。生物多样性的间接价值包括非消费性使用价值、选择价值、存在价值和科学价值。

①非消费性使用价值：保护生物资源可以为人类社会带来日益增长的效益，这种效益因地域和物种的不同而各不相同。大致可归纳为以下几个方面：

a. 光合作用固定太阳能，使光能经绿色植物进入食物链，给可收获物种提供维持系统；

b. 生态系统的功能包括传粉、基因流动、异花受精的繁殖功能、维持环境的效力和对经济物种获取有遗传品质、有影响的物种，保持进化过程，在生态系统中使竞争者之间保持永恒的张力；

c. 污染物的吸收和分解，包括有机废物、农药以及空气和水污染物的分解作用；

d. 娱乐和生态旅游，人们采用不同的方式利用生物资源开展娱乐活动。在不破坏自然环境的条件下进行旅游活动称为生态旅游，如野外观鸟、赏花、森林浴等。据估计，全世界的生态旅游收入可达 120 亿美元。另外，生态旅游还有一定的生态教育功能；

e. 保护土壤，受自然植被覆盖和凋落层保护的优质土壤可保持肥力、防止危险滑坡、保护海岸和河岸，以及防止淤积作用对珊瑚礁、淡水和近海渔业的破坏；

f. 调节气候，生态系统对大气候及局部气候均有调节作用，包括对温度、降水和气流的影响；

g. 保持水土，在集水区内发育良好的植被具有调节径流的作用。植物根系深入土壤使土壤对雨水更具有渗透性。有植被的地段与裸地的地段相比,其径流较为缓慢和均匀。一般在森林覆盖地区,雨季可减弱洪水,旱季在河流中仍有流水。例如,马来西亚森林集水区内,每单位面积径流在高峰期大约相当于橡胶园油棕园内径流量的50%;在径流的低峰期约为种植园的1倍。

②选择价值:保护野生动植物资源,以尽可能多的基因,可以为农作物、家禽或家畜的育种提供更多的选择机会。例如:家猪与野猪杂交,培育了瘦肉型猪的新品种;家鸡已有上百个不同的品种,均来自于原鸡;紫杉和红豆杉中可提取抗癌药物。[①]

③存在价值:有些物种,尽管其本身的直接价值很有限,但它的存在能为该地区人民带来某种荣誉感或心理上的满足。例如,中国的大熊猫、金丝猴、褐马鸡等是中国的特有珍稀动物,全国人民都引以为荣。熊猫已成为中国的象征之一。

④科学价值:有些动植物物种在生物演化历史中处于十分重要的地位,对其开展研究有助于搞清生物演化的过程,如银杏、桫椤、银杉等孑遗物种。

5.2.5　群落功能

5.2.5.1　生产力

群落中的绿色植物通过光合作用由无机物质制造有机物质,这是生物群落最重要的功能。在光合作用过程中,一段时间内由植物生产的有机物质的总量称为总初级生产力,通常以 $g/(m^2 \cdot a)$ 或 $J/(m^2 \cdot a)$ 表示。植物为了维持生存要进行呼吸作用,呼吸作用要消耗一部分光合作用合成的有机物质,剩余的部分才用于积累、生长。一段时间内植物在呼吸之后余下的有机物质的量称为净初级生产力。如森林中60%～75%的总生产量被植物呼吸掉,余下的25%～40%才是净生产量;在水生群落中,不到总生产量的一半被植物呼吸掉。净初级生产量随时间会逐渐积累,日益增多,到任一观测时间为止积累下来的数量为植物的生物量,以 g/m^2 或 kg/hm^2 表示。

生态学更关心的是群落生产力,即单位时间内的生产量。对于陆地或水底群落,一般是计算单位面积内的生物量数量,而对于浮游和土壤群落,则按单位容积确定。因而生物生产力是单位时间内单位面积(或体积)上的生产量,经常以碳的克数或干有机物质的克数表示。

生物生产力不能与生物量混淆。如一年内单位面积上的浮游藻类合成的有机物质可能与高生产力的森林一样多,但因大部分被异养生物所消费,故前者的生物量只有后者的十万分之一。按照生产力,草甸草原的生物量年增长量比针叶林的大得多。根据苏联的资料表明,在中等草甸草原,当植物生物量为每公顷23 t时,其年增长量达到10 t/hm²;而在针叶林,当植物生物量为每公顷200 t时,年增长量仅有6 t/hm²。小型哺乳动物比大型哺乳动物有较快的生长和繁殖速度,在相等生物量的情况下提供较高的生产量。

消耗初级生产量的消费者也能形成自己的生物量。它们在一段时间内的有机物质生产量称为次级生产量,即异养生物的生产量。消费者形成生产量的速度称为次级生产力。地球上

---

①　自然界的许多野生动植物,也许短时间内人类无法进行利用,但其价值是潜在的。也许我们的子孙后代能发现其价值,找到利用它们的途径。因此多保存一个物种,就会为我们的后代多留下一份宝贵的财富。

不同群落的次级生产力差别很大。

　　绿色植物的生物生产量,一部分以枯枝落叶的形式被分解者分解,一部分被风、水或其他动力带至群落之外,一部分沿食物链传递,余下的部分以有机物质的形式积累在群落中。

5.2.5.2　有机物质的分解

　　在许多群落中,动物从活植物组织得到的净初级生产量部分要比植物组织死亡之后被细菌和真菌等分解利用的部分小得多。在森林中,动物食用的量大约不到叶组织的 10%,不到活木质组织的 1%。大部分落到地面形成覆盖土壤表面的枯枝落叶层,被各种各样的土壤生物所利用。这些土壤生物包括吃死植物组织和死动物组织的食腐者、分解有机质的细菌和真菌,以及以这些生物为食的动物。

　　分解者的生物量与消费者相比是很小的,与生产者相比则更小。然而,物质量微小的分解者的活动在群落中的功能十分重要。群落中全部死亡生物的残体依赖分解者的分解作用把死体中的有机物质还原成无机产物。如果没有分解者的分解活动,生物的死亡残体将不断地积累,就像在酸沼中形成泥炭那样。这样,群落的生产力可能由于养分被闭锁在死组织中而受到限制,整个群落甚至也将不能维持。

5.2.5.3　养分循环

　　群落中生产者从土壤或水中吸收无机养分,如氮、磷、硫、钙、钾、镁及其他元素,利用这些元素合成某些有机化合物,组成原生质,保持细胞执行功能;消费者动物通过吃植物或其他动物取得这些元素;分解者在分解动、植物废物和死亡残体时,又释放养分并归还到环境中,再重新被植物吸收利用。这便是养分循环,或称为物质的生物性循环。如森林中,某种养分被土壤吸收进入树根,通过树的输导组织向上运输到叶子,这时可能被吃叶子的虫所食入,然后又被吃虫的鸟所利用,直到鸟死亡后被分解释放归还到土壤,再被植物根重新吸收。许多养分采取较短的途径从森林树木回到土壤——随植物组织掉落到枯枝落叶层而被分解,或者在雨水淋洗下由植物表面落到土壤。

　　不同群落参加循环的养分量和循环的速度不同。在一部分群落中,某些元素大部分保持在植物组织中,只有较小部分在土壤和水中游离,如溶于水中的磷酸盐的量与浮游生物细胞和颗粒中的量比较起来只是很小的一部分。在热带森林中,大部分养分保持在植物组织中,被雨水淋洗到土壤的养分和枯枝落叶腐败分解时释放出的养分很快被重新吸收。但在一片森林被采伐或被火烧后,养分通过侵蚀和在土壤水中的向下移动,大量损失。在开阔大洋中随着浮游生物细胞和有机颗粒的下沉,养分也被携带到深处,因而在进行光合作用的光亮表层水中养分很少,所以生产力很低。

5.2.6　群落演替

　　生物群落总是处于不断的变化之中,有昼夜改变,也有季节性改变,还有年际波动,但这种改变和波动并不引起群落的本质改变,它的某些本质特征仍然被保留。但有时在自然界也常见到一个群落发育成另一个完全不同的群落,这种现象称为群落演替或生态演替。例如,北京附近的撂荒农田,第一年生长的主要是一年生的杂草,经过一系列的改变,最后形成落叶阔叶林。演替过程中经过的各个阶段称为系列群落。演替最后达到一种相对稳定的群落,称为顶极。

在大多数情况下,生物群落演替过程的主导组分是植物,动物和微生物只是伴随植物的改变而发生改变。植物演变的基本原因是:先定居在某一地方的植物,通过它的残落物积累和分解,增加土壤中的有机物质,改变了土壤的性质(包括肥力),同时通过遮阴改变周围小气候,有些还通过根的分泌给土壤增加某些有机化合物,使得群落内环境发生了改变,为其他物种的侵入创造了条件。在改变积累到一定程度后,反而对原有植物自己的生存和繁殖不利,于是就发生了演替。当然,外界因素的改变也可诱发演替。

有些演替可在比较短的时期内完成,如森林火灾之后的火烧迹地上出现一系列快速更替的群落,最后恢复到稳定的原来类型。但有时演替进行得非常缓慢,甚至要几百年或上千年才能完成。根据前苏联学者的研究,在泰加云杉林地区的撂荒耕地上,首先出现桦树、山杨和桤木,因为这些树种的种子很容易被风携带,落到弱生草化土壤上就开始萌发,这些是所谓的先锋种。它们之中最坚强的定居在撂荒地或被开垦的土地上,在那里定居下来并逐渐改变环境,经过 30～50 年,桦树树冠密接后形成新的环境。新环境适合云杉生长,对桦树本身反而不利,于是逐渐形成混交林。但这种混交林存在时间并不长,因为喜光的桦树不能忍受遮阴,在云杉林冠下无法正常生长。大约在第一批桦树幼苗出现后,经过 80～120 年,就形成了稳定的云杉林。

生物群落的演替有两种类型。第一,在原来没有生命的地点(如沙丘、火山熔岩冷凝后的岩面、冰川退却露出的地面、山坡的崩塌和滑塌面等)开始的演替,称为原生演替。在原生演替的情况下,群落改变的速度一般不大,连续地、相继更替的系列群落相互之间保持很长的时间间隔,而生物群落达到顶极状态有时需要上百年或更长时间。第二,群落在以前存在过生物的地点上发展起来的演替,称为次生演替。这种地点通常保存着成熟的土壤和丰富的生物繁殖体,因此通过次生演替形成顶极群落要比原生演替快得多。在现代条件下,到处可以观察到次生演替,它们经常发生在火灾、洪水、草原开垦、森林采伐、沼泽排干等之后。

不同生物群落的演替各有特点,许多发展趋势也是大多数群落所共有的,如在演替过程中通常不仅有生物量积累的增加,而且群落在加高和分层,因而结构趋于复杂化,生产力增加,群落对环境影响加大。此外,土壤的发育、循环养分的储存、物种多样性、优势生物的寿命及群落的相对稳定性都趋于增加。但在某些演替中也有偏离这一趋势的,如生产力和物种多样性在演替的晚期阶段减小,因而演替的顶极阶段不是以最大生产力为特征,而是以最大生物量及低的净生产力为特征。

顶极有三种学说。第一种是单顶极学说,主要由美国学者克列门茨(F. E. Clements, 1916)提出,强调在一定景观中从不同生境开始的演替趋于相似的顶极。如在一森林区域内,不论在石质山坡或谷底发生的演替都将演变为森林,虽然这些森林可能由不同的树种组成。由于这种相对的趋同,原则上一个地区的所有演替群落可能趋于单一的(广义的)顶极群落;这个顶极群落完全由气候决定,所以又称为气候顶极。如果该地区的群落之一由于某种原因被阻碍不能发展成为气候顶极,较长期停留在非气候顶极状态,这种稳定群落则称为准顶极。

第二种是英国学者坦斯利(A. G. Tansley)于 1954 年提出多顶极学说,他认为在一个地区可能存在不止一个顶极群落。由于土壤水分和养分、坡地朝向、动物的活动等因素的影响,在一个地区可以区分出许多稳定的顶极群落。这一理论为许多生态学家所接受。在某一地区的许多顶极群落中,其中一个可以被认为是最典型的,或对于该地区的一般气候来说最具代表性,这一群落便是气候顶极。其他稳定群落包括地形顶极(由于地形位置而不同于气候顶极)

和土壤顶极(因土壤特征而不同)。

第三种是顶极-模式假说,由美国学者魏泰克于 1970 年提出,是多顶极概念的一个变型。该学说认为,某一地区存在多种环境因素(温度、水分、土壤肥力、土壤盐渍性、生物因素、风等)的梯度,共同组成一种环境梯度模式,各种环境相互渐变。生物群落也适应于这种环境梯度模式,因而不是截然分离成若干离散的顶极类型,而是顶极类型沿环境梯度逐渐过渡。组成顶极模式最大部分的且在景观中分布最广的群落类型是优势顶极,也即是气候顶极。

不能机械地理解顶极概念,因为演替到达顶极阶段并不意味着群落发育的终止。实际上,顶极群落仍在发展,不过发展的速度十分缓慢,从外表上不易觉察到而已。

5.3　生态系统

5.3.1　生态系统的概念

生态系统(ecosystem),是由英国生态学家坦斯利于 1935 年首先提出的,是指在一定空间内生物成分和非生物成分间通过物质循环和能量流动相互作用、相互依存而构成的一个生态学功能单位(图 5-5)。生态系统不论是自然的还是人工的,均具有以下共同特性。

图 5-5　高山草甸和亚高山灌木林生态系统

(1) 生态系统是生态学上的一个主要结构和功能单位,属于生态学研究的最高层次。

(2) 生态系统内部具有自我调节能力,其结构越复杂,物种数越多,自我调节能力越强。

(3) 能量流动、物质循环和信息传递是生态系统的三大功能。

(4) 生态系统营养级的数目因生产者固定能值所限及能流过程中能量的损失,一般不超过 5～6 个。

(5) 生态系统是一个动态系统,要经历一个从简单到复杂、从不成熟到成熟的发育过程。

简言之,生态系统是由生物群落及其无机环境相互作用而形成的统一整体。生态系统概念的提出为生态学的研究和发展奠定了新的基础,极大地推动了生态学的发展。系统生态学是当代生态学研究的前沿和热点。

5.3.2　生态系统的组成成分

生态系统的组成成分如下。

　　(1) 非生物环境:包括气候因子,如光、温度、湿度、风、雨雪等;无机物质,如 C、H、O、N、CO_2 及各种无机盐等;有机物质,如蛋白质、碳水化合物、脂类和腐殖质等。

　　(2) 生产者(producer):自养生物,主要是指绿色植物,也包括蓝绿藻和一些光合细菌,是能利用简单无机物制造有机物的自养生物,它们在生态系统中起主导作用。

　　(3) 消费者(consumer):异养生物,主要是以其他生物为食的各种动物,包括植食动物、肉食动物、杂食动物和寄生动物等。

　　(4) 分解者(decomposer):异养生物,主要是细菌和真菌,也包括某些原生动物和蚯蚓、白蚁、秃鹫等大型腐食性动物。它们分解动、植物的残体、粪便和各种复杂的有机化合物,吸收某些分解产物,最终能将有机物分解为简单无机物,而这些无机物参与物质循环后可被自养生物重新利用。

　　这四个组成部分是相互联系、相互作用的。生产者、消费者和分解者称为生态系统中的三大功能类群,通过能量流动和物质循环的过程紧密地联系起来。

5.3.3　生态系统的结构

　　生态系统的结构可以从两个方面理解。其一是形态结构,如生物种类、种群数量、种群的空间格局、种群的时间变化,以及群落的垂直和水平结构等。形态结构与植物群落的结构特征相一致,外加土壤、大气中非生物成分及消费者、分解者的形态结构。其二是营养结构,营养结构是以营养为纽带把生物和非生物紧密结合起来的功能单位,构成以生产者、消费者和分解者为中心的三大功能类群。

5.3.4　生态系统的初级生产和次级生产

　　生态系统中的能量流动始于绿色植物的光合作用。光合作用积累的能量是进入生态系统的初级能量,这种能量的积累过程即为初级生产。初级生产积累能量的速率称为初级生产力(primary productivity),所制造的有机物质则称为初级生产量或第一性生产量(primary production)。

　　在初级生产量中,有一部分被植物自身的呼吸所消耗,剩下部分才以可见有机物质的形式用于植物的生长和生殖,这部分生产量称为净初级生产量(net primary production,NPP),而包括呼吸消耗的能量(respiration,R)在内的全部生产量称为总初级生产量(gross primary production,GPP)。它们三者间的关系是 GPP=NPP+R。GPP 和 NPP 通常用每年每平方米所生产的有机物质干重(g/(m^2·a))或固定的能量值(J/(m^2·a))表示,此时称为总(净)初级生产力。

　　某一特定时刻生态系统单位面积所积存的生活有机物质的量称为生物量(biomass)。生物量是净生产量的积累量,某一时刻的生物量就是以往生态系统所累积下来的活有机物质总量。生物量通常用平均每平方米生物体的干重(g/m^2)或能值(J/m^2)表示。生物量在生态系统中具有明显的垂直分布现象。生物量和生产量是两个完全不同的概念,前者是生态系统结构上的概念,而后者则是功能上的概念。如果 GPP-R>0,生物量增加;GPP-R<0,生物量减少;GPP=R,则生物量不变,其中的 GPP 代表某一营养级的生产量。某一时期内某一营养级生物量的变化(dB/dt)可用下式推算:

$$\frac{dB}{dt}=GPP-R-H-D$$

式中:H 代表被下一营养级所取食的生物量,D 为死亡所损失的生物量。

次级生产是除生产者外的其他有机体的生产,即消费者和分解者利用初级生产量进行同化作用,表现为动物和其他异养生物生长、繁殖和营养物质的储存。动物和其他异养生物靠消耗植物的初级生产量制造有机物质或固定能量,称为次级生产量(secondary production),其生产或固定率称为次级生产力(secondary productivity)。动物的次级生产量可由以下公式表示:

$$P=C-FU-R$$

式中:P 为次级生产量,C 代表动物从外界摄取的能量,FU 代表以粪、尿形式损失的能量。

5.3.5　生态系统的分解

生态系统的分解(decomposition)或称为分解作用是指死体中有机物质逐步降解的过程。分解时,无机元素从有机物质中释放出来,矿化,与光合作用时无机元素的固定正好是相反的过程:从能量角度看,前者是放能,后者是储能;从物质角度看,它们均是物质循环的调节器。分解的过程其实十分复杂,包括物理粉碎、碎化、化学和生物降解、淋失、动物采食、风的转移及人类干扰等几乎同步的各种作用。简单化则可看作是碎裂、异化和淋溶三个过程的综合:由于物理和生物的作用把死残落物分解为颗粒状的碎屑称为碎裂;有机物质在酶的作用下分解,从聚合体变成单体(如由纤维素变成葡萄糖)进而成为矿物成分的过程称为异化;淋溶则是可溶性物质被水淋洗丢失,是一个纯物理过程。分解过程中,这三个过程是交叉进行、相互影响的。

分解过程的速率和特点取决于资源的质量、分解者种类和理化环境条件三方面。资源质量包括物理性质和化学性质,物理性质又包括表面特性和机械结构,化学性质如碳氮比、木质素、纤维素含量等,它们在分解过程中均起重要作用。分解者则包括细菌、真菌和土壤动物(水生态系统中则为水生小型动物)。理化环境主要是指温度、湿度等。

5.3.6　生态系统的能量流动

能量是生态系统的基础,一切生命都存在着能量的流动和转化。没有能量的流动就没有生命和生态系统,能量流动是生态系统的重要功能之一。能量的流动和转化遵守热力学第一定律和第二定律。

能量流动可在生态系统、食物链和种群三个水平上进行分析。生态系统水平上的能流分析是以同一营养级上各个种群的总量来估计,即把每个种群归属于一个特定的营养级中(依据其主要食性),然后精确地测定每个营养级能量的输入和输出值。这种分析多见于水生生态系统,因为其边界明确、封闭性较强和内环境较稳定。食物链层次上的能流分析是把每个种群作为能量从生产者到顶极消费者移动过程中的一个环节,当能量沿着一个食物链在几个物种间流动时,测定食物链每一个环节上的能量值就可提供生态系统内一系列特定点上能流的详细和准确资料。种群层次上的能流分析,则是在实验室内控制各种无关变量,以研究能流过程中影响能量损失和能量储存的各种重要环境因子。

植物所固定的能量通过一系列的取食和被取食关系在生态系统中传递,这种生物间的传递关系称为食物链(food chain)。一般食物链是由 4~5 个环节构成的,如草→昆虫→鸟→蛇→鹰。但在生态系统中,生物间的取食和被取食的关系错综复杂,像是一个无形的网把所有生物联系在一起,使它们彼此之间都有着某种直接或间接关系,即食物网(food web)。一般来说,食物网越复杂,生态系统抵抗外力干扰的能力就越强,反之食物网越简单,生态系统就越容易发生波动甚至毁灭。任何生态系统均存在着两种最主要的食物链,即牧食食物链(grazing food chain)和碎屑食物链(detrital food chain),前者是以活的植物为起点的食物链,后者则以死生物体或碎屑为起点。在大多数陆地和浅水生态系统中,碎屑食物链是最主要的,如一个杨树林的植物生物量除 6% 是被动物取食外,其余 94% 均是在枯死凋落后被分解者分解的。一个营养级(trophic level)是指处于食物链某一环节上的所有生物种群的总和。当对生态系统的能流进行分析时,为了方便,常把每一生物种群置于一个确定的营养级上。生产者属第一营养级,植食动物属第二营养级,第三营养级包括所有以植食动物为食的肉食动物。一般一个生态系统的营养级数目为 3~5 个。生态金字塔(ecological pyramid)是指各个营养级之间的数量关系,这种数量关系可以生物量、能量和个体数量为单位,分别构成生物量金字塔、能量金字塔和数量金字塔。

生态系统的食物链不是固定不变的,它随个体发育的不同阶段、食物的季节变化和环境变化而改变。复杂的食物网是使生态系统保持稳定的重要条件。污染物进入生态系统后,也会沿着消费者的食物链和营养级逐渐转移,在转移过程中还会逐渐积累和富集。如 DDT 等有机物散布在空气中的相对浓度仅有 3×10^{-12},降落到水中被浮游生物吸收,浮游生物被小鱼吞食,小鱼又被大鱼吞食,最后水鸟再捕食大鱼,则水鸟体内 DDT 相对浓度可达 2.5×10^{-5},富集了 833 万倍。而人、畜的富集能力则更强,因为 DDT 为脂溶性,与动物体内脂肪结合后不易排出。

生态系统的能量流动是单向的。太阳辐射能通过绿色植物(生产者)的光合作用转变成化学能储存在体内后,便在生态系统的营养结构中流动。被生产者固定下来的总能量,除了一部分在动、植物尸体被分解者所利用,并通过呼吸作用释放到环境中去外,其余的则通过食物链的各个营养级流动。这一部分能量在流动中也由于生产者和各级消费者的呼吸作用而被消耗很大一部分,而且各营养级总有一部分生物未被下一个营养级生物所利用,因此能量在流动中越来越少,最终被完全消耗掉。由此,生态系统需要不断输入能量,这些输入的能量都按照递减的规律在生态系统中单向流动。

5.3.7　生态系统的物质循环

生态系统的物质循环(material cycling)又称为生物地球化学循环(biogeochemical cycle),是指地球上各种化学元素从周围的环境到生物体,再从生物体回到周围环境的周期性循环。能量流动和物质循环是生态系统的两个基本过程,它们使生态系统各个营养级之间和各种成分之间构成一个完整的功能单位。但是能量流动和物质循环的性质不同,能量流经生态系统最终以热的形式耗散,能量流动是单向的,因此生态系统必须不断地从外界获取能量;而物质流动是循环式的,各种物质都能以可被植物利用的形式重返环境中。能量流动和物质循环是密切相关不可分割的。

生物地球化学循环可以用库和流通率两个概念加以描述。库(pool)是由存在于生态系统某些生物或非生物成分中一定数量的某种化学物质构成的。这些库借助于有关物质在库与库之间的转移而彼此相互联系,物质在生态系统单位面积(或体积)和单位时间的移动量称为流通率(flux rate)。一个库的流通率(单位/天)和该库中的营养物质总量之比为周转率(turnover rate),周转率的倒数为周转时间(turnover time)。

生物地球化学循环可分为三大类型:水循环(water cycle)、气体型循环(gaseous cycle)和沉积型循环(sedimentary cycle)。水循环的主要路线是从地球表面通过蒸发进入大气圈,同时又不断从大气圈通过降水而回到地球表面。H 和 O 这两种元素主要通过水循环参与生物地球化学循环。在气体型循环中,物质的主要储存库是大气和海洋,其循环与大气和海洋密切相关,具有明显的全球性,循环性能最为完善。属于气体型循环的物质和元素有 O_2、CO_2、N、Cl、Br、F 等。参与沉积型循环的物质主要是通过岩石风化和沉积物的分解,转变为可被生态系统利用的物质,主要储存库是土壤、沉积物和岩石,循环的全球性不如气体型循环明显,循环性能一般也不很完善。属于沉积性循环的元素有 P、K、Na、Ca、Ng、Fe、Mn、I、Cu、Si、Zn、Mo等,其中 P 是较典型的沉积型循环元素。气体型循环和沉积型循环都受到能流的驱动,并都依赖于水循环。

生物地球化学循环是一种开放循环,其时间跨度大。对生态系统而言,还有一种在系统内部土壤、空气和生物之间进行的元素周期性循环,称生物循环(biocycle)。养分元素的生物循环又称为养分循环(nutrient cycling),它一般包括以下几个过程:吸收(absorption),即养分从土壤转移至植物;存留(retention),指养分在动、植物群落中滞留;归还(return),即养分从动、植物群落回归至地表的过程,主要通过死残落物、降水淋溶、根系分泌物等形式完成;释放(release),指养分通过分解过程释放出来,同时在地表有一个积累(accumulation)过程;储存(reserve),即养分在土壤中储存,土壤是养分库,除 N 外的养分元素均来自土壤。其中,吸收量＝存留量＋归还量。

5.3.7.1　水循环

地球上的降水量和蒸发量总体上是平衡的。通过降水和蒸发这两种形式,地球上的水分保持着平衡状态。但在不同的表面、不同的地区,降水量和蒸发量是不同的。就海洋和陆地而言,海洋的蒸发量约占总蒸发量的 84%,陆地只占 16%;海洋中的降水量占总降水量的 77%,陆地则占 23%。可见,海洋的降水量比蒸发量少 7%,而陆地的降水量则比蒸发量多 7%。海洋和陆地的水量差异是通过江河源源不断地输送水到海洋,以弥补海洋每年因蒸发量大于降水量而产生的亏损,从而达到全球性水循环的平衡。

5.3.7.2　碳循环

碳是一切生物体最基本的成分,有机体干重的 45% 以上是碳。据统计,全球碳储存量约为 26×10^{15} t,但绝大部分以碳酸盐的形式禁锢在岩石圈中,其次储存在化石燃料中。生物可直接利用的碳是水圈和大气圈中以二氧化碳形式存在的碳,二氧化碳或存在于大气中或溶解于水中,所有生命的碳源均为二氧化碳。碳的主要循环形式是从大气的二氧化碳蓄库开始的,生产者的光合作用把碳固定下来生成糖类,然后经过消费者和分解者的呼吸及残体腐败分解后再回到大气蓄库中。碳被固定后始终与能流密切联系在一起。

碳在生态系统中的含量过高或过低都能通过碳循环的自我调节机制而得到调整,并恢复到原有水平。大气中每年大约有 1×10^{11} t 的二氧化碳进入水体,同时水体中每年也有相同数量的二氧化碳进入大气中,在陆地和大气之间碳的交换也是平衡的,陆地的光合作用每年大约从大气中吸收 1.5×10^{10} t 碳,植物死后被分解约可释放出 1.7×10^{10} t 碳,森林是碳的主要吸收者,每年约可吸收 3.6×10^{9} t 碳。因此,森林也是生物碳的主要蓄库,约储存 4.82×10^{11} t 碳,这相当于目前地球大气中含碳量的 2/3。

5.3.7.3　氮循环

氮是蛋白质的基本成分,是一切生命结构的原料。虽然大气化学成分中氮的含量非常丰富,占空气总量的 78%,然而氮是一种惰性气体,植物不能够直接利用。因此,大气中的氮对于生态系统绝不是氮库,必须通过固氮作用将游离氮与氧结合成为硝酸盐或亚硝酸盐,或与氢结合成氨,才能为大部分生物所利用,参与蛋白质的合成。因此,氮被固定后,才能进入生态系统参与物质循环。

5.3.7.4　磷循环

磷不存在任何气体形式的化合物,所以磷是典型的沉积型循环物质。沉积型循环物质主要有两种存在相,即岩石相和溶解盐相。循环的起点始于岩石风化,止于水中沉积。由于风化侵蚀作用和人类开采使得磷被释放出来,由于降水成为可溶性磷酸盐,经由植物、草食动物和肉食动物而在生物之间流动,待生物死亡后被分解,又回到环境中。溶解性磷酸盐也可随水流入江河湖海并沉积在海底,其中一部分长期留在海水中,另外一部分可形成新的地壳,风化后再次进入循环。

5.3.7.5　硫循环

硫是原生质体的重要组分,它的主要蓄库是岩石圈,但它在大气团中能自由移动,因此,硫循环有一个长期的沉积阶段和一个较短的气体循环阶段。在沉积相,硫被束缚在有机或无机沉积物中。岩石库中的硫酸盐主要通过生物的分解和自然风化作用进入生态系统。

化能合成细菌在利用硫化物中能量的同时,通过氧化作用将沉积物中的硫化物转变成硫酸盐。这些硫酸盐一部分为植物直接利用,另一部分则生成硫酸盐和化石燃料中的无机硫再次进入岩石蓄库中。

从岩石库中释放硫酸盐的另一重要途径是侵蚀和风化,从岩石中释放出的无机硫由细菌作用还原为硫化物,土壤中的这些硫化物又被氧化成植物可利用的硫酸盐。

自然界中的火山爆发也可将岩石蓄库中的硫以硫化氢的形式释放到大气中,化石燃料的燃烧也能将蓄库中的硫以二氧化硫的形式释放到大气中,为植物吸收。

5.3.7.6　有毒有害物质循环

以 DDT 为例,DDT 是一种人工合成的有机氯杀虫剂,它的问世对农业的发展发挥过很大作用,瑞典学者米勒(Paul Muller)由于发明了 DDT 而获得诺贝尔奖。但 DDT 是一种化学性能稳定、不易分解且易扩散的化学物质,易溶于脂肪且能积累在动物的脂肪中,很容易被有机体吸收,一旦进入体内就不能被排泄出来。因此,大量使用 DDT 这类非自然物质对生态系统构成了明显的安全威胁。现在生物圈内几乎到处都有 DDT 的存在,在北极地区的一些脊椎动物的脂肪中及南极的一些鸟类(如企鹅和贼鸥)和海豹的脂肪中,均发现有 DDT 的存在。

5.3.8　生态系统的类型

生态系统按照植被类型、生境及人为参与程度可分为森林生态系统、草原生态系统、海洋生态系统、湿地生态系统、农田生态系统等多种亚系统。

5.3.8.1　森林生态系统

森林生态系统分布在湿润或较湿润的地区,其主要特点是动物种类繁多,群落的结构复杂,种群密度和群落结构能够长期处于较稳定状态。

森林中植物以乔木为主,也有少量灌木和草本植物,还有种类繁多的动物。动物由于在树上容易找到丰富的食物和栖息场所,因而营树栖和攀援生活的种类特别多,如犀鸟、避役、树蛙、松鼠、貂、蜂猴、眼睛猴和长臂猿等。

森林不仅能够为人类提供大量木材和多种林副产品,而且在维持生物圈稳定、改善生态环境等方面也起着重要作用。如森林植物通过光合作用,每天均消耗大量二氧化碳,释放出大量氧气,这对于维持大气中二氧化碳和氧含量的平衡具有重要意义。又如在降雨时,乔木层、灌木层和草本植物层都能够截留一部分雨水,大大减缓雨水对地面的冲刷,最大限度地减少地表径流。枯枝落叶层就像一层厚厚的海绵,能够大量地吸收和储存雨水。因此,森林在涵养水源、保持水土流失方面所起的作用不可小视,有着"绿色水库"之称。

5.3.8.2　草原生态系统

草原生态系统分布在干旱地区,这里年降雨量很少。与森林生态系统相比,草原生态系统的动、植物种类要少得多,群落结构也不如前者复杂,在不同季节或年份,降雨量也很不均匀,因此种群密度和群落结构也常发生剧烈变化。

草原植物以草本为主,有的草原有少量灌木丛。由于降雨稀少,乔木非常少见。那里的动物为了与草原上的生活相适应,大都具有挖洞或快速奔跑的行为特点;草原上啮齿目动物特别多,它们几乎都过着地下穴居生活。如瞪羚、黄羊、高鼻羚羊、跳鼠、狐等善于奔跑的动物,都生活在草原上。由于缺水,在草原生态系统中,两栖类和水生动物非常少。

草原是畜牧业的重要生产基地。在我国广阔草原上饲养着大量家畜,如新疆细毛羊、伊犁马、三河马、滩羊、库车羔皮羊等。这些家畜能为人们提供大量的肉、奶和羊毛。此外,草原还能调节气候,防止风沙侵蚀。

由于过度放牧及鼠害、虫害等原因,我国草原面积正在不断减少,有些牧场面临着沙漠化的威胁。因此,必须加强对草原的保护和合理利用。

5.3.8.3　海洋生态系统

海洋占地球表面积的 71%,整个地球上的海洋是连成一体的,可看作一个巨大的生态系统。海洋中的生物种类与陆地上大不相同,海洋中的植物绝大部分是微小的浮游植物,海洋动物种类也很多,从单细胞原生动物到动物中个体最大的蓝鲸。海洋中的某些鱼类具有洄游习性,一生中的特定时期是在淡水中生活的,如鲑鱼、大马哈鱼等。

海洋浮游植物个体小但数量多,它们是植食性动物的主要饵料。在浅海区还有许多大型藻类,如海带、裙带菜等。在水深不超过 200 m 的水层,光线较为充足,有大量浮游植物,海洋动物的许多种类主要集中在这一水层,其中有大量浮游动物、虾、鱼等。在水深超过 200 m 的深层海域,植物难以生存,但仍然有不少动物栖息,这些动物一般靠吃上层水域掉落下来的生物遗体或残屑生活。

海洋在调节全球气候方面起着重要作用,同时,海洋中还蕴藏着丰富的资源。人们预计,在 21 世纪海洋将成为人类获取蛋白质、工业原料和能源的重要场所。

5.3.8.4 湿地生态系统

通常将沼泽和沿海滩涂称为湿地。按照《关于特别是作为水禽栖息地的国际重要湿地公约》的定义,沼泽地、泥炭地、河流、湖泊、红树林、沿海滩涂等,甚至包括在低潮时水深不超过 6 m 的浅海水域均属于湿地范畴。

我国的湿地种类众多,海涂蜿蜒,江河纵横,湖泊星罗棋布,沼泽散缀南北。此外,还有大量人工湿地,如水库、池塘和稻田等。众多的湿地不仅具有明显的经济和社会效益,而且还有着巨大的生态效益。

湿地常常作为生活用水和工农业用水的水源被人们直接利用。湿地还能够补充地下水。在多雨或河流涨水季节,湿地就成为巨大的蓄水库,起到调节流量和控制洪水的作用。如我国三江平原有许多沼泽,沼泽和沼泽化土壤的草根层和泥炭层疏松多孔,蓄水和透水能力均很强,能够拦蓄大量洪水。在干旱季节,湿地中储存的水又可以补充地表径流和地下水,从而缓解旱情。

湿地中有着十分丰富的动、植物资源。沼泽地生长的芦苇是造纸工业的重要原料,具有很高的经济价值。沼泽适于许多水禽栖息,我国三江平原沼泽区是亚洲东北部的水禽繁殖中心和亚洲北部水禽南迁的必经之地,在那里生活着丹顶鹤、天鹅等珍稀动物。河流两岸和湖滨的沼泽是鱼类繁殖和肥育的场所。由此,湿地又被称为"地球之肾"。

5.3.8.5 农田生态系统

农田生态系统是人工建立的生态系统,其主要特点是人的作用非常关键,人们种植的各种农作物是这一生态系统的主要成员。农田中的动物种类较少,群落结构单一。人们必须不断地从事播种、施肥、灌溉、除草和治虫等活动才能够使农田生态系统朝着对人们有益的方向发展。因此,可以说农田生态系统是在一定程度上受人工控制的生态系统。一旦人的作用消失,农田生态系统就会很快退化,占据优势的作物就会被杂草和其他植物所取代。

5.4 生 态 平 衡

生态平衡(ecological balance)是指在一定时间内生态系统中的生物和环境之间、生物各个种群之间,通过能量流动、物质循环和信息传递,使它们相互之间达到高度适应、协调和统一的状态。也就是说,当生态系统处于平衡状态时,系统内各组成成分之间保持一定的比例关系,能量、物质的输入与输出在较长时间内趋于相等,结构和功能处于相对稳定状态,在受到外来干扰时能通过自我调节恢复到初始的稳定状态。在生态系统内部,生产者、消费者、分解者和非生物环境之间,在一定时间内保持能量与物质输入、输出动态的相对稳定。

然而,生态系统的调节能力是有限的,当外界的冲击力量大于生态系统能忍耐的限度时便可破坏生态系统的平衡,甚至引起生态系统的崩溃。当前破坏生态系统生态平衡的主要因素是：工业三废（废气、废水和废渣），农药、化肥等有毒物质，不合理开发自然资源，自然灾害，等等。

　　生态系统一旦失去平衡，会产生非常严重的连锁性后果。如 20 世纪 50 年代，我国曾把麻雀作为"四害"予以消灭，可是在大量捕杀麻雀之后的几年里却出现了严重的虫灾，使农业生产遭受巨大损失。后来科学家们研究发现，麻雀主要以害虫为食，消灭了麻雀，害虫也就没有了天敌，害虫就会大肆繁殖，从而导致虫灾发生、农田绝收的惨痛后果。生态系统平衡往往是大自然经过很长时间才建立起来的动态平衡，一旦遭到破坏，有些平衡会无法重建，带来的恶果可能是人类通过各种努力都无法弥补的。因此，人类要尊重生态平衡，帮助维护生态平衡，绝不要轻易破坏它。

5.5　人类与环境

　　自然环境是人类生存、繁衍的物质基础。保护和改善自然环境是人类维护自身生存和发展的前提。

5.5.1　当前人类面临严重的环境与资源问题

　　当前，由于人类社会文明高度发达，经济活动能力和幅度规模空前，但目前人类的发展模式在一定程度上与自然规律相冲突，因此造成了对环境和自然资源的巨大压力与破坏，具体表现在以下几个主要方面。

5.5.1.1　人口问题

　　人口问题是最主要的全球性社会问题之一，是当代许多社会问题的核心（图5-6）。地球人口已从 1950 年的 25 亿增加到 2007 年的 66 亿，预计 2050 年将增加到 77 亿～112 亿。目前人口增长最快的 4 个国家是巴基斯坦、伊朗、尼日利亚、埃塞俄比亚，到 2050 年其总人口将达 10 多亿。人口压力使社会在提供现有人口生活条件和提高人民生活水平方面遇到了难以克服的困难，突出表现为就业困难、住房紧张、粮食和燃料等生活必需品短缺。其次，人口压力造成消费与积累比例失调、生态环境严重破坏、全民族的科学文化水平降低等。如何控制全球人口快速增长的势头是人类面临的巨大挑战。目前，一些国家如中国实行了严格的计划生育政策，以降低人口增长速度。

5.5.1.2　粮食问题

　　从 1984 年起，世界粮食产量的增长开始落后于人口增长，目前人均粮食产量已经下降了7％。然而，世界粮食生产地区发展不均衡，发达国家的人口占世界人口的 1/4，生产的粮食占世界粮食的 1/2；发展中国家的人口占世界人口的 3/4，生产的粮食仅占世界粮食的 1/2，因此，人均产粮少、消费多。由于发展中国家人口增长过快，许多国家粮食短缺问题日益严重。1970 年，发展中国家饥饿和营养不良人口约为 5 亿。另一方面，少数发达国家又苦于粮食"过剩"卖不出去，如美国、加拿大、澳大利亚、法国等每年需花费大量金钱保管粮食，甚至想方设法减少粮食生产。联合国粮农组织 1992 年的新闻公报称，贫穷困扰着大约 10 亿人口，约占世界人口的 10％的 5 亿多人口营养不良，其中约 5000 万人口面临饥饿。在我国，粮食安全是国家

图 5-6　拥挤的城市

最重要的安全战略,每年中央的第一号文件都是关于发展农业的政策措施。

5.5.1.3　海洋捕捞已经达到极限

据有关资料预测,由于当前世界海洋捕捞业无序发展,捕捞强度越来越大,海洋渔业资源趋于匮乏,到 21 世纪上半叶某些海洋食物可能将从市场上消失,且海产品的捕捞量也将大大下降,与 1988 年人均 17.2 kg 的最高捕捞量相比,到 2050 年海洋每年人均捕捞量将会降至9.9 kg。保护海洋资源,实现可持续发展,迫在眉睫!

5.5.1.4　严重的污染问题

世界范围内的湖泊、河流和海洋污染严重,威胁着人类和其他生物的生存。在过去 20 年中,除了自然源排放的空气污染物外,人类活动也向空气中排放了许多有害气体(如二氧化硫、一氧化碳、氟化物等)和灰尘烟雾(如煤烟尘、光化学烟雾等),加剧了大气污染。当今世界上大约有 9 亿人暴露在对健康有害的二氧化硫浓度超标的环境中,有 10 亿以上的人暴露在超标的悬浮颗粒物中。南极上空 15～20 km 间的低平流层中臭氧柱总量平均减少了 30%～40%,在某些高度臭氧的损失可能高达 95% 以上,形成臭氧空洞。北极的平流层中也发生了臭氧损耗。臭氧的耗竭将会增加到达地球表面的紫外线辐射强度。据统计,每消耗 1% 的臭氧,白内障发生率就增加 0.6%。此外,臭氧层减少也会导致皮肤癌患者人数增加。根据数据记载,与工业化前相比,大气中二氧化碳浓度增加了 25%,而且由于人为排放,每年约以 0.5% 的速度递增。

环境污染主要带来威胁的有光化学烟雾、酸雨及固体废弃物等。光化学烟雾是由汽车尾气中的碳氢化合物和氮氧化合物通过光化学反应形成的。酸雨一般指 pH 值小于 5.6 的雨雪或其他形式的大气降水,其中含有多种无机酸、有机酸,绝大部分是硫酸和硝酸,多数情况下以硫酸为主。硫酸和硝酸是由人为排放的二氧化硫和氮氧化物转化而成的。酸雨抑制土壤中有机物的分解和氮的固定,淋洗与土壤粒子结合的钙、镁、钾等营养元素,使土壤贫瘠化。酸化的湖泊、河流中鱼类也会减少。

5.5.1.5　资源短缺问题

人类面临人均耕地减少、人均灌水量减少等问题,到 2025 年将有 10 亿人生活在绝对缺水的环境中,其中中国和印度将不得不限制用水。全球土地 15% 的面积已因人类活动而遭到不同程度的退化。在退化的土地中,水侵蚀占 55.7%,风侵蚀占 27.4%,化学现象如盐化、酸化、污染等占 12.7%,物理现象如水涝、沉陷等占 4.2%,土壤侵蚀年平均速度为 $0.5 \sim 2.0 \, \text{t/hm}^2$。1998 年,全世界农耕地总面积约为 46.87 亿公顷,其中 12.3 亿公顷已经退化。由于过度侵蚀,全世界每年流失有生产力的表层土为 254 亿吨。全球每年损失灌溉地 150 万公顷,70% 的农用干旱地和半干旱地已沙漠化,受其影响最为严重的是北美洲、非洲、南美洲和亚洲。土地退化和沙漠化使区域和全球的粮食生产潜力大大减少。在过去 20 年中,由于土壤退化和沙漠化,全世界饥饿的难民由 4.6 亿猛增到 5.5 亿。1988 年,世界圆木消耗总量为 29.72 亿立方米,目前全世界森林面积共有 36.25 亿公顷,由于乱砍滥伐,2010 年工业用圆木的供应不能满足全球需要。从 1980 年到 1990 年,全世界每年砍伐森林高达 1680 万公顷。20 世纪全球森林减少了 75%。到 2030 年,全球海平面将上升约 20 cm,到 21 世纪末将上升 65 cm,严重威胁到低洼的岛屿和沿海地带。

5.5.1.6　生物多样性加速消失

地球上的物种正在加速灭绝。据估计,目前物种灭绝速度是自然灭绝速度的 $100 \sim 1000$ 倍。自 1600 年以来已有 724 个物种灭绝,当前有 3956 个物种濒临灭绝,3647 个物种为易危物种,7240 个物种为稀有物种。多数专家认为,地球上生物多样性数量的 1/4 可能在未来 $20 \sim 30$ 年内濒临灭绝。1990—2020 年间,全世界 5%~15% 的物种可能灭绝,即每天消失 40~140 个物种。中国植物物种处于濒危状态者占全国植物物种总数的 15%~20%,即 4000~5000 种,估计在最近数十年中有 5% 的植物物种灭绝。

5.5.1.7　自然灾害频发

人类生存环境越来越危险,自然灾害日益频发,灾难性工业事故日趋严重。从 1960—1990 年,全世界地震造成的死亡人数为 43.94 万人,经济损失 650 亿美元。1960—1990 年间的全球热带暴风雨使 35 万人丧生,经济损失 340 亿美元。1970—1990 年间的全世界洪水所造成的经济损失达 500 亿美元。20 世纪 80 年代非洲有 4000 万人受到旱灾的影响。北美洲每年因火灾烧掉森林 230 万公顷。1970—1990 年间发生泄油事故 1000 多起,每次泄油量 6.9~694 t 不等。1970—1990 年间全世界发生大约 180 起严重工业事故,如 1986 年 4 月苏联切尔诺贝利核电站发生核泄漏,造成经济损失 150 亿美元。

5.5.1.8　杀虫剂污染

科学研究已揭示滥用 DDT 造成的生态灾难。DDT 可以通过食物链的所有环节,由一个机体传至另一个机体,并逐步浓缩。如果干草含 7% 的 DDT,牛吃了干草以后,牛奶中就有 3% 的 DDT,将牛奶制成奶油后就含 65% 的 DDT。人类食用了这样的食物对健康将产生严重威胁。

5.5.1.9　重金属污染

水俣病是由于摄入富集在鱼、贝中的甲基汞而引起的中枢神经疾病。它是公害病的一种,因最早发现在日本熊本县水俣湾附近渔村而得名。水俣病有急性、亚急性、慢性、潜在性和胎儿性等类型。症状的轻重与甲基汞摄入量和持续作用时间呈剂量反应关系。短时间内摄入1000 mg甲基汞,可出现痉挛、麻痹、意识障碍等急性症状并很快死亡。短期内连续摄入500 mg以上甲基汞,可相继出现肢端感觉麻木、中心性视野缩小、运动失调、语言和听力障碍等典型症状。长期(数年甚至十数年)摄入小剂量甲基汞,也会引起慢性中毒。孕妇体内的甲基汞可透过胎盘,侵入胎儿脑组织,引起胎儿性水俣病。甲基汞侵入胎儿脑组织比较广泛时,对胎儿或幼儿发育的损害也就比较严重,表现为原始反射、斜视、吞咽困难、动作失常、语言困难、阵发性抽搐和发笑(图5-7)。水俣病迄今尚无有效疗法。

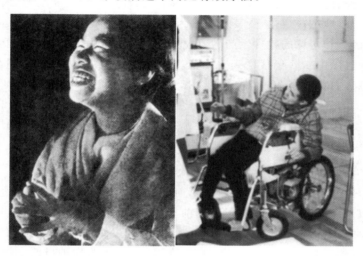

图 5-7　水俣病患者

此外,出现在日本富山县神通川流域部分镉污染地区的痛痛病也是公害病之一,以周身剧烈疼痛为主要症状而得名。

5.5.2　艰难的环境治理

面临上述严峻的环境与资源问题,人类开始觉醒,并已在世界范围内达成共识,认识到必须建立可持续发展战略,实现人与自然的和谐发展(图5-8)。目前,各国已开始采取了一系列措施治理环境、保护资源,主要表现在以下方面。

图 5-8　水土流失和经过治理的水土流失区

（1）建立生态工程，利用生物净化环境。如美国纽约市为治理卡茨吉尔山区的生态系统，投资 40 亿美元建一座净化水工厂。

（2）认同生态服务价值，尊重自然规律，开展项目环境评价。每一种生态系统都为人类提供了服务，因此应确定生态系统服务的价值，并在建设项目中贯彻环境评价操作程序，将对环境的影响降低到最小。

（3）投资生态建设和生态恢复。如中国三北防护林工程（1978—2050 年）在整个中国北部围上一条绿色长城，其他还包括在长江中上游、东南沿海和平原地区及西部开发中的大规模退耕还林、还草计划等。

（4）发展生态农场、生态建筑、生态村、生态城市。以维持生态平衡为目的，按照生态学原理规划建设的农场、建筑、村庄和城市等。

（5）利用固沙植物固定沙丘，造林种草，治理水土流失。

（6）发展沼气工程。有机固体废物通过厌氧微生物的发酵生成甲烷等可燃气体，减少材薪砍伐量，保护森林。中国的沼气开发、利用、推广和研究受到许多国家的重视，现在全国共建成户用沼气池 700 多万眼，有 21 个县基本上普及了沼气（图5-9）。

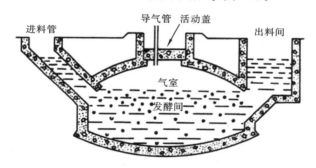

图 5-9　沼气池结构示意图

（7）城市建立污水处理工厂，实现污水 90％减排。水体生物净化的原理已被广泛应用于各种类型的氧化塘、土地处理系统及生化处理污水的环境生物工程中，包括各种曝气活性污泥法、生物滤池、生物转盘和酶法等，力图通过城市截污和污水处理使 90％污水得到处理，还河流、湖泊一汪碧水（图 5-10）。

图 5-10　北郊污水处理厂一角

习　题

1. 选择题(课堂完成,扫右边的二维码做题)

2. 名词解释

种群、群落、生态系统、生物地球化学循环、食物网。

3. 简答题

(1) 什么是生态系统? 根据植被、生境及人为参与程度,它可以分为哪些类型? 这些类型有何共同特性?

(2) 什么是生态平衡? 当前破坏生态平衡的主要因素有哪些?

(3) 请列举当今人类在环境与资源方面面临的诸多问题,并提出你认为可行的解决方法。

第6章 现代生命科学与人类未来

6.1 人类探索生命的历史——生命科学史

生命科学史揭示了人类思考和解决生物学问题的思想历程,展示了生命科学各分支学科形成的历史及各个学科之间的内在联系,同时试图揭示自然科学的本质所在。生命科学史对培养学生的生物学素养乃至科学精神具有积极意义。

6.1.1 古希腊自然哲学关于生命起源和生命发生的思考

亚里士多德是第一个系统掌握生物学知识的人,其主要贡献表现在动物分类、解剖、胚胎发育等方面。他的生物学著作有《动物志》、《论动物的结构》、《动物的繁殖》、《论灵魂》等。在动物分类方面,他曾调查、描述了 500 多种动物,并对其中 50 种进行了解剖研究。亚里士多德在辨别动物时曾用逻辑上的两分法,如有毛或无毛、有血或无血等,但在实际分类时却根据动物的外部形态、内部器官、栖居地、生活习性、生活方式等许多特点与差异共同划分类群。根据他的描述,可排列成以人和哺乳动物为最顶端、低等植物在最底层的生物阶梯略图。他把动物的繁殖分为有性繁殖、无性繁殖和自然发生,还曾对胚胎发育提出预先形成或从无结构状态分化而成的两种方式。亚里士多德把灵魂分成三个等级,植物只有一个植物性灵魂,适于植物的生长和繁殖;动物比植物多了感觉灵魂,以便于动物的感觉和运动;而人类在动物的基础上还有理性灵魂。他的上述某些观点曾引发了后世关于自然发生说、先成论与后成论的争论。

6.1.2 近代科学对生命的研究

1. 近代西方科学对生物体构造的研究

维萨里(A. Vesalius)对人体进行了系统解剖研究,1543 年他出版了《人体构造》。西班牙医生塞尔维特(M. Servetus)是文艺复兴时代的自然科学家,他发现了肺循环,提出了"小循环"理论。英国科学家、生理学家和胚胎学家哈维(W. Harvey)提出了血液循环理论。上述卓绝的科学研究推动人们从生物体结构上去理解生物体功能。

2. 近代西方科学对生命物质属性的思考和研究

法国哲学家笛卡尔(René Descartes)是西方近代哲学的创始人之一,他创建了机械论哲学,对 17 世纪科学改革作出了巨大贡献。机械论哲学认为:①要将"隐秘动因"(如爱、憎、亲和力)从自然界中彻底清除出去,任何自然现象都是物质过程的必然结果;②自然界是由物质组成的,物质是中性的,区别在于构成物质的微粒在尺寸、形状、运动等方面存在着差异;③自然哲学的纲领就是要说明所有自然现象都是微粒之间直接地相互作用而产生的。

博雷利(G. Boralli)是意大利比萨大学数学教授,与马尔比基合作研究动物的解剖和生理学,是自然科学新实验方法的倡导者之一。他的生理学成就集中体现在他死后出版的《动物的活动》一书中。在这部生理学巨著中绝大部分内容是应用数学和机械原理研究肌肉的功能。他对人和动物的各种姿势及步行、奔跑、游泳和飞翔等不同种类的运动进行了有趣的力学分析和计算;将机械学原理和几何学结合以研究单块肌肉和肌肉群的运动;把动物的各种活动分成内运动和外运动,即内脏运动和骨骼肌的运动;通过显微镜观察肌肉的细微结构,耐心细致地研究了各种肌肉运动的特点。他和丹麦学者斯坦诺(N. Steno)不约而同地发现对肌肉收缩起作用的是肌肉中的肉质纤维而非肌腱纤维,纠正了希波克拉底派认为运动是肌腱引起的错误观点。他还发现心脏是一个肌肉泵,而不是笛卡尔所描述的一个热源。

上述科学家均相信,生命现象可以用物理学定律去理解,这种信念大大促进了生物学的发展。

3. 近代西方科学对生命化学的研究

巴拉赛尔苏斯(Paracelsus)是瑞士医学家、化学家。欧洲文艺复兴时期,他主张医学科学必须建立在经验和观察的基础上,反对古代关于疾病的"体液学说",否定盖仑的医学体系,他的主要贡献是把人体的生活功能看作是一个化学过程,提倡将化学应用到医学上,在医学实践中采用过许多新药物,如利用汞剂治疗梅毒等。

比利时学者赫尔蒙特(J. B. van Helmont)是从炼金术到化学过渡阶段的代表。虽然有神秘倾向,相信点金石,但他尊重哈维和伽利略学说。他认为,水即使不是物质的唯一组分,也是物质的主要组分。他用定量土壤栽培一颗柳树的实验"证明"了他的想法:他只为树浇水,5年之后柳树的质量增加了74.389 kg,而土壤的质量仅只失去了57 g,由此推论是树把水分转化成自己的成分。

哈勒(A. von Haller)是瑞士解剖学家、生理学家,1736年任哥廷根大学植物学、解剖学、医学教授。他在血管解剖学方面完成了腹腔动脉三脚等的发现,其后又在巨著《人体生理学纲要》中归纳出将肌肉的应激性与神经的敏感性区分开来的应激性学说,这是尤为重要的生理学贡献,因此他也有刺激生理学鼻祖之称。

雷奥米尔(R. dene Reaumur)研究鹰的消化时发现,鹰的胃液能够溶解食物。斯帕兰札尼(L. Spallanzani)也发现胃液可以防止食物腐败的现象。

6.1.3 19世纪的生物学

19世纪之初,建立起统一的生物学(Biology)名词。此后,生物学从实验观察到理论概括,都取得了重大的成就。

6.1.3.1 达尔文的进化论

1831年12月27日至1836年10月2日,达尔文乘英国海军贝格尔舰环绕地球考察航行。途径加拉帕戈斯群岛,他观察到那里的海龟、地雀分布在各小岛上,种类多,相似而不相同,这是神创论所不能解释的。因此,他推断它们由共同的祖先种分化而来,提出了著名的"进化论"

观点,出版了轰动世界的《物种起源》。

6.1.3.2　马尔萨斯的《人口论》

马尔萨斯《人口论》的基本论题是:①人口为几何增长,食物供应为算术增长,人口增长有超过食物供应增长的趋势,人口会无限增长直到食物供应的极限为止;②可以用某种其他方法来抑制人口增长。

虽然马尔萨斯本人从未提倡过用避孕方法控制人口,但这一政策的提出却是他基本思想的必然结果。

6.1.3.3　细胞学说的建立和发展

细胞学说是由德国生物学家施莱登(M. J. Schleiden)和施旺(T. Schwann)在 1938 年和 1939 年提出的。自 1665 年英国物理学家胡克(R. Hooke)发现细胞到 1939 年细胞学说的建立,经过了近三百年的时间。其间,许多研究者对动、植物细胞及其内容开展了广泛研究,已获得相当多的认识。在这种背景下,施莱登在 1938 年提出植物是由细胞组成的,并指出植物胚胎来自单个细胞。次年,施旺对此内容进一步加以充实和普遍化,指出所有动物组织不论是肌肉还是神经,不论是柔软还是坚硬,均由细胞组成。施旺还提出,动物和植物的细胞就整体而言在结构上是相似的,细胞是生物体的功能单位。这两位学者的研究报告使得细胞及其功能有了一个较为明确的定义,从而宣告细胞学说的创立。细胞学说的建立有力地推动了生物学的发展,并为辩证唯物论提供了重要的自然科学依据,恩格斯将其称为 19 世纪自然科学的三大发现之一。

施莱登和施旺的细胞学说主要有三个方面内容:①细胞是有机体,一切动、植物都是由细胞发育而来的,并由细胞和细胞产物所构成;②每个细胞作为一个相对独立的基本单位,其自身既有生命,又与其他细胞协调集合以构成生命整体,按照共同的规律发育有着共同生命过程;③新的细胞可以由老的细胞产生。

施莱登和施旺的细胞学说为 19 世纪细胞的研究指明了方向。然而,他们虽然正确地指出新的细胞可以由老的细胞产生,却提出了一个错误的概念,即新细胞在老细胞的核中产生,由非细胞物质产生新细胞,并通过老细胞崩解而完成。由于这两位科学家的权威地位,这种错误观点流行了许多年。其实,其他许多研究者的观察都表明,细胞的产生只能通过由原先存在的细胞经过分裂的方式而来。1858 年,德国病理学家魏尔肖提出“一切细胞来自细胞”的著名论断,不仅在更深层次上揭示了细胞作为生命活动基本单位的本质,而且通常被认为是对细胞学说的重要补充,甚至有人认为至此细胞学说才真正完全建立。

6.1.3.4　进化论和细胞学说对生物学的巨大推动作用

1. 胚胎学的发展

胚胎学的发展经历了预成论→渐成论→新预成论等阶段。德国胚胎学家沃尔弗(C. F. Wolff)认为,生物具有稳定性和变异性两种特性,因而既存在稳定的物种又可能突然产生新物种,向预成论发起了挑战,并通过研究植物的叶和花为渐成论提供了证据。19 世纪,德国生物学家赫尔曼·缪勒(Hermann Muller)和海克尔(E. H. Haeckel)揭示、总结出了生物发生律(biogenetic law),指出生物个体发育是种族发生历史的简略重演。

2. 遗传学的发展

莫佩蒂伊(M. de Maupertuis)对卢海(J. Ruhe)家族多指性状的遗传研究,揭示这是遗传和变异的结果。

克尔罗伊特(J. G. Koelreuter)是第一个从事植物系统杂交研究的科学家。他成功地用黄花烟草与另一种烟草杂交,得到中间类型的杂种。他还提出用杂种与某一亲本反复回交,杂种可"转化"为该亲本。

图 6-1　摩尔根

盖尔特纳(C. F. von Gartner)分析了9000多个实验结果,得出用混合花粉授粉,子代中不会出现性状混合的结论。他认为,受精的只有一种花粉,每一种花粉粒都各自独立地起作用,同一胚珠里不会形成两种不同类型的胚胎。

孟德尔(Gregor Mendel)出生于奥地利农民家庭,自幼爱好园艺,1850年到维也纳大学理学院深造,1853年担任时代学校的动、植物学教师。他在教学的同时从事植物的杂交实验工作,终于发现了遗传规律,并在1865年的布尔诺自然科学协会上发表了他的研究成果,但被埋没,直到20世纪初才被重新发现。孟德尔于1865年阐述的遗传学原理被称为孟德尔定律,其两条基本定律是独立分离定律和自由组合定律。

摩尔根(Thomas Hunt Morgan),美国生物学家,被誉为"遗传学之父",发现染色体的遗传机制,创立了染色体遗传理论,提出了遗传学的第三定律:连锁和交换定律,是现代实验生物学奠基人(图6-1)。

6.1.4　20世纪的生物学

与19世纪相比,20世纪生物学的发展产生了质的飞跃。生物化学和遗传学两个在20世纪建立的学科发展迅速,成为生物学的带头学科。特别是1953年DNA双螺旋结构分子模型的建立和整个50年代分子生物学的兴起,使生物大分子结构与功能关系的研究在揭示了相当部分遗传之谜之后,正在向着生命之奥秘进军。20世纪生物学的发展体现在以下5个方面。

6.1.4.1　生物化学的蓬勃发展

生物化学在19世纪出现,20世纪逐渐取代生理化学而被广泛使用。20世纪前半叶,在继续阐明糖类、脂肪、蛋白质和核酸的化学组成的同时,集中研究它们的新陈代谢途径。研究表明,细胞内的新陈代谢是数以千计的、互相联系的化学反应在相互交织中组成的。其中,每一个具体的化学反应几乎都由专一性很强的生物催化剂——酶所催化。整个新陈代谢之所以有条不紊的进行是由于受到酶促反应本身的反馈调节和各种激素的调节控制。众多的生物化学家参与了这方面的研究,他们中间贡献突出的有:对糖原变成两个碳分子化合物的代谢过程有重大贡献的德国生化学家迈耶霍夫(O. Meyerhof);通过血液、肝糖原和肌糖之间分解和合成循环的建立者,美国生化学家柯里夫妇;先后在德国和英国建立起尿素合成的岛氨酸循环和代谢的公共途径三羧酸循环的英国生化学家克雷布斯(H. A. Krebs,出生于德国);探明酶是蛋白质本质的美国生化学家萨姆纳(J. Sumner);对生物氧化中呼吸酶和辅酶作出重大贡献的德国生化学家瓦伯;发现辅酶 A 把糖分解为两碳分子同三羧酸循环相连接的美国生化学家李普曼(F. A. Lipmann,出生于德国),等等。

在植物生化方面的研究中心是光合作用。20 世纪之初,英国植物生理学家布莱克曼(F. F. Blackman)发现了光合作用,包括光反应和暗反应两个过程。20 年代,德国化学家维尔斯台特(R. Willstatter)和费舍尔(H. Fischer)阐明了参与光合作用的重要物质叶绿素的化学结构。40 年代,美国植物生理学家爱默生(R. Emerson)测定在光合作用中,每释放一分子氧至少需要 8 个光量子,还测出经不同波长的光照射后光合效应不同。50 年代,美国植物生理学家卡尔文(M. Calvin)阐明了光合碳循环途径。受到动物体内代谢过程中产生含高能磷酸键 ATP 的启发,植物光合磷酸化的研究也证明了 ATP 的存在。80 年代,三位德国生化学家戴森霍弗(J. Deisenhofer)、休贝尔(R. Huber)和米歇尔(H. Michel)用晶体结构分析法测定了光合反应中蛋白质部分的分子结构,一种色素和膜蛋白相结合的复合体,为进一步了解蛋白质传递电子的奥秘找到了一把钥匙。

6.1.4.2　遗传学的建立和发展

1900 年,孟德尔定律被三位欧洲的植物学家分别再发现后,许多动、植物学家以各种生物做实验加以验证,从此遗传学作为一门独立的学科而诞生。英国遗传学家贝特森(W. Bateson)为这门学科定名为遗传学(Genetics),并定义为研究遗传与变异生理基础的科学。

在 20 世纪前 30 多年内,遗传学与细胞学相结合,得到迅速发展。以美国胚胎学家、遗传学家摩尔根为代表的一批科学家,用果蝇为材料,进行了大量研究,建立起基因论。他们的工作表明,基因不是虚构的,而是控制性状表达的、坐落在染色体上的实体。基因在生殖细胞中运动的规律符合孟德尔定律。但他们还发现,在染色体上基因联合成连锁群,两个相对的连锁群有时发生交换;交换频率证明每个连锁群内各基因的直线排列和相对位置,据此而制作出基因图;由于自然或人工因素,基因可以发生突变,而且突变影响遗传,等等。这些成就丰富和发展了孟德尔定律。摩尔根等人的既有理论意义又有实际应用价值的科学成果引起了生物学界以至科学界的高度评价,吸引着更多的人从事遗传学的研究。

这时基因是什么遗传物质的问题已经被提出。摩尔根认为,根据基因的大小和稳定性,可以判断它很可能是大的有机分子。其他遗传学家推测,这个大分子很可能是蛋白质或者是核蛋白分子。

从 20 世纪 30 年代末到 40 年代,遗传学与生物化学和微生物学相结合,打开了新局面。

① 美国遗传学家比德尔(G. W. Beadle)发现基因决定着代谢途径中酶的生成,于 1941 年提出了"一个基因一个酶"的假说。

② 对遗传学发生兴趣的德国生物物理学家德尔布吕克(M. Delbrück)于 30 年代末到美国摩尔根实验室工作。他认为最理想的、做遗传学实验的材料应当是具有自我复制能力的简单生物。他利用在宿主细胞细菌中具有自我复制能力的噬菌体为材料开展遗传学研究。同期,另外一位美国细菌学家莱德伯格(J. Lederberg)正在研究大肠杆菌的遗传。1946 年和 1947 年,他们分别发现噬菌体和大肠杆菌在繁殖中都有相当于高等动物的有性繁殖的基因交换现象。这是微生物遗传研究的开始,从此大肠杆菌及其噬菌体在分子遗传学中占有十分重要的地位。

③ 1944 年加拿大细菌学家艾弗里(O. T. Avery)发现 DNA 是不同性状的肺炎双球菌之间互变的转化因子。该结果证明了 DNA 是传递信息的物质,它冲破了过去认为只有复杂结构的蛋白质结晶才符合遗传物质要求的推论。

④ 奥地利出生的美国生物化学家查伽夫(E. Chargaff)应用比 30 年代更为精确的分析方法重新测定了 DNA 分子中 4 种碱基的含量。1952 年测得的结果表明,两种嘌呤(A、U)同两种嘧啶(C、T)的分子总数相等,其中 A 同 T、U 同 C 相等。这一结果为 DNA 双螺旋结构中碱基配对的重要原则奠定了基础。

以上四项工作,承上启下,成为生物学的发展更上一层楼的重要基石。

6.1.4.3 分子生物学的诞生和分子遗传学的建立

20 世纪 50 年代是分子生物学诞生的时代。第一个重大事件就是 DNA 双螺旋结构分子模型的建立。1951 年,美国年轻的生物学家沃森(J. Watson)同英国物理学家克里克(F. H. C. Crick)在英国剑桥大学卡文迪什实验室开始合作,用 X 射线衍射方法进行 DNA 晶体结构的分析。结果表明,DNA 是由两股多核苷酸链围绕一个中心轴盘旋成双螺旋,内侧由 4 种碱基通过氢键形成两两配对而使两股链稳固并联。这篇刊登在 1953 年英国《自然》杂志上只有两页纸的论文,一经发表,就引起了轰动,在分子生物学和遗传学界展开了热烈的讨论,后来被誉为 20 世纪生物学最伟大的发现。

第一个探明蛋白质中氨基酸排列顺序的是英国生物化学家桑格(F. Sanger),他在 9 年多的时间里分析清楚了最小的蛋白质胰岛素所含的 51 个氨基酸的排列顺序,于 1955 年公开发表。1977 年桑格又成功地分析了 Φ-X174 噬菌体全部 5400 个碱基的顺序。

1957 年英国的肯德鲁(J. C. Kendrew)完成了对肌红蛋白晶体结构的分析,1960 年奥地利出生的英国科学家佩鲁茨(M. F. Perutz)完成了对血红蛋白的测定。他们的工作为生物大分子结构的快速分析奠定了基础,也为研究生物大分子结构和功能的关系提供了条件。

以上这些重大成就象征着分子生物学的诞生。分子生物学的成就立即同遗传学相结合,建立起了分子遗传学。

DNA 双螺旋结构建立后,其在遗传上的意义立即引起热烈的讨论,同时一些实验也围绕这一主题进行研究。指导蛋白质合成的遗传密码首先成为讨论的目标。出生于俄国的美国天体物理学伽莫夫(G. Gamow)首先提出三个碱基排列在一起代表一种氨基酸的密码的设想。第一个用实验证明三个核苷酸组成的短链 UUU 能在试管中指导苯丙氨酸合成长多肽链的是美国的尼伦伯格(M. W. Nirenberg)及其合作者。到 1969 年指导蛋白质合成的全部 64 种密码都被译出。1958 年实验证明 DNA 具有自我复制的能力,DNA 的两股链分开,各自以自己为模板形成互补链,使一个 DNA 双螺旋变成两个完全相同的双螺旋。1958 年克里克提出了蛋白质合成的中心法则,经过一些科学家的补充,特别是法国分子遗传学家雅可布(F. Jacob)和莫诺(J. Monod)共同提出的在蛋白质合成基因之上还有基因控制的"操纵子"理论,使人了解到原核细胞内基因调控的复杂性,也预感到其核细胞内基因调控会更加复杂。

20 世纪 70 年代由于限制性内切酶的发现,美国分子遗传学家伯格(P. Bezg)首创,并经美国分子遗传学家科恩(S. N. Cohen)等的改进,建立起重组 DNA 技术。该技术将外源 DNA 导入大肠杆菌 DNA,大量扩增外源 DNA,使其表达外源 DNA 的性状用于研究,即基因工程技术。1976 年美国科学家用基因工程方法制造出人丘脑下部释放的生长抑制因子,1978 年制造出胰岛素。

1985 年由美国科学家率先提出,并于 1990 年首次实施的人类基因组计划(human genome project,HGP)是一个跨世纪的国际科学工程。美国、英国、法国、德国、日本和我国科学家共同参与了这一预算达 30 亿美元的人类基因组计划。按照这个计划的设想,到 2015 年要把人体内约 10 万个基因的密码全部解开,同时绘制出人类基因的图谱。人类基因组计划与曼哈顿原子弹计划和阿波罗计划并称为三大科学计划。人类基因计划被誉为生命科学的"登月计划"。截至 2005 年,人类基因组计划的测序工作已经完成。其中,2001 年人类基因组工作草图的发表(由公共基金资助的国际人类基因组计划和私人企业塞雷拉基因组公司各自独立完成,并分别公开发表)被认为是人类基因组计划成功的里程碑。

6.1.4.4　大量交叉学科的涌现,使生物学面貌一新

20 世纪 60 年代以来,大量交叉学科的出现,形成了许多科学增长点,特别是过去以形态描述为主的学科显示出新的面貌。

其中,从 19 世纪中叶发展起来的细胞学,自从与分子生物学相结合,大力探讨了多种细胞器的结构与动能的关系,到 60 年代初发展为细胞生物学的独立学科。细胞也是生物大分子,是核酸和蛋白质合成的场所,也是遗传信息和代谢信息储存和传递的系统,同时细胞还是一个内部有能量流动又保持整体平衡的开放系统,这就使细胞学展现出全新的面貌。

神经系统的生理学是最早与物理学相结合的学科。20 世纪 20 年代与生物化学结合,开展了在神经元之间和神经同肌肉接头处化学递质的研究。20 年代到 30 年代,德国药理学家勒维(O. Loewi)和英国神经学家戴尔(H. H. Dale)等用大量实验表明,乙酰胆碱是神经末梢释放到内脏和肌肉及神经元之间传递刺激的化学物质。30 年代到 40 年代美国生理学家坎农(W. B. Cannon)等人的研究表明,交感神经纤维末梢对心脏、平滑肌和腺体间的化学递质是去甲肾上腺素。第二次世界大战之后,对脑内化学递质开展了大量研究,发现包括上述两种化学递质外的 30 多种不同的化学递质。各种递质对各种神经元组群分别具有各自的兴奋或抑制作用。这些脑内递质有氨基酸,如甘氨酸等;有胺类,如儿茶酚胺等;有多肽类,如 70 年代发现的有镇痛作用的脑啡肽,等等。总之,神经化学递质的研究为神经传导作用的研究开辟了新领域,在神经系统的研究中占有光辉的一页。

其他如分子分类学、分子进化与系统发育学、分子胚胎学等显示着生物学向着更高的层次发展。

6.1.4.5　生物学是综合性大学科的重要支柱

从 19 世纪后叶,生物学的发展就是农学、医学发展的基础。20 世纪医学的发展更依赖于生物学的发展。研究生物体内多种激素的分离、提纯、生理功能和作用原理等,发现了许多腺体分泌的各种激素调节着体内的新陈代谢,发现了腺体之上有各种垂体激素,垂体之上还有丘脑下部分泌的各种神经激素对内分泌进行着调节和控制,从而形成了调节全身生长、代谢等的内分泌系统。生物免疫功能虽然在 19 世纪末 20 世纪初就在传染性疾病的治疗和预防中使用,但免疫学只有同细胞学、遗传学和分子生物学结合后,才发展为生物体识别自我、排除外来异物、维持身体平衡稳定的整体免疫系统。70 年代,内分泌系统和免疫系统已经同神经系统并列为人体三大调控系统。当然,还存在着更高一级的基因调控。

20 世纪 60 年代兴起的环境科学是一门综合性极强的大学科。生物学,特别是它的分支学科生态学成为环境科学的重要科学基础之一。在环境对人体的危害研究和环境治理措施的研究方面,分子遗传学和微生物学等也是必不可少的基础学科。

20 世纪 70 年代逐渐形成的空间科学、生物,包括人体,在外层空间的各种特殊条件下的生理、生化遗传及心理反应等,都是必不可少的研究内容。

总之,纵观生物学在 20 世纪的发展,正是继承了 19 世纪的传统,走与物理学和化学相结合的符合生物学性质的实验研究的道路,才取得了辉煌的成就。生物学同物理学、化学相结合并没有把复杂的生命现象简单化,而是用更敏锐的物理学、化学的原理和方法及其仪器,探索复杂的生命运动,揭开了一个又一个生命的奥秘。

6.1.5　21 世纪的生物学

20 世纪生物学经历了由宏观到微观的发展过程,由形态、表型的描述逐步分解、细化到生物体的各种分子及其功能的研究。1953 年沃森和克里克提出的双螺旋模型是生物学进入分子生物学时代的标志。20 世纪 70 年代出现的基因工程技术极大地加速和扩展了分子生物学的发展。1990 年启动的人类基因组计划是生命科学史上第一个大科学工程,开始了对生物全面、系统研究的探索,2003 年已完成了人和各种模式生物体基因组的测序,第一次揭示了人类的生命密码。人类基因组计划和随后发展的各种组学技术把生物学带入了系统科学的时代。

系统生物学是在细胞、组织、器官和生物体整体水平研究结构和功能各异的各种分子及其相互作用,并通过计算生物学来定量描述和预测生物功能、表型和行为。系统生物学在基因组序列的基础上完成由生命密码到生命过程的研究,这是一个逐步整合的过程,由生物体内各种分子的鉴别及其相互作用的研究到途径、网络、模块,最终完成整个生命活动的路线图。信息整合是系统生物学的灵魂。这个过程可能需要一个世纪或更长时间,因此常把系统生物学称为 21 世纪的生物学。

作为后基因组时代的新秀,系统生物学与基因组学、蛋白质组学等各种组学的不同之处在于它是整合型大科学。将系统内不同性质的构成要素(基因、mRNA、蛋白质、生物小分子等)整合在一起研究。对于多细胞生物,系统生物学要实现从基因到细胞、到组织、到个体的各个层次的整合。经典的分子生物学研究是一种垂直型的研究,即采用多种手段研究个别的基因和蛋白质。首先是在水平上寻找特定的基因,然后通过基因突变、基因剔除等手段研究基因的功能。在基因研究的基础上,研究蛋白质的空间结构、蛋白质的修饰及蛋白质间的相互作用,等等。基因组学、蛋白质组学、代谢组学、表型组学和其他各种“组学”则是水平型研究,即以单一的手段同时研究成千上万个基因或蛋白质。而系统生物学的特点,则是要把水平型研究和垂直型研究整合起来,使其成为一种“三维”的研究。通过建立多层次的组学技术平台的策略,研究和鉴别生物体内所有分子,研究其功能和相互作用,在各种技术平台产生的大量数据的基础上,利用计算生物学,用数学语言定量描述和预测生物学功能、生物体表型和行为,探讨生物体的复杂性和大量过程的非线性动力学特征,是典型的多学科交叉研究,需要生命科学、信息科学、数学、计算机科学等各种学科的共同参与,在更大范围和更高层次进行学科交叉和国际合作,如人类基因组计划、人类单体型图谱计划、人类表观基因组学计划等。

系统生物学研究在破译生命密码和应用方面都取得了较大进展。啤酒酵母是人类基因组计划中的一种模式生物,在其基因组中预测有 6243 个编码序列,分别用串联亲和纯化技术(tandem affinity purification,TAP)和绿色荧光蛋白标签标记进行表达的定量分析和蛋白质定位研究。用酵母双杂交技术研究了酵母系统 2039 个蛋白质的相互作用,鉴别了一个由1548个蛋白质参与、包括 2358 个相互作用的巨型网络和几个较小的网络。另一个模式生物——果蝇的蛋白质相互作用草图也已绘制。模式生物的系统生物学研究将推动更复杂系统的研究,加速由生命密码到生命的研究进程。

　　总之,系统生物学使生命科学由描述式的科学转变为定量描述和预测的科学,已在预测医学、预防医学和个性化医学中得到应用,如用代谢组学的生物指纹预测冠心病人的危险程度,以及肿瘤的诊断和治疗过程的监控;用基因多态性图谱预测病人对药物的应答,包括毒副作用和疗效。表型组学的细胞芯片和代谢组学的生物指纹将广泛用于新药的发现和开发,使新药的发现过程由高通量逐步发展为高内涵,以降低居高不下的新药研发投入。为此,世界十大制药企业中的六家组成了以系统生物学技术为基础的新药研发系统的联合体,以改进新药研发的投入、产出。通过系统生物学的研究,设计和重构植物和微生物新品种,以提升农业和工业生物技术产业,使得能源生物技术、材料生物技术和环境生物技术等新产业也取得了较快进展。美国能源部 2002 年启动了 21 世纪系统生物学技术平台,以推动环境生物技术和能源生物技术产业的发展。系统生物学将不仅推动生命科学和生物技术的发展,而且对整个国民经济、社会和人类本身将产生重大和深远的影响。

6.2　现代生命科学的核心

6.2.1　分子生物学

　　分子生物学主要研究蛋白质体系、蛋白质-核酸体系和蛋白质-脂质体系等生物大分子,特别是蛋白质和核酸的结构和功能。分子生物学实验技术是对这些大分子进行操作的技术,包括基因操作技术,也称为基因工程、分子克隆。分子生物学的中心法则是基因工程的理论基础,根据这一法则,一种生物的遗传信息理论上可以在另一种生物中被复制、转录和翻译并最终得到表达。

　　生命科学已发展到必须从构成生命物质及其相互作用来理解生命的阶段。生命的每一个特征或每一个性状都有其物质基础,每一个功能都与一定结构相关,结构是功能的基础。生命的属性是组成生命的所有物质相互作用的结果。一百年以来,90％以上的诺贝尔生理学或医学奖和 36％的诺贝尔化学奖都授予了从事生命科学基础研究的科学家。目前,生命科学类论文占《科学》和《自然》等世界著名科学期刊内容的 1/3 以上;1998 年十大科学发现中与生命科学相关的就有七项,说明生命科学已逐渐成为自然科学的中心。

6.2.2　基因工程

　　基因工程(genetic engineering)是生物工程的一个重要分支,它和细胞工程、酶工程、蛋白质工程和微生物工程共同组成了生物工程。所谓基因工程是在分子水平上对基因进行操作的复杂技术,是将外源基因通过体外重组后导入受体细胞内,使该基因能在受体细胞内复制、转录、翻译、表达。该技术是用人为的方法将所需要的某一供体生物的遗传物质——DNA 大分子提取出来,在离体条件下用适当的工具酶进行切割后将其与作为载体的 DNA 分子连接起来,然后与载体一起导入某一更易生长和繁殖的受体细胞中,以让外源物质在其中进行正常的复制和表达,从而获得新物种。遗传工程的实际应用非常广泛,具体应用如下:

(1) 改良品种,提高产量,如奶牛品种改良;

(2) 消灭害虫(生物防治),如转基因小球藻产生大量昆虫激素,蚊子吃了会产生"厌食症";

(3) 治疗遗传病(基因治疗),如治疗血友病、老年痴呆、癌症等;

(4) 研制新药,如霍乱、结核菌等 DNA 序列的全部测定可以用于设计和生产疫苗、药物等,并由此产生了药物基因组学;

(5) 改善环境,如利用转基因生物改造生产工艺、处理废物、清除污染等;

(6) 培育基因工程生物,如转基因鱼、转基因牛、转黄瓜抗青枯病基因的甜椒、转鱼抗寒基因的番茄、转黄瓜抗青枯病基因的马铃薯、不会引起过敏的转基因大豆、超级动物(导入储藏蛋白基因的超级羊和超级小鼠)、特殊动物(导入人体基因具特殊用途的猪和小鼠)、抗虫棉等;

(7) 将转基因烟草浸上无荧光的荧光素溶液,在暗处可以看到黄绿色荧光。

6.3　生命科学的发展趋势

生命科学在解决人类面临环境、健康、食物和可持续发展等重大战略问题的过程中得到发展,且仍将不断地研究具体生命过程以追求越来越准确地解释生命现象。将继续保持热点的三个领域分别如下。

(1) 基因和基因组研究,包括基因、序列、基因表达调控、基因组、功能基因、蛋白质组、转录组、代谢组,等等。

(2) 生命信号的研究,包括细胞信号的传递、学习与记忆(认知)、发育、免疫,等等。

(3) 生命的进化研究,包括生命的起源、进化机制、生物地质、基因组进化,等等。

当代生命科学的最显著特征是创新性和知识密集性。生命科学的发展是一个正反馈过程,密集性的馈入导致知识爆炸,出现海量数据,数据的分析和整合将成为发展的限制因素。知识和技术爆炸将生命科学推入信息时代。

6.3.1　生命科学的发展将创造奇迹

根据已有的实验报道和科学家们预言,在 21 世纪或许将会实现以下重大成就。

(1) 改造生命,如种系基因疗法从体外授精的胚胎取出细胞,检查是否有缺陷的等位基因后,再将胚胎移植到子宫中。

(2) 克隆人。

(3) 人造子宫。

(4) 由受体本身多能干细胞生长出来的代用心脏和肝脏。

(5) 针对疾病(如胰岛素依赖性糖尿病、乙型肝炎、霍乱等)的食物。

(6) 遗传疫苗。

（7）寻找和利用有用的基因。

（8）从越冬的生物中寻找抗冻基因用于冷冻复活和低温储藏。

（9）从冰核细菌或冰核真菌中寻找冷冻基因，用于人工降雨和造雪。

（10）从遗传病患者的血样中寻找致病基因，设计药物和疫苗。

（11）寻找毒基因，用于生物防治。

6.3.2　国内外生物技术发展的基本特点

纵观当代国内外生物技术发展的现状、趋势与动态，可总结出如下几个显著特点。

（1）生物技术已处于自然科学发展的中心地位，成为科技和经济发展的重点。

生物技术产业已经成为国际科技竞争和经济竞争的焦点，各国将生物技术发展作为战略重点予以重视，生物技术产业投资踊跃；生物产业的销售额每 5 年翻一番，生物经济正在成为网络经济之后的又一个新的经济增长点；生物安全影响经济发展、社会稳定及国家安全，这已经成为国家安全的关键点。

（2）生物科学逐步向整合与系统生物学发展，大科学特点日益显现。

生物技术的飞速发展使得从系统与整体角度对生物现象本质的揭示成为可能，并催生出系统生物学等新发展趋势；生物科学海量信息数据的涌现迫使人们在更深层次、更宽学科方面提出和解决问题，同时需要数学、信息学和计算科学等学科集成的大平台。现已逐步形成大统一、大科学、以人为本的整体发展观。

（3）生物技术与其他学科的广泛交叉融合，创新效应倍增。

生物技术革命极大地依赖于其他各种技术的发展，包括纳米技术、微电机技术、材料技术、成像技术、传感器和信息技术等，可以大幅拓宽生物技术创新的领域和范畴。如 NBIC（纳米、生物、信息、认知）会聚技术是当前迅速发展的四个重要领域，每一个领域潜力巨大，其中任意领域的两两融合、三种会聚或四者集成都将产生难以估量的效应。

（4）产学研融为一体，技术创新向专业化、集群化和规模化发展。

以企业为主体的产学研联盟是推进创新体系的重要组织，是技术创新、人才培养的最佳途径，企业和科研院所优势互补，实现双赢发展。生物产业需要推动产学研的紧密结合，通过人才、技术、资金、政策等要素的高度集聚，推动生物领域关键技术和重要产品的研发不断取得新突破，实现科技成果的产业化、规模化和集群化。

6.3.3　生命科学与生物技术的新焦点

生命科学与生物技术发展的新焦点包括以下重要学科热点领域：

（1）基因组和蛋白质组研究——生物产业发展的战略要地；

（2）生物芯片——基因组研究与新药开发的有力工具；

（3）生物信息技术——生命密码破译和技术产业化的必由之路；

（4）干细胞技术——再生医学的希望，潜力无限，应用前景广阔；

（5）RNA 干涉技术——基因功能研究的有效策略，显现巨大发展潜力；

（6）脑科学——被纳入世界科技发展的战略方向。

以干细胞为例，目前干细胞与组织工程技术已异军突起，正加速再生医学的形成与发展。

美国加州政府计划 10 年内投入 30 亿美元用于研究开发干细胞,培育干细胞产业;英国将干细胞列为未来科学技术发展的重点方向,已投入 4000 万英镑;日本将干细胞列为千年世纪工程四大重点之一,投资 108 亿日元;韩国政府斥资建设三大干细胞研究与应用基地;新加坡投资 38 亿美元支持以干细胞为代表的生物技术研究。

此外,生物资源在生物科技创新中的源头作用更加凸显,生物技术第三次浪潮正在迫近:美国于 2002 年提出了生物质技术路线图,欧盟于 2004 年启动了可持续发展化学工业技术平台,日本政府从 2001 年开始实施"基于利用生物机能的循环产业体系的创造"计划,等等。

6.3.4　合成生物学

1. 合成生物学概述

21 世纪是生命科学的时代,诸多学科与生命科学交叉碰撞出无数亮点,合成生物学作为学科交叉领域的研究热点,集生物学、计算机科学、数学及工程学等学科于一体,为能源、环保、材料及医疗等生产、生活领域的现存难题提供了有效的解决方法,开辟了新颖的研究思路,拓宽了现有的研究格局。因此,全球诸多国家都已制定了完备的发展路线及规划来促进合成生物学的发展。

纵观合成生物学的发展历史,这一概念最早被提及可追溯至 1910 年,法国物理化学家 Stephane Leduc 在《生命与自然发生的物理化学概论》一书中首次提出"合成生物学"。而后随着 DNA 双螺旋结构的发现、重组质粒技术的发展等一系列生命科学研究的突破,波兰遗传学家 Waclaw Szybalski 在此基础上拓展基因重组技术为合成生物学。1980 年,"合成生物学"第一次作为文章标题发表在学术期刊上。2000 年,Eric T. Kool 以"基于系统生物学的遗传工程"对合成生物学进行了重新定义,标志着这一学科的出现。

合成生物学为生命科学领域的研究开辟了生物学及工程学交叉研究的全新思路。与传统的自上而下的研究策略不同,合成生物学的研究策略侧重于自下而上,从而可以有效规避传统研究方法的诸多限制。作为新兴的多学科交叉研究的领域,合成生物学集百家之长,在诸多学科的已有研究基础上延伸和碰撞出新的科研火花。

(1)合成生物学与遗传学及分子生物学的交叉:合成生物学在设计建立标准化生物元件时,需要对生物系统的遗传背景及遗传线路有充分的了解和认知。在进行合成生物学实验研究时,从分子生物学发展而来的 DNA 重组、分子克隆等技术不可或缺。

(2)合成生物学与生物信息学的交叉:快速发展的生物信息学为合成生物学提供了多方面的支持,测序技术的蓬勃发展提供了种类繁多的数据库,通过对相应的数据库进行分析,可有效降低实验强度,获取翔实的数据样本。

(3)合成生物学与基因工程及代谢工程的交叉:与基因工程相比,合成生物学使用更多标准化的生物元件来转化和重建现有的基因回路。合成生物学为代谢工程拓展了一种全新的思维方式,在代谢途径的系统设计和构建以及基因调控中起着重要作用。

合成生物学致力于利用标准化的生物模块来实现理想功能,因此工程化时刻伴随着合成生物学的形成与发展,是合成生物学的本质特征。研究人员致力于实现合成生物学的标准化、模块化和系统化,从而加深对生命本质的理解,进一步推动以合成生物学为理论基础的生产、生活相关产业的快速发展。合成生物学的主要研究范畴可总结为设计和构建新型生物学组件或系统,以及对自然界已有的生物系统进行重新设计并加以应用,科研人员从这一研究范畴出发,致力于工程化的模块设计、功能模块的仿真建模、开发预测算法及相关软件等来实现人造生命的终极目标。

2. 合成生物学原理

合成生物学的解析思路可分为自上而下的逆向工程及自下而上的正向工程。自上而下的研究策略需要对已有生物系统进行解耦和抽提来降低其复杂性,从而构建标准化模块。自下而上的研究策略是使用标准化模块通过工程方法重建具有所需功能的生物系统。

无论是自上而下还是自下而上的研究策略,生物模块都是合成生物学研究不可或缺的基础。经过标准化处理,具有标准的酶切位点的功能 DNA 序列称为标准化生物模块,包括基因模块、亚细胞模块、基因网络、代谢途径、信号转导通路及转运机制等。生物模块的核心元件具有普适性及通用性。

任何研究系统都存在由简单到复杂的构建过程,合成生物系统的构建可分为三个基本层次,即生物元件、生物装置和生物系统。生物元件作为最简单、最基本的生物模块,可以分为启动子、终止子、报告基因、标签组件等不同功能的类别。通过不同生物元件的排列组合可以实现生物装置的复杂设计。而将具有一定功能联结的生物装置通过串联、反馈等形式进行组合即称为生物系统。此外,目前合成生物系统群体的工程化操作最主要的手段就是群体感应。

与计算机网络类似,合成生物学设计的基因线路也具有其内在的逻辑结构,因此可以充分借鉴计算机逻辑结构中的串并联、前馈、反馈等,进而实现精准调节基因网络的目标。常用的基本逻辑结构有串并联结构、单输入结构、多输入结构、前馈结构及反馈结构,通过将这些基本逻辑结构进行合理组合,重设基因线路,可以构建由简单到复杂的代谢网络。

根据模拟类比计算机网络的构建思路,合成生物系统可延伸发展出诸多逻辑结构。此外,由于合成生物系统的基础是具有良好表征效果和功能可预测性的生物模块,因此集成生物模块的合成网络可以通过数学建模的方法来构建期望的合成生物系统,并通过使用相应组件及软件等工具来实现对合成生物系统的定量分析。严格按照建模标准,通过合理的模型假设、框架选择、参数调节及表型分析可有效完成合成生物系统的数学建模。

合成生物学以设计、模拟和实验为基础,强调“设计”和“重设计”。模块化设计具有信息隐藏、内聚-耦合及封闭性-开放性三个特征元素。由于自然生物的基因线路是自然选择进化而来的复杂线路,具有相当的冗余性,而这些冗余线路在进行合成生物系统表征时会造成背景噪音,影响目的线路的表征,因此理想的载体细胞应具有精简的基因组结构,亦称为最小基因组。合成生物系统的工程化设计原理为“设计—构建—评估—优化”,通过分析相关的代谢模型数据库,以相应的代谢模型作为指导来设计新型代谢途径及网络,开发新型的底盘宿主,挖掘新的反应途径,模拟组合同源及异源代谢网络来完成对新反应的合理设计。

3. 合成生物系统的基因线路

谈及基因线路的设计和发展,就不得不提到 1961 年 F. Jacob 和 J. Monod 提出的乳糖操纵子模型,该模型被认为是首个基因表达调控的模型,随着后续深入的研究,科研人员将计算机网络与合成生物基因网络进行了类比和交叉,利用生命科学的中心法则发展出各种 DNA、RNA 及蛋白质调节器来调控基因的表达,从而构建出理想的基因网络。目前按照功能来区分可将基因线路分为逻辑基因线路及其他功能遗传线路两大类。

　　现代合成生物系统的设计过程中需要利用一系列调控元件对基因表达过程进行有效调控，原核生物基因表达调控的基本元件是操纵子，如启动子、终止子、衰减子、增强子、阻遏子及绝缘子等，真核生物基因表达调控的基本元件是顺式作用元件及反式作用元件。

　　除了利用调控元件来实现有效调节外，科研人员还报道了使用逻辑门基因线路及开关基因线路等来实现调节的目的。数字电路以{0,1}空间的映射为基础，衍生而出的逻辑门是数字电路的基石，合成生物学研究人员通过借鉴逻辑电路的设计原则来对基因线路的逻辑关系进行研究和分析，进而实现对基因线路的合理构建与有效建模。常见的逻辑门基因线路有"与"、"或"、"非"及"或非"门基因线路。

　　"基因转换"就像在基因表达过程链中添加一些启动子或制造小障碍，从而使以前无法工作的基因可以开始工作或已经开始的工作无法继续进行。常见的基因开关有类似于"非"逻辑门运算的转换开关、既有正调控作用又有负调控作用的双相开关、通过 RNA 构象改变来实现开关功能的核糖开关，以及以第二信使为基础的双稳态开关。基因线路的调控方式主要有：通过检测相应指标来进行阻遏、调解时，基因网络按照正确方向转录，对基因线路的翻译进行纠错，通过设计基因路线来放大环境信号，从而使基因网络更灵敏地检测到信号变化。

4. 合成生物系统的设计与组装

　　为满足生产、生活及科学研究的不同需求，合成生物系统需要具有多层次、多方面的性能，因此需要对合成生物系统进行多方面的设计，实现合成生物系统对特定需求的专一高效生产。首先需要考虑的是合成生物系统底盘细胞的选择，出于对生产成本和生产条件的考虑，底盘细胞须具备生长周期短、代谢率高、发酵简单、底物成本低、环境适应性强及产物耐受性高等特征；其次需要对满足特定需求的元件和途径进行挖掘，可以通过基因组学、代谢组学、转录组学及蛋白质组学等生物信息学手段进行挖掘；然后需要对合成生物系统进行计算机辅助设计与评估，通过数学建模为合成生物系统的设计提供指导及定量指标，通过"设计—构建—检验—重设计"循环来实现原始设计的修正与验证。

　　在完成对合成生物系统的设计后，需要对设计好的生物模块进行组装以实现设计的目的和功能。首先需要对转录单元进行合成组装，转录单元元件的组装和优化操作有对编码序列进行相应的密码子优化、选择合适的功能元件及选择适当的克隆方法等；其次需要进行多基因代谢途径的构建；然后需要考虑对染色体或基因组等大片段外源 DNA 序列的组装，常用的有细菌人工染色体、酵母人工染色体及人类人工染色体等；最后需构建相应的合成生物系统，需对外源的基因网络进行表征和筛选来验证合成生物基因网络的适用性。

　　合成生物系统构建后无法直接达到理想的状态或参数，因此需要对合成生物系统进行一系列的优化。常见的优化有单一基因的优化，如启动子及核糖体结合位点优化；多基因途径的组合优化，如采用多种计算机辅助算法来实现最优条件的快速挖掘、基因组简化与重构。

　　设计好的合成生物系统需对其进行快速、准确的分选，以期获得符合预期的合成生物个体。针对核酸类物质的分析系统目前已发展至第四代测序技术，针对多肽类及蛋白类物质的分析系统常用质谱及荧光定位等手段，针对单细胞的分析可采用流式细胞仪进行分析分选；合成生物系统的筛选技术主要分为体内、体外及计算机分析三大类。

5. 合成生物系统的调控与优化

　　由于涉及复制、转录及翻译等一系列活动，基因的表达调控一直是一个极其复杂的过程，作为新兴学科的合成生物学也无法避免这一难题,目前已发展出从单点水平、全局水平及组学水平的基因调节方式。

合成生物系统的单点调控与优化:合成生物系统在 DNA 水平(如人工合成特定序列亲和剂)、RNA 水平(如启动子修饰及核糖开关调节)、蛋白质水平(如支架蛋白的调控)均有相应的针对单基因的调控作用,通过采取相应的调控措施,可有效实现对合成生物系统的单点调控与优化。

合成生物系统在基因组水平的全局调控与优化:基因编辑技术可有效实现合成生物系统在基因组水平的全局调控与优化,传统的基因编辑技术是根据 DNA 同源重组原理来实现的基因打靶技术,较新型的技术有锌指核酸酶(ZFN)、转录激活因子样效应因子核酸酶(TALEN)、成簇规律间隔短回文重复序列(CRISPR)三种基因编辑技术。而对于不可培养微生物的基因组分析,需要采用宏基因组学的理论与研究方法,以环境样本中的全体微生物基因组为研究对象,通过使用高通量的功能筛选或测序分析来挖掘新型的功能基因,有效提高了自然界中基因资源的利用率。

通过组学水平对合成生物系统在基因组水平、转录组水平、蛋白质组水平及代谢组水平的调控,有效促进了合成生物系统的发展,组学调节的方式主要分为理性调节与随机调节。理性调节建立在已知信息的基础上,对已知信息进行分析和评估,充分了解相应的作用机制,从而高效地获取所需性状;而随机调节则不需要了解分子的作用机制,只是加速了自然进化的过程,获得了大量无规律的突变性状,而后通过高通量的快速筛选方法来获得理想性状。目前也有报道称研究人员结合上述两种调节方式的优点建立了半理性调节方法。在"后基因组"时代,各种层次的组学研究蓬勃发展,通过对转录组学、蛋白质组学、代谢组学等组学水平信息的利用和分析,可极大地拓宽生命科学的研究方法和研究领域。

6. 无细胞合成生物系统

合成生物学领域的研究时刻秉承着生命科学的中心法则:DNA→RNA→蛋白质,从自然生命中寻求启发,以工程化的思维和设计来快速构建具备目的功能的合成生物系统。纵观合成生物学发展的历程,主要的研究思路是以细胞为宿主进行工程化设计,进行相关的基因线路构建、模块标准化设计及代谢通路改造等操作。然而基于细胞的合成生物系统始终无法避免天然细胞的生长周期、基因背景噪音、难以标准化及高复杂性等问题,因此无细胞合成生物学应运而生。

无细胞合成生物学仍遵守中心法则,只是运用工程学思维在体外实现了生物的中心法则。去除了细胞膜的无细胞合成生物系统便于直接调控转录、翻译及代谢等活动,去除了天然基因组 DNA 可有效降低背景噪音及消除生长需求。相较于传统的基于细胞体系的合成生物学,无细胞合成生物学体现了诸多优势:可直接控制反应体系、可直接在原位进行相关参数检测及产品获取、有效加速"设计—构建—测试"周期、减少毒性物质耐受性的考虑、极大地提高经济效益及生产效率。

基于细胞体系的合成生物系统的设计理念,可有效拓展出基于细胞提取物体系的无细胞合成生物系统,其通过粗提取获得细胞体系的相关基因转录、翻译、蛋白质折叠及代谢通路的必需元件。而为了避免粗提取体系中仍存在的副反应,需要对其进行体系纯化,进而可以构建出一个每个元件都能精准调控的纯化体系。上述两体系是通过自上而下的指导实现的,而通过自下而上的指导亦可在体外重构多酶催化体系,完整运行构建的代谢通路。

初步构建而成的无细胞合成生物系统需进行工程化改造,才能有效满足工业化的生产生活需求。首先是无细胞合成生物系统的优化,急需解决的问题有提高产品得率、降低生产成本、工业放大优化,其次是在体外环境下对基因模板进行设计优化,然后对小分子及蛋白质合成通路进行优化调节,最后是致力于完成人造细胞的终极目标。

无细胞合成生物系统已在结构生物学、高通量筛选、生物医药、生物催化及疾病诊断等诸多研究领域实现了应用和突破,相信在未来不断的发展过程中,无细胞合成生物系统必将渗透到生产、生活的方方面面。

7. 合成生物学建模与计算机辅助工具

集生物学、数学、工程学及信息技术于一身的合成生物学在历经数十年发展后,已开发出可有效进行数学建模及信息分析的工具。随着大数据时代的到来,又为合成生物学的发展注入了新的活力。

由于合成生物系统基于细胞体系的特性,其随机性、非线性、进化性及多级调控伴随着整个合成生物学研究过程,因此需要充分利用数学建模及计算机辅助技术来解决相关问题。现有的生物建模工作大部分是通用元件的模拟,不过随着大数据技术及计算机计算能力的发展,生物建模工作精度和效率在日益提高,有效加速了合成生物学的发展速度。

作为交叉学科的合成生物学在进行工程化设计时不可避免地使用到计算机技术,其设计思路和工程化思维与计算机技术如出一辙,使用标准化的逻辑"与"门等部件可准确地推测基因线路的相关功能。目前,研究人员已开发了分子设计、线路模拟预测及基因网络和代谢网络设计与重构等诸多计算机辅助工具。

模型是对相应系统与系统各部分关键热点之间的交互关系的提取。系统建模首先需要对系统模型的逻辑结构进行分析与解读,然后需要明确抽象地描述系统模型,最后需要对模型的拓扑结构进行分析与确定。通过机理法、统计法、类比法等方法可快速确定其相关参数、变量及常量。

合成生物系统数学模型主要针对稳定性、鲁棒性及敏感度进行分析与评价。稳定性是指系统抵抗外界干扰,保持理想工作状态的能力。鲁棒性是指系统在面对干扰时保持其功能的能力。灵敏度用于衡量系统模型中某一参数的影响能力。常用于合成生物系统的基本数学模型有蛋白质表达模型、逻辑门模型、双稳态开关模型、振荡器模型、群体感应线路模型等。

大数据时代的到来为世界各个领域带来了翻天覆地的变化,大容量数据库及快速搜索工具使得全球的研究数据得以汇聚和共享,计算能力的提升使得模型的复杂程度和精准度不断提高,通过挖掘多组学交叉融合的数据可更加精准地预测系统的功能。未来随着大数据时代的不断深入,合成生物学将会有效解决数据的异质性问题,优化计算工具,提高工具效率,设计更加精密的模型。

8. 合成生物学的应用

作为交叉学科的合成生物学融合了生物学、计算机、数学及工程学的专业知识,对生物系统进行工程化改造使其在生产、生活的诸多方面有良好的应用前景。

合成生物系统可有效替代传统的化学工业生产,实现化学品的绿色制造,已有报道可通过合成生物系统生产1,4-丁二醇、4-羟基香豆素、类胡萝卜素等产品。合成生物系统亦可用于生物能源的绿色制造,通过生产生物乙醇来减少化石燃料的使用,生产脂肪酸来合成生物柴油,生产高级醇来发展新型燃料能源。

随着社会的城市化和工业化的不断推进,人类造成的污染日益严重,大量有毒有害的物质分布在环境中,包括但不限于重金属、烷烃及其不完全燃烧衍生物、三硝基甲苯、毒性有机物质等,使用传统的治理方法成本高、周期长、效率低,因此亟需相关合成生物系统的应用,目前已有多种多样的污染物生物传感器的报道,可用于检测污染物的浓度。

生命科学与医学息息相关,文明发展有史以来,人类总是有意无意地将生命科学领域的发现应用于医学研究。随着现代科技的发展,生命科学与医学的关系更是密不可分,生命科学可有效促进对致病机制的理解、促进疾病预防疫苗的开发、降低病原体的毒性、促进药物筛选及生物医药的先进制造等。

基于细胞体系的合成生物系统随着工业生产周期的延长,其细胞活力不可避免地会受到化合物毒性、代谢失衡等诸多压力的负面影响,因此需要对合成生物系统进行抗发酵抑制物、抗毒性中间产物及抗毒性最终产物等抗逆性改造。

9. 合成生物学前景展望

21 世纪是生命科学发展的世纪,合成生物学在全球已呈现出如火如荼的发展前景,全球各国都聚焦在合成生物系统的发展和应用上,此外还有涵盖了生物燃料、化学品、医药、个人护理及食品等诸多领域的跨国公司进行的研发,使得合成生物学领域一片欣欣向荣。合成生物学在军事领域可有效开发军用新能源、设计和改造军用材料及军事环境污染治理等,在民用市场可大力推进医药领域、食品领域、能源领域和农业生产的发展。

与传统的农业和发酵产业相比,合成生物系统为解决病虫害问题、抗逆性设计及增产增收提供了有力的帮助和新颖的思路。合成生物学秉承着自下而上的研究思想,突破了传统思维的桎梏,采用标准化的生物模块通过适当的排列组合来获得目的功能,这为其在诸多领域的广泛应用打下了坚实的理论基础,此外由于生物模块的多样性和不同生物模块的组合,使得合成生物系统拥有着无限的可能和可持续性。

目前合成生物学面临着社会伦理的问题和质疑,主要有生态安全问题、生物防御问题及生物伦理问题。面对这些问题,不仅需要合成生物学领域的研究人员秉持本心,而且需要国家和社会对合成生物学知识的正确认识和普及推广,更需要广泛民众提高对谣言的辨别能力,提高相关的知识水平。建立健全合成生物学研究和应用的风险评估和监督管理体系,加强民众的生物安全意识和生物伦理教育,促进合成生物学的良性健康发展。

6.3.5　仿生学

1. 仿生的来源

"仿生"一词是由杰克·E. 斯蒂尔于 1958 年 8 月创造的,由生物学与其他学科交叉发展而来的。仿生技术的支持者认为,在生命形式和人造物体之间进行设计思想的转移是有好处的,因为进化压力通常迫使包括动植物在内的活生物体变得高度优化和高效。

2. 仿生化学

仿生化学指的是在自然界中涉及生物大分子(如酶或核酸)的化学反应,这样的化学反应可以在体外用更小的分子化合物复制。

3. 工程仿生学

工程仿生学是将自然界中发现的生物方法和系统应用于工程系统和现代技术的研究和设计的学科,几乎所有的工程都可以说是生物模拟的一种形式。工程仿生学的例子包括模仿海豚厚皮的船体,模仿动物回声定位的声呐、雷达和医学超声成像等。

4. 计算机科学领域的仿生学研究

在计算机科学领域,仿生学的研究导致了人工神经元、人工神经网络和群体智能的产生。进化计算也受到仿生学思想的推动,但它通过模拟硅化物中的进化并得出自然界中从未出现过的优化解,进一步推动了这一思想的发展。仿生学的研究往往强调实现自然界的功能,而不是模仿生物结构。例如,在计算机科学中,控制论试图对智能行为中固有的反馈和控制机制进行建模,而人工智能则试图对智能功能进行建模,而不管它是如何实现的。有意识地从自然有机体和生态系统中复制实例和机制是一种基于实例的应用推理形式,将自然本身视为已经起作用的解决方案的数据库。支持者认为,对所有自然生命形式施加的选择性压力可以最大限度地减少和消除失败。

5. 仿生学的应用成果

1) 莲花效应

莲花效应,也称为超疏水性。在莲叶上,水不能润湿表面,只会滚落。这种强排斥力是由于莲叶表面的纳米结构所致,在该表面上,具有蜡状疏水性材料的微凸起会排斥水,这也是一种自清洁机制,因为污垢颗粒也会粘在水分子上一同滚落。由此发展出了防污垢和防水涂料。

2) 鲸鱼风力涡轮机

座头鲸重达 36 t,它是海里最优雅的游泳者、潜水员和跳水者之一。生物力学家 Frank Fish 首先对其进行了研究,发现这些空气动力学能力很大程度上要归功于鳍前侧的突起,即所谓的结节。类似于飞机机翼在飞行过程中的变化,鲸鱼以不同的倾斜角度使用鳍片来增加升力。但是,倾斜度太大,相反的情况就会发生,它们会由于当前的湍流和水中涡流的形成而失去升力。通过比较凹凸不平的叶片和边缘光滑的叶片,Frank Fish 和他的同事们发现,结节产生失速的角度要大得多——实际上增加了近 40%。Frank Fish 的进一步测试还表明,锯齿状边缘的风力涡轮机比典型的光滑叶片更有效、更安静。利用这一结论,有公司开发了一系列的叶片应用设备,包括风力涡轮机、水力涡轮机、灌溉泵、通风泵。

3) 箱鲀和仿生汽车

尽管箱鲀外形笨重,但它受到的流动阻力很低,阻力系数达到惊人的 0.06。相比之下,企鹅在水中游泳的阻力系数是 0.19。2005 年,受箱鲀高结构强度和低质量的启发,梅赛德斯·奔驰开发了仿生汽车,据报道该产品减少了阻力,具有比传统汽车更大的刚性、更轻的重量和更低的油耗。

4) 翠鸟和新干线

日本的火车以惊人的速度和效率而闻名。然而,在时速超过 300 km 的情况下,子弹头列车在每次从隧道中驶出时都会产生巨大的音爆,这是空气压力变化带来的不幸结果,噪音污染极大地干扰了当地居民。工程师们受翠鸟启发,设计了新型的新干线火车。翠鸟是在空气和水之间穿梭的大师,很少溅起水花。就像翠鸟一样,新干线子弹头火车也配备了长喙形的鼻子。这大大减少了火车发出的噪音,但同时也减少了 15% 的电力消耗,并且行驶速度比以前快 10%。

5）魔术贴

乔治·德·梅斯特拉（George de Mestral）在发现毛刺很容易粘在狗毛上之后，受到启发，发明了魔术贴。在显微镜下研究它们的时候，他注意到在毛刺的刺端有一个简单的小钩子，它们能够抓住任何有环的东西，比如皮毛和织物。他的魔术贴固定系统由两部分组成，用一根松的尼龙搭扣与一根小钩子相对，该系统的应用范围广，受欢迎程度高。

6）鸟类和飞行

仿生学中最著名的例子可能是人类飞行史中的故事。莱昂纳多·达·芬奇（Leonardo da Vinci）在 1480 年首次对鸟类和人类飞行进行了真正的研究，他最初的设计被称为"飞鸟"，虽然未被制造出来，但是展示了人类飞行的主要原理。在接下来的几年里，几位设计师和工程师致力于这个灵感，如奥托·利连塔尔（Otto Lilienthal）驾驶滑翔机完成了 2500 多次飞行，但直到 1903 年，莱特兄弟才驾驶了第一台动力驱动、比空气重的机器进行受控可持续飞行。这项技术也定义了 20 世纪的空中技术和今天的空中技术。

7）集水甲虫

非洲的纳米布沙漠甲虫可以将雾气凝结成水滴聚集在壳上。由于防水脊线的突起，它们逐渐将水通道引向甲虫的头部，以便饮用。受此启发，麻省理工学院的研究人员用玻璃和塑料复制了这种结构。这不仅使它们能够像甲虫的背部一样积聚微量水，而且还为在沙漠中的其他应用提供了基础。例如，建筑冷却设备，可用于清理有毒的溢出物。

8）建筑与工程中的仿生学

仿生学在建筑学和制造业中是一种设计建筑物和产品的实践，它模拟自然界中发生的过程。仿生学在建筑与工程中的应用包括：一种屏幕系统，使用弹性、几何形状和热敏金属来打开和关闭屏幕，以响应阳光——就像开花一样。受自然界中存在的结构（如蓝色大闪蝶的翅膀和蜂鸟的羽毛）的启发，工程师利用一些材料的特性和效果进行仿生学设计，将其转化为可缩放的建筑表皮，这些表皮使用感应材料和传感器提供的反馈回路来适应环境因素。另一应用示例来自于康奈尔大学萨宾设计实验室，珍妮·萨宾教授致力于构建类似于生物体的设备，模拟细胞网络行为和细胞结合在一起形成组织的方式，制造出了带有明显细胞结构的发光蛛网。

6.4　生命科学与医学

6.4.1　基因治疗

基因治疗（gene therapy）是指将人的正常基因或有治疗作用的基因通过一定方式导入人体靶细胞，以纠正基因的缺陷或发挥治疗作用，从而达到治疗疾病目的的一种生物医学新技术。基因是携带生物遗传信息的基本功能单位，将外源基因导入生物细胞内必须借助一定的技术方法或载体，目前基因转移的方法有生物学方法、物理方法和化学方法。腺病毒载体是目前基因治疗最为常用的病毒载体之一。基因治疗的靶细胞主要分为两大类，即体细胞和生殖细胞，目前开展的基因治疗只限于体细胞。基因治疗目前主要是治疗那些对人类健康威胁严重的疾病，包括遗传病（如血友病、囊性纤维病、家庭性高胆固醇血症等）、恶性肿瘤、心血管疾病、感染性疾病(如艾滋病、类风湿等)。

6.4.1.1 基因治疗的概念

狭义的基因治疗是指用具有正常功能的基因置换或增补患者体内有缺陷的基因,从而达到治疗疾病的目的。广义的基因治疗是指把某些遗传物质转移到患者体内使其表达,最终达到治疗某种疾病的治疗方法。

6.4.1.2 基因治疗的策略

基因治疗的总体策略归纳如下。

(1)基因矫正:纠正致病基因中的异常碱基,正常部分予以保留。

(2)基因置换:对正常基因同源重组,原位替换致病基因,使细胞内的DNA完全恢复正常状态。

(3)基因增补:把正常基因导入体细胞,通过基因的非定点整合使其表达,以补偿缺陷基因的功能或使原有基因的功能得到增强,但致病基因本身并未除去。

(4)基因失活:将特定的反义核酸(反义RNA、反义DNA)和核酶导入细胞,在转录和翻译水平上阻断某些基因的异常表达,实现治疗的目的。

(5)"自杀基因"的应用:其编码产物专一性地将无毒前药转变为有毒代谢产物。导入该基因后给予相应前药,杀伤分裂期肿瘤细胞。

(6)免疫基因治疗:把产生抗病毒或增强肿瘤免疫力的基因导入机体细胞,以达到治疗目的,如细胞因子(cytokine)基因的导入和表达等。

(7)耐药基因治疗:在进行肿瘤治疗时,为提高机体耐受化疗药物的能力,常把产生抗药物毒性的基因导入人体细胞,以使机体耐受更大剂量的化疗,如向骨髓干细胞导入多药耐药基因MDR1,等等。

6.4.1.3 基因治疗的程序

选择用于治疗疾病的目的基因→选择基因载体:目前应用于基因治疗的载体主要有病毒载体和非病毒载体两种→选择靶细胞:目前应用于基因治疗的仅限于人体细胞,靶细胞必须取材方便,易于在体外人工培养,而且细胞的寿命足够长→基因转移:可分为病毒方法和非病毒方法,非病毒载体主要有直接注射、磷酸钙共沉淀法、脂质体法和生物化学法等→筛检外源基因:可利用基因表达产物筛检,也可利用分子生物学方法筛检外源基因→将目的基因导入体内:直接转导入人体的靶器官的靶细胞中,或取出患者体细胞进行体外培养,将治疗性基因通过病毒载体或非病毒载体转染后再移植到患者的特定部位导入体内。

6.4.1.4 基因治疗的现状与展望

20世纪90年代开始,随着医学分子生物学及遗传学研究的深入,许多疾病的发病机制在基因水平上得以阐明,从而促使基因治疗发展速度大大加快。人类基因组计划的完成,各种有关分子生物学技术的日趋完善,使得基因治疗成为生物学和临床科学领域里的热门研究课题之一,并为人类带来了全新的医学概念和手段。基因治疗的范围已从过去罕见的单基因疾病扩大至常见的单基因疾病和多基因疾病。截至2001年2月,世界范围内已有532个临床方案被实施,累计3436人接受了基因转移试验。

1991年,美国批准了人类第一个对遗传病进行体细胞基因治疗的方案,即将腺苷脱氨酶

（ADA）导入一个患有严重复合免疫缺陷综合征（SCID）的 4 岁患儿。采用的是反转录病毒介导的间接法，即用含有正常人腺苷脱氨酶基因的反转录病毒载体培养患儿的白细胞，并用白细胞介素Ⅱ（IL-2）刺激其增殖，经 10 天左右再经静脉输入患儿。1～2 月治疗一次，8 个月后，患儿体内 ADA 水平达到正常值的 25％，未见明显副作用。此后又进行了第 2 例的治疗，获得类似的效果。

对肿瘤进行基因治疗是人们早已期望的事，在进行了多方面探索的基础上发现了肿瘤浸润淋巴细胞（tumor infiltrating lymphocyte，TIL，即能在肿瘤部位持续存在而无副作用的一种淋巴细胞）在肿瘤治疗中的作用。1992 年，TNF/肿瘤细胞和 IL-2/肿瘤细胞方案得以实施，即分别将 IL-2 基因肿瘤坏死因子（tumor necrosis factor，TNF）基因导入取自黑色素瘤患者自身并经培养的肿瘤细胞，再将这些培养后的肿瘤细胞注射至病人臀部，3 周后切除注射部位与其引流的淋巴结，在适合条件下培养 T 细胞，将扩增的 T 细胞与 IL-2 合并用于病人，结果 5 名黑色素瘤病人中有 1 名病人的肿瘤完全消退，2 名病人的 90％ 的肿瘤消退，另 2 名病人在治疗后 9 个月死亡。由于携有 TNF 的 TIL 可积于肿瘤处，因而 TIL 的应用提高了对肿瘤的杀伤作用。

1993 年，法国科学家将腺病毒-罗斯病毒小肌营养不良蛋白基因重组体（Ad-RSVmDys）注入小鼠肌内来治疗 Duchenne 型肌营养不良症（Duchenne muscular dystrophy，DMD）并获得成功。他们用腺病毒为载体，与小肌营养不良蛋白（mini dystrophin）基因的 cDNA 重组，在 RSV 启动子启动下肌肉注射，结果证明该蛋白可在 mdx 小鼠肌肉中表达，使病情得到缓解。

我国的复旦大学遗传学研究所与第二军医大学附属长海医院血液科合作，对乙型血友病的基因治疗也进行了有意义的探索。他们在兔模型的基础上，将人的第Ⅸ因子基因通过重组质粒（pCMVIX）或重组反转录病毒（N2CMVIX）导入自体皮肤成纤维细胞，获得了可喜的阶段性成果。该成果获得了 1996 年国家技术发明二等奖。

进行基因治疗必须具备下列条件：①选择适当的疾病，并对其发病机理及相应基因的结构功能了解清楚；②纠正该疾病的基因已被克隆，并了解该基因表达和调控的机制与条件；③该基因具有适宜的受体细胞并能在体外有效表达；④具有安全有效的转移载体和方法，以及可供利用的动物模型。

人类基因组计划的进行与完成已让人们对许多疾病的成因有了更多的了解，很多遗传疾病的成因也在此计划进行期间被揭开；近年来在诸如基因转移体系、基因调控系统、临床应用等方面都有了很大进步；新的技术正日新月异地被发现和改善。然而，基因治疗在医学实践中的进展仍比较缓慢，还有很多问题如伦理道德、技术安全等急需解决。目前的基因治疗只可能在少数单位进行基础研究，在严格控制的条件下进行少量的临床试验。

基因治疗将是 21 世纪医药领域的最大突破。随着人类基因组计划的完成，与疾病相关的基因正不断被发现，人们已经逐步认识到大多数疾病是由于基因结构和功能的改变而引起的，基因治疗将带来临床医学的巨大革命。基因治疗的手段将越来越多地应用于诸如病毒性传染病（如各型肝炎、艾滋病等）、恶性肿瘤、心脑血管疾病、老年病等目前尚无理想治疗方案的疾病的治疗。除此之外，基因治疗还将成为多种疾病预防的有效措施之一。毋庸置疑，作为生物技术发展的前沿基因治疗将为多种疑难杂症的治疗开辟更广阔的前景，进而为人类的健康带来不可估量的好处。

6.4.2　组织(器官)工程

人体组织损伤、缺损会导致功能障碍。传统的修复方法是自体组织移植术,虽可取得满意疗效,但它是以牺牲自体健康组织为代价的"以伤治伤"的办法,会导致很多并发症及附加损伤。人体器官功能衰竭,采用药物治疗、暂时性替代疗法可以挽救部分病人的生命,对终末期病人采用同种异体器官移植有较好疗效,但供体器官来源极为有限,而且因免疫排斥反应需长期使用免疫抑制剂,由此带来的并发症有时是致命的。20 世纪 80 年代,美国麻省理工学院的化学工程师蓝格(Robert Langer)和美国马萨诸塞州立大学医院临床医师韦肯逖(Joseph P. Vacanti)首次提出组织工程学概念,为众多组织缺损、器官功能衰竭病人的治疗带来了曙光。

组织工程(tissue engineering)最早是 1987 年美国科学基金会在华盛顿举办的生物工程小组会上提出的,并于 1988 年正式定义为应用生命科学与工程学的原理与技术,在正确认识哺乳动物的正常及病理两种状态下的组织结构与功能关系基础上,研究、开发用于修复、维护、促进人体各种组织或器官损伤后的功能和形态的生物替代物的一门新兴学科。

组织工程研究主要包括干细胞、生物材料、构建组织和器官的方法和技术及组织工程的临床应用四个方面。目前,临床上常用的组织修复途径大致有四种,即自体组织移植、同种异体组织移植、异种组织移植及应用人工或天然生物材料。这四种方法都有其自身的不足,如免疫排斥反应(同种异体组织移植、异种组织移植、生物材料)及供体不足(自体组织移植、同种异体组织移植)等。组织工程的发展将从根本上解决组织和器官缺损所导致的功能障碍或功能丧失的治疗问题。

生物材料组织工程是目前研究最为广泛的组织工程方法,其三大要素是细胞、生物材料支架及信息因子。

细胞是生物工程的核心。细胞是生物体内最基本的功能单位,所以生物材料自身不能独立修复组织,而是需要帮助或者调控细胞工作进而使细胞修复组织。目前,研究最多的是干细胞,它可以分化成所有功能细胞。传统生物材料组织工程是将相关细胞植入生物材料支架内进行体外培养,等组织在体外发展到一定程度之后再将其植入体内。这种方法便于控制细胞在支架内的发展,可使用相关的信息因子进行体外控制,但缺点是等组织在体外发展好了再植入体内时可能会发生排异现象,因为体外环境和体内环境有很大的差异,不同环境会严重影响组织发展。最新生物材料组织工程并不用任何细胞,仅将材料植入体内。体内伤口处有大量的细胞具有恢复组织的功能,如果材料适合这些细胞生长,这些细胞会迁移到支架内部,开始分泌细胞外组织,并最终修复组织。这种方法解决了前者排异性的问题,但是对材料本身的性质要求也大大提高。

生物材料可分为非可降解材料(惰性陶瓷、金属合金、不可降解高分子)和可降解材料(可降解高分子、水凝胶、生物玻璃)两大类。其核心是建立由细胞和生物材料构成的三维空间复合体,这与传统的二维结构(如细胞培养)有着本质区别。生物材料的最大优点是可形成具有生命力的活体组织,对病损组织进行形态、结构和功能的重建并达到永久性替代,用最少的组织细胞通过在体外培养扩增进行大块组织缺损的修复,还可以按组织器官缺损情况任意塑形,达到完美形态的修复。非可降解材料将永远留在体内,而且生物材料往往不能完全替代生物组织的全部功能,比如自我更新、新陈代谢,随外界因素自我优化等。可降解材料如果实现降解速度和组织恢复速度平衡,将有望完全恢复原来生物组织及其全部功能,是最为理想的生物工程材料。目前,还没有这样理想的生物材料能够完全恢复成生物组织。

细胞需要靠信息因子的调控才能正常工作。目前生物材料主要靠植入后吸附信息因子及运载信息因子(植入前在体外载入,植入后缓慢释放或者按照一定形式释放)两种方法通过信息因子调控细胞工作,从而修复生物组织。

6.4.3　药物设计

药物设计是随着药物化学学科的诞生而相应出现的。早在 20 世纪 20 年代以前人们就开始了对天然有效成分的分子结构的改造,直到 1932 年欧兰梅耶将有机化学的电子等排原理和环状结构等价概念用于药物设计,才首次出现了具有理论性药物分子结构的修饰工作。随后,药物作用的受体理论、生化机制、药物在体内转运等药物设计理论不断出现。20 世纪 60 年代初,出现对构效关系的定量研究,至此药物设计开始由定性研究阶段进入定量研究阶段,为定量药物设计奠定了坚实理论基础和实践经验,药物设计也逐渐成为一门独立的分支学科。20 世纪 70 年代以后药物设计开始综合运用药物化学、分子生物学、量子化学、统计数学基础理论和当代科学技术,以及电子计算机等手段,开辟了药物设计新局面。随着分子生物学的进展,人们对酶与受体的理解更趋深入,一些酶的性质、反应历程,药物与酶复合物的精细结构得到阐明,模拟与受体相结合的药物活性构象的计算机分子图像技术在新药研究中也取得了可喜进展。运用这些新技术,从生化和受体两方面进行药物设计是新药设计的发展趋向。

6.4.4　生物治疗

利用天然物质治疗人类的疾病或达到某种医疗效果一直是医学上的一个重要研究领域。自 20 世纪 70 年代末发明了 DNA 重组技术以来,生物治疗获得了快速发展。生物治疗包括细胞素治疗、抗细胞素治疗、免疫保护治疗、毒素导向治疗、基因转录因子作为药物治疗、单克隆抗体治疗、寡核苷酸药物治疗、基因治疗及基因疫苗等九个方面。与传统的化学疗法、放射疗法等相比,生物治疗具有如下优越性。

(1) 生物治疗所用的一般是来源于人体的天然蛋白,其毒性较低,副作用小。

(2) 很多用于细胞素治疗的药物,其制作成本比提取天然药物的成本低得多,并且生产投入少,产值高,周期短,见效快。

(3) 基因工程药物可治疗过去难以治疗的疾病,如 α-2 干扰素治疗乙型肝炎和丙型肝炎等。

(4) 细胞素的功能是网络性的,因此一种细胞素往往可引起连锁反应,如白细胞介素-2 不仅对治疗某些肿瘤有一定效果,而且对麻风病也有相当疗效。

(5) 绝大多数人体蛋白质在适当条件下都具有医用价值,所以开发生物治疗制剂的风险比化学合成药物要小得多。

6.4.5　疫苗

6.4.5.1　疫苗的定义

疫苗是指为了预防、控制传染病的发生和流行,用于人体预防接种的疫苗类预防性生物制品。生物制品是指用微生物或其毒素、酶,人或动物的血清、细胞等制备的供预防、诊断和治疗用的制剂。预防接种用的生物制品包括疫苗、菌苗和类毒素。由细菌制成的称为菌苗,由病毒、立克次体、螺旋体制成的称为疫苗,有时也统称疫苗。

一般接种的疫苗或为政府免费向公民提供,公民应当依照政府的规定接种的疫苗,包括国家免疫规划确定的疫苗,省、自治区、直辖市人民政府在执行国家免疫规划时增加的疫苗,以及县级以上人民政府或者其卫生主管部门组织的应急接种或者群体性预防接种所使用的疫苗;或为公民自愿并且自费接种的其他疫苗。

6.4.5.2 疫苗的原理

疫苗是将病原微生物及其代谢产物经过人工减毒、灭活或利用基因工程等方法制成后用于预防传染病的自动免疫制剂。疫苗保留了病原菌刺激动物体免疫系统的特性。动物体接触到这种不具伤害力的病原菌后,其免疫系统便会产生特定的保护物质,如免疫激素、活性生理物质、特殊抗体等。当动物再次接触到这种病原菌时,动物体的免疫系统便会依循其原有记忆,制造更多的保护物质以阻止病原菌入侵带来的伤害。

6.4.5.3 疫苗的意义

疫苗的发明是人类发展史上具有里程碑意义的一个事件。在某种意义上,人类繁衍生息的历史就是不断同疾病和自然灾害斗争的历史,控制传染性疾病最主要的手段就是预防,而接种疫苗被认为是最行之有效的措施。事实证明也是如此,如威胁人类几百年的天花病毒在1798年牛痘疫苗出现后便被彻底消灭了,人类迎来了用疫苗迎战病毒的第一个伟大胜利,也更加坚信了疫苗对控制和消灭传染性疾病的巨大作用。此后的两百年间,疫苗家族不断发展壮大。目前用于人类疾病防治的疫苗已超过 20 种,根据技术特点可分为传统疫苗和新型疫苗。传统疫苗主要包括减毒活疫苗和灭活疫苗,新型疫苗则以基因工程疫苗为主。

6.4.5.4 疫苗的种类

1. 人工主动免疫制剂

1) 死疫苗

选用免疫原性好的细菌、病毒、立克次体、螺旋体等,经人工培养,再用物理或化学方法将其灭活制成的疫苗称为死疫苗。此种疫苗失去繁殖能力,但保留免疫原性。死疫苗进入人体后不能生长繁殖,对机体刺激时间短,要获得持久免疫力需多次重复接种。

2) 活疫苗

用人工定向变异方法,或从自然界筛选出毒力减弱或基本无毒的活微生物制成的疫苗称为活疫苗(减毒活疫苗)。常用的活疫苗有卡介苗(结核病)、麻疹疫苗、脊髓灰质炎疫苗(小儿麻痹症)等。接种后,活疫苗在体内有生长繁殖能力,接近于自然感染,可激发机体对病原的持久免疫力。其用量较小,免疫持续时间长,免疫效果优于死疫苗。

3) 亚单位疫苗

除去病原体中无保护免疫作用甚至有害的成分,保留其有效的免疫原成分后制成的疫苗即为亚单位疫苗(组分疫苗)。例如,可用化学试剂裂解流感病毒,提出其血凝素和神经氨酸酶而制成亚单位疫苗;或用脑膜炎球菌夹膜多糖等制成亚单位疫苗。

4) 基因重组疫苗

例如,应用基因工程技术把编码 HBsAg 的基因插入酵母菌基因组,制成基因重组乙肝疫苗。利用基因重组方法可制成更多种类、更价廉、更安全有效的疫苗或多价疫苗。

5）DNA 疫苗

DNA 疫苗的作用原理是将病原或肿瘤整个或部分蛋白抗原的基因克隆到真核表达载体上后直接注入体内，使其抗原在体内表达后激发机体产生免疫反应。其制作方法简单、安全、有效，自 1992 年出现至今已经有两种 DNA 疫苗被批准上市。

6）类毒素

细胞外毒素经甲醛处理后失去毒性，但仍保留免疫原性，称为类毒素。向其中加适量磷酸铝和氢氧化铝即成为吸附精制类毒素，在体内吸收慢，能长时间刺激机体，产生更高滴度抗体，增强免疫效果。常用的类毒素有白喉类毒素、破伤风类毒素等。

2. 人工被动免疫制剂

被动免疫制剂的种类很多，包括抗毒素、抗菌血清和抗病毒血清、丙种球蛋白、特异性免疫球蛋白、免疫核糖核酸、转移因子、胸腺素、干扰素等。人工主动免疫和人工被动免疫均能使机体增加抗病能力，但后者持续时间较短，主要用于治疗和紧急预防。

6.4.6　转基因食品

6.4.6.1　转基因食品的概念

利用现代分子生物技术，将某些生物的基因转移到其他物种中去，改造生物的遗传物质，使其在性状、营养品质、消费品质等方面向人们所需要的目标转变，将这样的生物体作为食品或以其为原料加工生产的食品即称为转基因食品。转基因与常规杂交育种有相似之处，杂交是将整条基因链（染色体）转移，而转基因是选取最有用的一小段基因进行转移，因此转基因比杂交具有更高的选择性。

6.4.6.2　转基因食品的种类

1. 植物性转基因食品

植物性转基因食品品种很多。如面包生产需要高蛋白质含量的小麦，而目前小麦品种蛋白质含量较低，将高效表达的蛋白基因转入小麦中将会使做成的面包具有更好的焙烤性能。又如番茄是一种营养丰富、经济价值很高的果蔬，但它不耐储藏。研究发现，控制植物衰老激素乙烯合成的酶基因是导致植物衰老的重要基因，如果能够利用基因工程技术抑制这个基因的表达，那么衰老激素乙烯的生物合成就会得到控制，番茄也就不易变软和腐烂了。美国、中国等国家的多位科学家经过努力已培育出了这样的番茄新品种，这种番茄抗衰老，抗软化，耐储藏，能长途运输，可减少加工生产及运输中的浪费。

2. 动物性转基因食品

动物性转基因食品种类也很多。如牛的体内转入了人类基因，长大后产生的牛乳中含有基因药物，提取后可用于人类病症的治疗；在猪的基因组中转入人的生长素基因，猪的生长速度增加了一倍，猪肉质量也大大提高，现在这样的猪肉已在澳大利亚上了餐桌。

3. 转基因微生物食品

微生物是转基因最常用的转化材料，因此转基因微生物比较容易培育，应用也最为广泛。如生产奶酪的凝乳酶，以往只能从杀死的小牛胃中取出，现在利用转基因微生物能够在体外大量生产,避免了小牛的死亡,大大降低了生产成本。

4. 转基因特殊食品

科学家利用基因工程将普通蔬菜、水果、粮食等农作物变成能预防疾病的神奇"疫苗食品",现已培育出一种能预防霍乱的苜蓿植物。用这种苜蓿喂养小白鼠,能使小白鼠的抗病能力大大增强,且这种霍乱抗原能经受胃酸的腐蚀而不被破坏,并能激发人体对霍乱的免疫能力。越来越多的抗病基因正被转入植物中,使人们在品尝鲜果美味的同时达到防病的目的。

6.4.6.3　转基因食品的安全性

转基因食品是利用基因工程技术创造的产品,也是一种新生事物,人们自然会对食用转基因食品的安全性产生疑问。

最早提出这个问题的人是英国阿伯丁罗特研究所的普庇泰教授。1998年,他在研究中发现幼鼠食用转基因土豆后内脏和免疫系统受损,这引起了科学界的极大关注。英国皇家学会随即对这份研究报告进行了仔细审查,并于1999年5月宣布此项研究"充满漏洞"。1999年,英国的权威科学杂志《自然》刊登了美国康乃尔大学教授约翰·罗西(John E. Losey)的一篇论文,文章指出蝴蝶幼虫等田间益虫吃了撒有某种转基因玉米花粉的菜叶后会发育不良,死亡率特别高。还有一些其他证据提醒人们,转基因食品可能存在潜在危险。

但更多的试验表明转基因食品是安全的,赞同这个观点的科学家主要有以下几个理由。首先,任何一种转基因食品在上市之前都进行了大量科学试验,国家和政府有相关的法律法规对其进行了严格约束。其次,传统种植时农民也会使用农药,而有些抗病虫的转基因食品无须喷洒农药。再次,一种食品会不会造成中毒主要是看它在人体内有没有受体和能不能被代谢,而转化的基因是经过筛选的、作用明确的,所以转基因成分不会在人体内积累,也就不会造成伤害。

例如,培育一种抗虫玉米,向玉米中转入来自苏云金杆菌的一个基因,该基因仅能导致鳞翅目昆虫死亡,因为只有鳞翅目昆虫有这种基因编码的蛋白质的特异受体,而人类及其他动物、昆虫均没有这种受体,所以无毒害作用。

1993年,经济合作与发展组织(OECD)首次提出了"实质等同"的转基因食品评价原则,即对转基因食品的各种主要营养成分、主要抗营养物质、毒性物质及过敏性成分等物质的种类与含量进行分析测定,如果与同类传统食品无差异,则认为两者具有实质等同性,不存在安全性问题,如果无实质等同性则需逐条进行安全性评价。

在我国,原国家科学技术委员会于1993年颁布了《基因工程安全管理办法》,用于指导全国的基因工程研究和开发工作。2000年,由原国家环保总局牵头,8个相关部门参与,共同制定了《中国国家生物安全框架》。

6.4.6.4　转基因食品发展现状

近十年来,现代生物技术的发展在农业上显示出强大潜力,并逐步发展成为能够产生巨大社会效益和经济利益的产业。世界很多国家纷纷将现代生物技术列为国家优先发展的重点领域,投入大量人力、物力和财力扶持生物技术的发展。但是,转基因食品在世界各个国家和地区之间的发展是不均衡的。到1999年,全世界已有12个国家开展种植转基因植物,总种植面积达3990万公顷,其中美国是种植大户,占全球种植面积的72%。

美国人对生物技术有着更深层次的体验。转基因食品在美国没有受到更多排斥,而是走上了寻常百姓餐桌。近年来,美国的转基因作物品种越来越多,种植面积逐年增加。美国转基因玉米的种植面积从 1996 年的 16 万公顷增加到 1997 年的 120 万公顷,2000 年种植的面积更是达 1030 万公顷,大约占美国玉米种植面积的一半。转基因大豆也已用于制作数百种食品,其中包括食物油、糖果和人造黄油。

我国有 13 亿人口,以世界 7％的可耕地面积养活着世界 22％的人口。城市化发展使农业耕地不断减少,而人口又持续增加,对工农业生产有更高需求,对环境将产生更大压力。为此,20 世纪 80 年代初我国已将现代生物技术纳入高科技发展计划,过去三十多年的研究已经结出了丰硕果实,如抗虫棉等 5 项转基因作物已被批准进行商品化生产,1998 年转 Bt 杀虫蛋白基因的抗虫棉的种植面积已达到 1.2 万公顷,到 2000 年上半年我国进入中间试验和环境释放试验的转基因作物分别为 48 项和 49 项。转基因食品是科技新产物,尽管现在还存在这样或那样的问题,但随着科技的发展会越来越完善。相信只要按照相关规定去做,我国生物技术的发展会是健康、有序的,我们的生活也会因生物技术带来的转基因食品而变得更加丰富多彩。

6.6.7　优生学

6.6.7.1　优生学的概念

优生学(eugenics)是研究如何改良人的遗传素质从而得到优良后代的学科。优生学的主要理论基础是人类遗传学,其措施涉及各种影响婚姻和生育的社会因素,如宗教、法律、经济政策、道德观念、婚姻制度等。

6.6.7.2　优生学的特点

优生学按其目标可进一步分为积极优生学和消极优生学两类。积极优生学是探讨决定人类理想性状的基因增加的原因和方法。与此相反,消极优生学是研究使不理想的(有害的)基因减少的可能性和方法。过去,按照优生学的观点各国曾实行了禁止低劣遗传素质人生育的法律(优生法)。但是决定哪个性状优良、哪个性状低劣并不是一件简单的事情,同时滥用优生法也会侵犯人权。另一方面,许多学者指出有害突变会在人群中积累起来,所以单是医疗的进步和环境的改善不能解决优生学的根本问题。目前,预防性优生学比较容易得到理解和支持,而进取性优生学则无论是在研究还是在实践方面都存在若干困难。

当前美国医学科学研究中最活跃的方面之一是出生缺陷,它涉及人体细胞遗传学、生化遗传学、围产期医学、产前诊断学、人体发生遗传学、畸胎学等众多学科,其研究目的与预防性优生学完全一致。

6.6.7.3　优生学的任务

优生学有两个任务:一是增进有关人类不同特征遗传本质的知识,并判定这些特征的优劣和取舍;二是指出旨在改进后代遗传素质的方案。目前,有关人类性状遗传的知识仍较局限,判定某种性状在未来社会中的优劣或对人类进化的利弊并非易事,所以在制定增加或减少某种基因频率的方案时更应谨慎。当前只能对某些已确证为有害的遗传性状和婚配习俗采取优生措施,如制定优生法对婚配、生育和生育年龄进行合理限制,以减少因近亲结婚而产生的隐性遗传性疾病及因母亲年龄过大所致先天愚型等先天缺陷的发病率。通过普查,检出特定人群中某些隐性有害基因的携带者,以避免两个杂合体结婚而生出隐性纯合的患者;通过羊膜穿刺获得羊水中胎儿脱屑细胞或取出早期胎盘绒毛进行胎儿产前诊断,结合必要的人工流产以防止患儿的出生;广泛设立遗传咨询网络,宣传在一定情况下结婚并不是都必须生育的观点;等等。

6.6.7.4 优生学的研究

根据目前的生物医学知识,为了达到改善人群的智力和体力的目的,除受精时已决定的遗传组成外,胎儿期的发育、分娩和婴儿抚育都具有重要作用。因此,近年来又有人提出优体学和优境学的概念,前者研究改善胎儿大脑发育的措施,后者研究改善婴儿的营养、教养等环境的优生途径。近十年来,受到很大重视的围产期医学则致力于防止引起早产、新生儿窒息、产伤等影响后代智力和健康因素的研究。这些新生学科虽然并不着眼于改变人群的基因频率,但对于改善人类的素质同样具有重要实践意义,因而受到各方面的重视。

从英国探险家、优生学家费朗西斯·高尔顿(Francis Galton)起,几乎所有优生学学者都特别关心人类的智力天赋。人类有别于其他生物的主要特点是,人类依靠智力天赋创造了丰富的文化和科学技术去适应和改造客观世界。然而,有关人类智力遗传的研究虽然已经进行了一百余年,却仍未得出一致的可靠结论。其主要困难在于人类社会的复杂性使研究者不易获得能明确反映遗传或环境因素的客观数据。根据迄今积累的人类遗传学和医学遗传学资料,大致可以得到如下的结论:严重的先天性智力缺陷大都由单个基因缺陷或某种染色体畸变所引起。目前普遍采用的智商测验本来是法国学者 A. 比奈于 1907 年为帮助巴黎学童分班而设计的,虽然后来经过不断改进,但还是不能全面反映被测者的智力水平。一些在学校里成绩平平的人在工作中却取得辉煌成就,或在许多方面被认为平庸的人却在某一特定领域显示卓越才能,这些现象都不罕见。智力天赋虽以遗传决定的大脑结构为依据,但大脑能否正常或充分发育和发挥其功能有赖于孕妇与婴幼儿的合理营养和对婴幼儿的教养及成长环境。最后,人类文明是由互相依存的各行各业的无数劳动者和具有各种不同天赋的人在漫长岁月中创造出来的,人类能够经受住各种严酷的选择压力(气候变化、疫病流行、战争等)而繁衍进化,正是由于人群的高度多态性和人类基因库的丰富多彩,因此,在采取任何旨在降低或增加某些特定基因频率的措施之前都必须十分慎重地考虑其对人类前途的远期后果。

习　题

1. 选择题(课堂完成,扫右边的二维码做题)

2. 名词解释

细胞学说、基因工程、基因组、基因库、疫苗、生物发生率。

3. 简答题

(1) 试述国内外现代生物技术发展的基本特点。

(2) 分子生物学发展史中有哪些重大事件?

(3) 生命科学史上有许多对生命科学乃至自然科学的研究起着重大推动作用的事件,请举一例说明事件的经过及其意义。

（4）为什么说生命科学是 21 世纪自然科学的中心？谈谈生命科学对人类社会发展的贡献。

（5）简述"杂交瘤技术"的基本过程。

第7章 生命科学的研究方法

7.1 生命科学是实验科学

迄今为止,生命科学一直都是实验性科学,其大量的结论都是建立在实验基础上的。因此,生命科学研究在相当大的程度上都依赖于先进的仪器设备和方法技术的创新。

7.1.1 生命科学得益于多学科交叉的发展

作为实验科学,生命科学得益于近代光学、电子、机械、材料等多门类技术的支持,它们不仅为生物学家提供了观察生物材料的显微技术,分离、纯化和分析生物分子的离心技术、电泳技术和色谱技术,分析物质结构的各种光谱、电子技术和核磁技术等,也提供了遗传工程中强有力的基因枪、电融合、激光微束、离子束等转基因技术。作为正在形成的理论科学,生命科学还将继续吸收计算科学、信息学、系统学和其他相关学科的知识和技术,逐步走向定量化、抽象化。

7.1.2 阿尔茨海默病的研究实例

阿尔茨海默病(Alzheimer's disease,AD)是一种进行性发展的脑病,引起记忆、语言、时空感觉发生逐步不可逆的退化,最终不能自理。该病最早是由德国医生爱罗斯·阿尔茨海默(Alois Alzheimer)于 1906 年发现,开始认为是发生在青年人中的稀有病症,后又确定为引起老年人智力退化的疾病,发病概率随老年人年龄增大而增高,65 岁以上的患病比例为 10%,85 岁以上的为 45%。2000 年美国的阿尔茨海默病病例数达 450 万例,如果治疗方法不能取得进展,那么到 2050 年该病的病例数预计将上升至1320万例。阿尔茨海默病患者的治疗费用非常惊人,美国每年支出达 839 亿美元(按 1996 年的美元计算)。

7.1.2.1 症状体征

阿尔茨海默病属精神疾病,是一种原发性退行性脑变性疾病,多发病于老年期,潜隐起病,病程缓慢且不可逆,临床上以智能损害为主,常表现为失语和失用。

阿尔茨海默病通常起病隐匿,进行性病程,无缓解,由发病至死亡平均病程为8~10 年,但也有些患者病程可持续 15 年以上。该病的临床症状分为两方面,即认知功能减退症状和非认知性精神症状。认知功能障碍可参考痴呆部分,常伴有高级皮层功能受损,如失语、失认或失用。阿尔茨海默病根据疾病的发展和认知功能缺损的严重程度可分为轻度、中度和重度。

1. 轻度

近记忆障碍常为首发及最明显症状,如经常失落物品,忘记重要的约会及许诺的事,记不住新来同事的姓名,学习新事物困难,看书读报后不能回忆其中的内容。常有时间定向障碍,患者记不清具体的年月日。计算能力减退,很难完成简单的计算,如 100 减 7 再减 7 的连续运算。思维迟缓,思考问题困难,特别是对新的事物表现出茫然不解。早期患者对自己记忆问题有一定的自知力,并力求弥补和掩饰,如经常作记录,避免因记忆缺陷对工作和生活带来不良影响,尚能完成已熟悉的日常事务。人格改变往往出现在疾病的早期,患者变得缺乏主动性,活动减少,孤独,自私,对周围环境的兴趣减少,对周围人较为冷淡,甚至对亲人漠不关心,情绪不稳,易激惹,对新的环境难以适应。患者的个人生活基本能自理。

2. 中度

到此阶段患者不能独立生活,表现为日益严重的记忆障碍,用过的物品随手即忘,日常用品丢三落四,刚发生的事情也遗忘,忘记自己的家庭住址及亲友的姓名,但尚能记住自己的名字。有时因记忆减退而出现错构或虚构。远记忆力也受损,不能回忆自己的工作经历,甚至不知道自己的出生年月。除有时间定向障碍外,地点定向也出现障碍,容易迷路走失,甚至不能分辨地点,如学校或医院。语言功能障碍明显,讲话无序,内容空洞,不能列出同类物品的名称,继而表现为不能命名,在检测中对少见物品的命名能力丧失,随后对常见物品的命名也变得困难。失认表现为以面容不能认识最常见,不认识自己的亲人和朋友,甚至不认识镜子中自己的影像。失用表现为不能正确地以手势表达,无法做出连续的动作,如刷牙。患者已不能工作,难以完成家务劳动,甚至洗漱、穿衣等基础的生活自理也需家人督促或帮助。患者的精神和行为比较突出,情绪波动不稳,或因找不到自己放置的物品而怀疑被他人偷窃,或因强烈的妒忌心而怀疑配偶不忠并伴有片断的幻觉。有睡眠障碍,部分患者白天思睡、夜间不宁;行为紊乱,常捡拾破烂、藏污纳垢,乱拿他人之物;还会表现为本能活动亢进,当众裸体,有时出现攻击行为。

3. 重度

患者的记忆力、思维及其他认知功能皆受损,忘记自己的姓名和年龄,不认识亲人。语言表达能力进一步退化为只有自发言语,内容单调或反复发出不可理解的声音,最终丧失语言功能。活动逐渐减少,并逐渐丧失行走能力,甚至不能站立,最终只能终日卧床,大、小便失禁,晚期患者可原始反射等。最为明显的神经系统体征是肌张力增高,肌体屈曲。病程呈进行性,一般经历 8~10 年,罕见自发缓解或自愈,最后发展为严重痴呆,常因褥疮、骨折、肺炎、营养不良等继发躯体疾病或衰竭而死亡。

7.1.2.2 疾病病因

阿尔茨海默病的病理改变主要为皮质弥漫性萎缩,沟回增宽,脑室扩大,神经元大量减少,并可见老年斑(senile plaque,SP)、神经原纤维缠结(neuro-fibrillary tangles,NFT)等病变,胆碱乙酰化酶及乙酰胆碱含量显著减少。发病在 65 岁以前者旧称老年前期痴呆或早老性痴呆,多有家族病史,病情发展较快,颞叶及顶叶病变较显著,常伴有失语和失用。

7.1.2.3　病理生理

1. 阿尔茨海默病的神经病理

患者脑重减轻,可有脑萎缩、脑沟回增宽和脑室扩充。SP 和 NFT 大量出现于大脑皮层中,是诊断阿尔茨海默病的两个主要依据。患者大脑皮质、海马、某些皮层下核团如杏仁核、前脑基底神经核和丘脑中有大量的 SP 形成,SP 的中心是 β-淀粉样蛋白前体的一个片断。正常老年人脑内也可出现 SP,但数量比阿尔茨海默病患者明显要少。患者大脑皮质、海马及皮层下神经元存在大量 NFT,NFT 由双股螺旋丝构成,主要成分是高度磷酸化的 tau 蛋白。

2. 阿尔茨海默病的细胞学和组织化学、神经化学病理

科学家发现患者的脑细胞皱缩和死亡先发生在记忆和语言中枢,最终蔓延至全脑。这种广泛的神经元退化使脑的信息网出现孔隙,干扰细胞通信。显微镜下可见脑异常蛋白质形成的脑部 SP 和 NFT。NFT 是在神经元中发现的长的丝状卷须,SP 是在邻近脑组织中的神经元外形成的丝状纤维块。

阿尔茨海默病患者脑部乙酰胆碱明显缺乏,乙酰胆碱酯酶和胆碱乙酰转移酶活性降低,特别是海马和颞叶皮质部位更明显。此外,阿尔茨海默病患者脑中还有其他神经递质减少,包括去甲肾上腺素、5-羟色胺、谷氨酸等。

3. 阿尔茨海默病的生物化学和分子遗传学病理

1980 年,科学家在 SP 中发现 β-淀粉样蛋白,它可能对神经元有毒。最近又发现 tau 蛋白与 NFT 有关,正常时 tau 蛋白为神经元提供结构支持。患者的神经递质如乙酰胆碱的水平降低,干扰通信。

现已发现阿尔茨海默病的发病与遗传因素有关。有痴呆家族史者,其患病率为普通人群的 3 倍。近年发现三种早发型家族性常染色体显著性遗传(FAD)的阿尔茨海默病致病基因分别位于 21 号染色体、14 号染色体和 1 号染色体上,包括 21 号染色体上的淀粉样前体蛋白(APP)基因、14 号染色体上的早老素-1 基因及 1 号染色体上的早老素-2 基因。但此类 FAD 型患者只占所有阿尔茨海默病患者的 2% 左右。此外,载脂蛋白 E(ApoE)基因是老年性阿尔茨海默病的重要危险基因。ApoE 基因位于 19 号染色体上,在人群中有三种常见亚型,即 ε2、ε3 和 ε4,以 ε3 最普遍,ε4 次之,而 ε2 则最少。有 ApoE ε4 等位基因者,患阿尔茨海默病的风险增加,并可使发病年龄提前。但并非所有携带 ApoE ε4 等位基因的人都会患上阿尔茨海默病,也有许多患者没有 ε4 等位基因。国内也有多个报道证实 ApoE ε4 是晚发性阿尔茨海默病的危险因素之一。

4. 环境化学研究

根据观察和生活经验,有人认为环境中的高铝可能会引起阿尔茨海默病,但经过深入调查研究后获得的结果是否定的。人们还对病毒因子和食源性毒素进行过深入研究,但仍然没有获得结论性结果。

7.1.2.4　诊断治疗及药物研究

1. 诊断检查

阿尔茨海默病患者的脑电图变化无特异性。CT、MRI 检查显示皮质性脑萎缩和脑室扩大,伴脑沟裂增宽。由于很多正常老人及其他疾病同样可出现脑萎缩,且部分阿尔茨海默病患者并没有明显的脑萎缩,所以不可只凭脑萎缩诊断患病。单光子发射型计算机断层显像和正电子发射断层成像显示患者的顶颞叶联络皮质有明显的代谢紊乱,额叶也可能有此现象。目前,阿尔茨海默病病因不明,诊断首先主要根据临床表现作出痴呆诊断,然后对病史与病程的特点、体格检查、脊神经系统检查、心理测查与辅助检查的资料进行综合分析,排除其他原因引起的痴呆,才能诊断为阿尔茨海默病。在我国,心理测查包括一些国际性的测试工具,如阿尔茨海默病评定量表。在鉴别诊断方面,应注意与血管性、维生素 B 缺乏、恶性贫血、神经梅毒、正常压力脑积水、脑肿瘤及其他脑原发性病变(如匹克病、帕金森病)所引起的痴呆相区别。此外,还要注意与抑郁症导致的假性痴呆及谵妄区别开来。

2. 治疗方案

阿尔茨海默病的治疗包括药物治疗与非药物治疗。认知功能障碍的药物治疗较多,但临床疗效均不确切。阿尔茨海默病患者大脑的胆碱乙酰转移酶和乙酰胆碱酯酶活性比常人低,有证据显示这类神经生化改变与患者的记忆损害有关,所以乙酰胆碱酯酶抑制剂可改善患者的记忆障碍。此类药物如多那培佐副作用较小,且无明显肝功能异常,对约 1/3 的阿尔茨海默病患者治疗有效,可恢复部分认知功能,但不能痊愈。乙酰胆碱酯酶抑制剂石杉碱甲也能改善患者的记忆力,副作用较小。

目前,由于阿尔茨海默病的确切病因尚未得到充分阐明,治疗方法主要是通过药物作用于不同的神经递质系统,增强中枢神经系统的高级活动,减轻疾病过程中出现的各种症状,延缓痴呆的进一步发展。临床上常用的治疗策略有:①增加脑内乙酰胆碱浓度;②促进脑内胆碱能神经元的存活或提高其神经传导功能;③减少 β-淀粉样蛋白的产生或促进其降解。

1) 胆碱能药物

基于"胆碱脑功能低下"的假说,目前认为老年性痴呆患者大脑内神经递质乙酰胆碱的缺失是导致阿尔茨海默病的关键原因。乙酰胆碱酯酶过多,会催化乙酰胆碱的裂解反应,导致乙酰胆碱缺失,神经信号传递失效。临床治疗阿尔茨海默病的药物主要通过抑制乙酰胆碱酯酶来提高患者体内乙酰胆碱的含量,改善临床症状。一般采用的方法有:①增加乙酰胆碱合成和释放;②抑制乙酰胆碱降解;③使用乙酰胆碱受体激动剂。目前临床使用的治疗药物多为乙酰胆碱酯酶抑制剂(如他克林、多奈哌齐、利斯的明、加兰他敏、石杉碱甲、美金刚等)。

2) 抗氧化剂

抗氧化剂包括司来吉兰、维生素 E、褪黑素、银杏提取物等。

3) 免疫治疗

免疫治疗可分为主动免疫治疗和被动免疫治疗,通过延缓和清除脑组织中 β-淀粉样蛋白的集聚改善临床症状。其他治疗包括雌激素替代治疗、脑细胞代谢激活剂治疗,以及采取可能途径防止 tau 蛋白过度磷酸化等。

NFT 的含量与阿尔茨海默病患者的痴呆严重程度密切相关,而 tau 蛋白异常磷酸化是 NFT 产生的主要原因,抑制 tau 蛋白过度磷酸化可防止病症的进一步恶化。tau 蛋白过度磷酸化与蛋白磷酸酶(PP2A)的减少有关,可通过提高其活性实现治疗作用。细胞周期蛋白依赖性蛋白激酶-5(cyclin-dependent kinase 5,CDK5)也是一种 tau 蛋白磷酸化激酶,其抑制剂钙激活中性蛋白酶有可能作为治疗阿尔茨海默病的候选药物。

此外,目前人们还在研究使用金丝桃素治疗阿尔茨海默病的方法。

7.2 显微镜下的生物世界

细菌的直径一般是 $0.5\sim2~\mu m$,典型的动物细胞的直径是 $10\sim20~\mu m$,典型的植物细胞的直径一般是 $40\sim100~\mu m$,线粒体的直径一般是 $0.5\sim5~\mu m$,DNA 分子的直径是 2 nm,而人的裸视分辨率只有 0.1 mm,因此,人无法裸眼观察到微生物和生物的微细结构,这就必须借助各种显微镜。

7.2.1 光学显微镜及其应用

光学显微镜是以可见光为照明光源的一种显微镜。1665 年,英国学者虎克(Robert Hooke)设计制造了首架光学显微镜,其放大倍数为 $40\sim140$ 倍。虎克以此首次观察到植物细胞并对其进行了描述,于同年发表了《显微图谱》一书。此后,荷兰学者列文虎克(A. V. Leeuwenhoek)设计出更先进的显微镜并以此观察及描述了动物细胞的细胞核的形态。直到今天,光学显微技术已从普通复式光学显微技术发展为荧光显微技术、共焦点激光扫描显微镜技术、数字成像显微镜技术、暗视场显微镜技术、相差和微分干涉显微镜技术,以及录像增加反差显微镜技术,等等。光学显微技术已成为人类认识微观世界的必要工具,使人们认识了细胞。然而,理论计算表明,无论光学显微镜的质量怎样改善,其放大率最多达 1500 倍,成为人类认识更小物体如病毒、分子和原子的技术瓶颈。

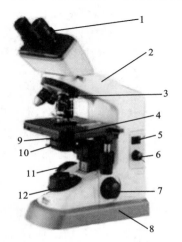

图 7-1　光学显微镜构造图

1—目镜;2—镜臂;3—物镜;4—载物台;
5—电源;6—亮度调节旋钮;7—细调节器;
8—镜座;9—聚光器;10—光圈;
11—粗调节器;12—反光镜

1. 光学显微镜的构造

普通光学显微镜的构造主要包括机械部分、照明部分和光学部分(图7-1)。

1) 机械部分

镜座:显微镜的底座,用于支持整个镜体。

镜柱:镜座上面直立的部分,用于连接镜座和镜臂。

镜臂:一端连于镜柱,一端连于镜筒,是取放显微镜时手握的部位。

镜筒:连在镜臂的前上方,镜筒上端装有目镜,下端装有物镜转换器。

物镜转换器(旋转器):接于棱镜壳的下方,可自由转动,盘上有 $3\sim4$ 个圆孔,是安装物镜的部位。转动转换器可以调换不同倍数的物镜,在听到碰叩声后方可进行观察,此时物镜光轴恰好对准通光孔中心,光路接通。转换物镜后不允许再使用粗调节器,只能用细调节器使成像清晰。

镜台(载物台):在镜筒下方,形状有方、圆两种,用于放置玻片标本,中央有一通光孔。通常显微镜的镜台上装有玻片标本推进器,推进器左侧有弹簧夹,用于夹持玻片标本,镜台下有推进器调节轮,可使玻片标本做左右、前后方向的移动。

调节器:装在镜柱上的大、小两种螺旋,调节时使镜台做上下方向的移动,分为粗调节器和细调节器两种。

粗调节器(粗准焦螺旋):移动时可使镜台做快速和较大幅度的升降,所以能迅速调节物镜和标本之间的距离,使物像呈现于视野中,通常在使用低倍镜时先用粗调节器迅速找到物像。

细调节器(细准焦螺旋):移动时可使镜台缓慢地升降,多在高倍镜时使用,从而得到更清晰的物像,并借以观察标本的不同层次和不同深度的结构。

2) 照明部分

照明部分位于镜台下方,包括反光镜和聚光器。

反光镜:装在镜座上面,可向任意方向转动,有平、凹两面,其作用是将光源光线反射到聚光器上,再经通光孔照明标本。凹面镜聚光作用强,适用于光线较弱时;平面镜聚光作用弱,适用于光线较强时。

聚光器:位于镜台下方的聚光器架上,由聚光镜和光圈组成,其作用是把光线集中到所要观察的标本上。

聚光镜:由一片或数片透镜组成,起汇聚光线的作用,加强对标本的照明,并使光线射入物镜内。镜柱旁有一调节螺旋,转动可升降聚光器,以调节视野中光亮度的强弱。

光圈:位于聚光镜下方,由十几张金属薄片组成,其外侧伸出一柄,推动可调节其开孔的大小以调节光量。

3) 光学部分

目镜:装在镜筒的上端,通常备有 2~3 个目镜,上面刻有 5×、10× 或 15× 字样,表示其放大倍数。

物镜:装在镜筒下端的旋转器上,一般有 3~4 个物镜,其中低倍镜最短,刻有 10× 字样;高倍镜较长,刻有 40× 字样;油镜最长,刻有 100× 字样。此外,在高倍镜和油镜上还常加有一圈不同颜色的线,以示区别。

显微镜的放大倍数是物镜放大倍数与目镜放大倍数的乘积,如物镜为 10×,目镜为 10×,则其放大倍数为 100 倍。

光学显微镜的分辨率约为可见光波长的一半,最好的光学显微镜($0.4~\mu m$ 波长紫光源和 1.4 数字光圈)的分辨率也只能达到 $0.2~\mu m$。用荧光染料做标记,可以用荧光显微镜对组织或细胞进行定位和示踪。相差光学显微镜或相差/微分干涉显微镜和暗视场显微镜可以用于观察活细胞。

2. 光学显微镜的应用

染色可以帮助显微镜有选择地展示细胞内部的不同成分,分辨活细胞和死细胞及区分细胞核和细胞质。

图 7-2 是通过显微镜观察到的患瘙痒症的羊脑组织。死于瘙痒症的羊脑组织表现出海绵脑病特征,即两个神经元的细胞质中出现大的空斑(称为囊泡)。

图 7-3 是通过显微镜观察到的用绿色荧光蛋白标记的面包酵母($S.~cerevisiae$)。

图 7-4 是通过显微镜观察到的示踪载脂蛋白对神经细胞的影响(荧光标记神经元)。

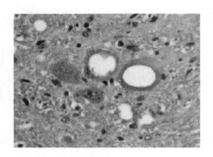

图 7-2 患瘙痒症的羊脑组织

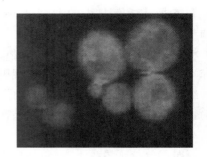

图 7-3 绿色荧光蛋白标记的面包酵母

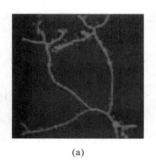

(a)

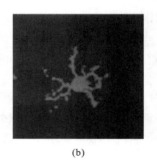

(b)

图 7-4 示踪载脂蛋白对神经细胞的影响

(a) ApoE ε2；(b) ApoE ε4

7.2.2 电子显微镜及其应用

电子显微镜(电镜)是以高压电子束为光源的一类显微镜,其分辨率可达0.1～0.5 nm。

1. 透射电镜

透射电镜(TEM)(图 7-5)是目前具有最高分辨率的电镜,大约是人眼的 10^5 倍,可以观察细胞内部结构。高分辨率电镜把直观图像的分辨率提高到 0.1 nm,用它甚至可以观察生物大分子的形状。

2. 扫描电镜

扫描电镜(SEM)(图 7-6)是用极细的电子束在样品表面扫描,用特制的探测器收集产生的二次电子形成电信号运送到显像管,在荧光屏上显示物体。扫描电镜可以给出生物材料的表面形态,还可将细胞和组织表面的立体构象摄制成照片。

图 7-7 是多核糖体的电镜照片。核糖体是细胞中合成蛋白质的机器,直径约25 nm。一个 mRNA 分子能同时结合多个核糖体,以提高翻译效率。

图 7-8 是用电镜观察到的正在复制的线粒体。

图 7-9 是 T4 噬菌体的扫描电镜照片。

3. 冷冻电镜

冷冻电子显微镜(Cryo-Electron Microscope,Cryo-EM),简称冷冻电镜,可用于确定生物大分子的三维结构。经过多年的发展,冷冻电镜技术取得了举世瞩目的成就,尤其是近年来软件、硬件的突破性进展使其实现了分辨率革命,成为目前结构生物学研究中最重要的方法之

图 7-5　透射电镜

图 7-6　扫描电镜

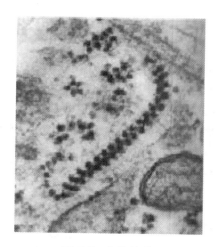

图 7-7　多核糖体

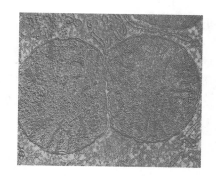

图 7-8　正在复制的线粒体

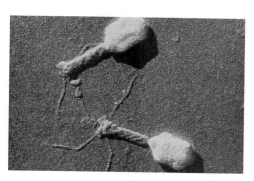

图 7-9　T4 噬菌体

一。

近年来,冷冻电镜技术在大分子结构特别是超分子系统结构的测定中取得了巨大的成就。该技术的突破引发了结构生物学的一场革命。2017年,诺贝尔化学奖授予了三位生物物理学家 Jacques Dubochet、Joachim Frank 和 Richard Henderson,以表彰他们对冷冻电镜技术发展的开拓性贡献。

冷冻电镜可以分为冷冻透射电镜、冷冻扫描电镜和冷冻蚀刻电镜三种类型。

1) 冷冻透射电镜

冷冻透射电镜(Cryo-TEM)一般是在普通透射电镜上加装样品冷冻装置,其原理是通过冷冻样品来降低由高速电子束造成的损伤,从而减小样品的形变,得到更加真实的样品形貌。它具有全自动、加速电压高、电子光学性能好、样品台稳定等优点。

2) 冷冻扫描电镜

冷冻扫描电镜(Cryo-SEM)一般是在普通扫描电镜上加装冷冻传输系统和冷冻样品台装置,是为了解决普通扫描电镜技术中样品含水问题而发展起来的一种技术。其原理是使水在低温状态下呈玻璃态,从而减少冰晶的产生,再将冷冻的样品通过传输系统送到冷冻样品台上进行观察。不需要对样品进行干燥处理,可以直接观察液体、半液体的样品,因而具有制样快、防止样品水分丢失、样品可重复使用等优点。

3) 冷冻蚀刻电镜

冷冻蚀刻(freeze-etching)电镜技术是一种将断裂和复型相结合的制备透射电镜样品的技术,亦称冷冻断裂(freeze-fracture)或冷冻复型(freeze-replica)。其原理是将样品快速冰冻后用冷刀劈开,在真空中将温度回升至-100 ℃,使断裂面的冰升华,从而暴露出断面结构,最终得到可以观察的复膜。其优点在于快速冷冻使微细结构接近于活体状态;冷冻断裂蚀刻暴露出不同劈裂面的微细结构;经铂、碳喷镀而制备的复型膜具有很强的立体感,能耐受电子束轰击和长期保存。但同时也存在冷冻造成样品人为损伤,断裂面多产生在样品结构最脆弱的部位,无法定向选择等缺点。

7.3　细胞、组织或器官的分离和培养

从生物体取下的细胞、组织或器官在人工培养下能保持存活或进行增殖,研究者可以直接用这类材料进行各种细胞水平的生理生化研究。

7.3.1　无菌技术

无菌技术是防止一切微生物侵入人体及防止无菌区域和无菌物品被污染的操作技术。细胞、组织或器官的分离和培养是一个无菌过程,需要超净台并按无菌操作规范进行。

7.3.2　生长控制技术

生长控制技术是利用对生物生长规律的认识在人工条件下控制生物生长的技术。如利用人工气候室实现对植物的人工调控,在二氧化碳培养箱中培养动物细胞,等等。

7.3.3　细胞分类技术

为了获得一致的细胞,需要对组织细胞分类。最精细的细胞分类技术是电子荧光激活细胞分类,又称为流式细胞术(flow cytometry,FCM)。最好的流式细胞分类仪的分辨率可达1/1000,分选速度是 5000 个/s。

7.3.4　细胞或组织培养技术

细胞或组织培养技术是在无菌条件下将活器官、组织或细胞置于培养基内,并在适宜环境中进行连续培养得到新的细胞、组织或个体的一种技术,现已被广泛应用于农业、生物和医药的研究。目前,人类已实现对动、植物的细胞、组织和器官的培养技术。

组织培养技术是基于对细胞全能性的认识而发展起来的。细胞全能性是指细胞含有发育为独立个体所需的全部基因和因子。细胞核全能性是指细胞核含有发育为独立个体所需的全部基因。受精卵、幼胚细胞和许多植物及低等动物的体细胞都具有细胞全能性,通过组织培养技术都可以获得相应的个体。脊椎动物的体细胞只具有细胞核全能性,通过提供细胞质因子和组织培养技术也可以获得相应个体。

7.4　试管里的生命过程

有机体就是一个活的反应器,分子水平的变化即生物化学反应是一切变化的基础。即使在科学发达的今天,人们也不可能直接研究某一时刻发生在生物体内某一部位的某一反应。研究人员必须将研究对象与所处的生物体其他部分分隔开来,再逐一分析研究。这种研究称为体外(in vitro)研究或试管研究。在一定意义上,可以说生命是在试管中被认识的。

7.4.1　无细胞体系

无细胞体系或无细胞提取液保留了细胞的非结构部分,因此含有完成细胞生化反应所需的各种因子,尤其是催化剂。许多重要的反应机制都是通过无细胞体系认识并研究的。例如,以酵母的无细胞提取液研究糖代谢,以菠菜叶分离出的叶绿体研究光合作用,以肌肉无细胞体系研究能量代谢,以卵无细胞体系研究蛋白质合成,以肝无细胞体系破译遗传密码,等等。

图 7-10 是获得无细胞体系的一种途径。

7.4.2　分离纯化技术

生物分离与纯化技术包括生物制品的预处理、固液分离、萃取、固相析出分离、吸附分离、离子交换分离、色谱分离、膜分离、液膜分离、浓缩及成品干燥等技术。超速离心机转速可达80000 r/min,产生 50 万倍的重力场,将生物样品如肌肉组织的无细胞提取液置于其中超速旋转时,巨大的离心力会使液体里的生物大分子按分子大小和结构的紧密程度相互分开。超速离心和电泳、色谱、分子筛等分离技术还用于分离纯化蛋白质、核酸和其他生物分子。用纯化的生物分子可以设计人工生物化学反应体系。

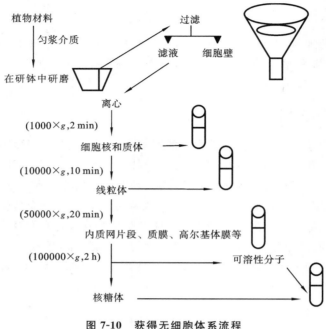

图 7-10　获得无细胞体系流程

7.4.3　酶和生物化学反应

酶是生物催化剂,是催化特定化学反应的蛋白质、RNA 或二者的复合体。酶能通过降低反应活化能以加快反应速度,但不会改变反应的平衡点,可以脱离细胞独立工作。绝大多数酶的化学本质是蛋白质,具有催化效率高、专一性强、作用条件温和等特点。酶的催化能力可以被改变,能够改变酶活性的因素或物质有抑制剂、激活剂、介质的酸碱性、温度和激素等。巧妙地利用这些因素改变酶的催化能力,有助于从分子水平了解生命过程是如何发生和进行的。

7.4.4　基因工程技术

基因工程技术是指利用载体系统体外重组 DNA 及使重组 DNA 进入有机体的技术,涉及可操作的 DNA(目的基因、外源基因)、载体(质粒、病毒、人工染色体等和其他基因)、重组 DNA 的受体(细胞)及工具酶(限制性内切酶、连接酶)等。

基因工程的基本操作程序包括:①目的基因的获取;②目的基因与载体 DNA 体外重组;③重组 DNA 分子导入受体细胞;④筛选并鉴定无性繁殖含重组分子的受体细胞(转化子);⑤外源基因的表达及检测。

7.4.5　试管反应揭示出的生命之谜

科学家通过无细胞体系的试管反应揭示包括 PCR 技术、血红蛋白运输氧气的机制、细胞呼吸、遗传密码的破译、蛋白质和核酸序列测定技术、基因序列分析技术及试管婴儿的诞生等生命奥秘。

1. 在试管中完成的基因工程

在试管中完成基因工程研究的一般流程如图 7-11 所示。

2. 在试管中合成 DNA

聚合酶链式反应(polymerase chain reaction,PCR)是体外酶促合成特异 DNA 片段的一种方法,由高温变性、低温退火及适温延伸组成一个周期,循环进行,使目的 DNA 得以迅速扩增,具有特异性强、灵敏度高、操作简便、省时等特点。它不仅可用于基因分离、克隆和核酸序列分析等基础研究,还可用于疾病的诊断或其他需要研究 DNA、RNA 的地方。

聚合酶链式反应又称为无细胞分子克隆或特异性 DNA 序列体外引物定向酶促扩增技术,由美国珀金埃尔默公司遗传部的穆里斯(Kary Mullis)发明。由于 PCR 技术在理论和应用上的跨时代意义,穆里斯获得了 1993 年诺贝尔化学奖。

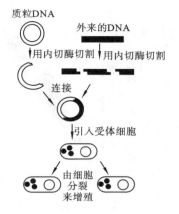

图 7-11　基因工程的一般流程

3. 在试管中研究血红蛋白如何运输氧气

血红蛋白与氧结合的过程首先是一个氧分子与血红蛋白四个亚基中的一个结合,与氧结合之后整个血红蛋白结构发生变化,这种变化使得第二个氧分子比第一个氧分子更容易与血红蛋白的另一个亚基结合,而它的结合又会促进第三个氧分子的结合,以此类推直到构成血红蛋白的四个亚基分别与四个氧分子结合。组织内释放氧的过程也是这样,一个氧分子的离去会加速另一个氧分子的离去,直到完全释放所有的氧分子,这种现象称为协同效应。

由于存在协同效应,血红蛋白与氧的结合曲线呈"S"形(图 7-12)。在特定范围内,随着环境中氧含量的变化,血红蛋白与氧分子的结合率有一个剧烈变化的过程。生物体内肺组织中的氧浓度和其他组织中的氧浓度恰好位于这一突变的两侧,因此血红蛋白在肺组织中充分地与氧结合,而在体内其他组织中则充分地释放所携带的氧分子。当环境中的氧含量很高或者很低时,血红蛋白的氧结合曲线变得非常平缓,氧浓度巨大的波动也很难使血红蛋白与氧的结合率发生显著变化。因此,健康人即使呼吸纯氧其血液运载氧的能力也不会有显著提高,从这个角度讲,健康人吸氧所产生的心理暗示要远远大于其生理作用。

4. 在试管中研究基因突变

正常人的血红蛋白和镰刀形红细胞贫血症患者的血红蛋白在组成上只有一个氨基酸的差异,即 β 链上第 6 位的谷氨酸被缬氨酸所代替。正常红细胞和镰刀形红细胞如图 7-13 所示。

5. 在试管中完成遗传密码的破译

1961 年,德国生化学家马特伊(J. Matthaei)与美国生化学家尼伦伯格(M. W. Nirenberg)在无细胞体系环境下,把一个只由尿嘧啶(U)组成的 RNA 转译成一个只有苯丙氨酸(Phe)的多肽,由此破解了首个密码子(UUU→Phe)。随后,在美国威斯康星大学酶研究所工作的美籍生化学家霍拉纳(H. G. Khorana)破解了其他密码子,接着美国生化学家霍利(R. W. Holley)发现了负责转录过程的 tRNA。1968 年,霍拉纳、霍利和尼伦伯格分享了诺贝尔生理学或医学奖。编码 20 种氨基酸的密码子如表 7-1 所示。

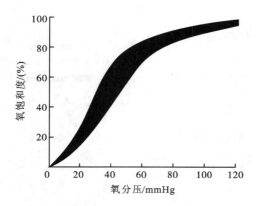

图 7-12　血红蛋白与氧的结合曲线图

注:1 mmHg=133.32 Pa

图 7-13　正常红细胞(下)
和镰刀形红细胞(上)

表 7-1　20 种氨基酸的密码子

第 一 碱 基	第 二 碱 基				第 三 碱 基
	U	C	A	G	
U	苯丙氨酸	丝氨酸	酪氨酸	半胱氨酸	U
	苯丙氨酸	丝氨酸	酪氨酸	半胱氨酸	C
	亮氨酸	丝氨酸	(终止)	(终止)	A
	亮氨酸	丝氨酸	(终止)	色氨酸	G
C	亮氨酸	脯氨酸	组氨酸	精氨酸	U
	亮氨酸	脯氨酸	组氨酸	精氨酸	C
	亮氨酸	脯氨酸	谷氨酰胺	精氨酸	A
	亮氨酸	脯氨酸	谷氨酰胺	精氨酸	G
A	异亮氨酸	苏氨酸	天冬酰胺	丝氨酸	U
	异亮氨酸	苏氨酸	天冬酰胺	丝氨酸	C
	异亮氨酸	苏氨酸	赖氨酸	精氨酸	A
	甲硫氨酸(起始)	苏氨酸	赖氨酸	精氨酸	G
G	缬氨酸	丙氨酸	天冬氨酸	甘氨酸	U
	缬氨酸	丙氨酸	天冬氨酸	甘氨酸	C
	缬氨酸	丙氨酸	谷氨酸	甘氨酸	A
	缬氨酸	丙氨酸	谷氨酸	甘氨酸	G

6. 在试管中揭示细胞呼吸产能的全过程

细胞呼吸产能的全过程如图 7-14 所示。

7. 试管婴儿的诞生

1978 年,英国胚胎学家罗伯特·爱德华兹与妇产科学家帕特里克·斯特普托经过 20 年的上百次试验,通过"体外受精和胚胎移植"(in vitro fertilization and embryo transfer,IVF-

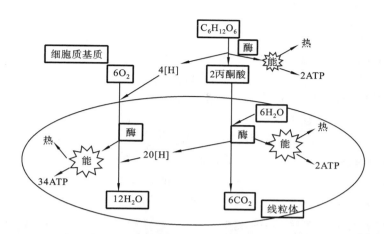

图 7-14　细胞呼吸产能的全过程示意图

ET),培育出了世界上第一个试管婴儿路易斯·布朗。并且,罗伯特·爱德华兹由于在体外受精技术领域作出的开创性贡献,于 2010 年 10 月 4 日获得诺贝尔生理学或医学奖。

试管婴儿技术在其发展过程中接纳了很多的新技术,首先是腹腔镜技术解决了不经腹腔进行女性卵巢取卵的瓶颈问题,随后,胚胎冷冻技术解决了精子、卵子及受精卵储备的问题,体外显微受精技术解决了受精困难的问题,胚胎植入前遗传学诊断技术增加了试管婴儿技术的安全性。自从第一个试管婴儿出生至今,全球试管婴儿已超过 300 万。据统计,试管婴儿在欧洲的一些发达国家已占 4%。美国也是试管婴儿发展最快的国家之一,有 500 多家试管婴儿中心,每年为几十万患者提供服务,试管婴儿占 1%。亚洲的日本、韩国、新加坡、中国等也处在世界前列。

试管婴儿对许多科学技术的诞生起到了促生作用,其中,1996 年英国科学家维尔穆特通过体细胞克隆,制造出动物明星多莉羊,1998 年美国威斯康星大学的詹姆斯·汤姆森研究小组成功获得在体外培养的条件下永生化和全能性的人体胚胎干细胞,这两项重大生物技术的突破都与试管婴儿技术有关。

7.5　在体研究技术

7.5.1　活体成像技术

1. 正电子发射断层成像技术

正电子发射断层成像(positron emission tomography,PET)是以解剖形态的方式在活体上进行功能、代谢和受体的显像,从分子水平揭示人体疾病的早期改变,是早期诊断癌症最好的手段之一。PET 显像是继 CT、核磁共振之后应用于临床的最先进的核医学显像技术。PET 不但可以发现肿瘤的原发灶,还可以发现转移灶,并能对肿瘤进行准确分期。对于肿瘤治疗(手术、放疗和化疗)后是否复发,PET 也能做出准确判断。目前,PET 已广泛用于肺癌、乳腺癌、淋巴瘤、胃癌、食道癌、骨肿瘤及其他软组织肿瘤等的诊断上。人体的 PET 影像如图

7-15 所示。

2. 核磁共振技术

原子核有自旋运动,在恒定磁场中自旋原子核将绕外加磁场做回旋转动,这一现象称为进动(precession)。进动有一定频率,它与所加磁场的强度成正比。如果在此基础上再加上一个固定频率的电磁波,并调节外加磁场的强度使进动频率与电磁波频率相同,则此时原子核进动与电磁波产生共振,称为核磁共振(nuclear magnetic resonance,NMR)。核磁共振时,原子核吸收电磁波的能量所记录下的吸收曲线称为核磁共振谱。由于不同分子中原子核的化学环境不同,将会有不同的共振频率,产生不同的共振谱。记录这种波谱即可判断该原子在分子中所处的位置及相对数目,用于定量分析和相对分子质量的测定,对有机化合物进行结构分析。核磁共振技术获得了 2003 年诺贝尔生理学或医学奖。人脑的核磁共振影像如图 7-16 所示。

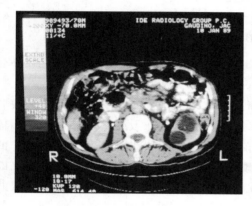

图 7-15　人体的 PET 影像

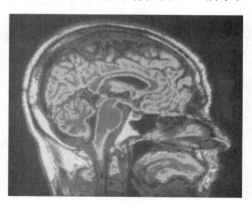

图 7-16　人脑的核磁共振影像

3. 红外热成像技术

红外热成像技术是现代影像学中的一门新兴技术。与 X 射线、B 超、CT、核磁共振等显像技术的成像原理不同,它不主动发射任何射线,只是被动接收热源所发射出的红外线,经过处理后得到热源的影像。该技术的最大特点是不用接触待测物体,可用于研究大脑成像。

7.5.2　电生理技术

1791 年,伽伐尼(L. Galvani)发现,如果将蛙腿的肌肉放置于铁板上,再用铜钩钩住蛙的脊髓,当铜钩与铁板接触时青蛙的腿部肌肉会收缩。伽伐尼宣布他发现了动物电——神经系统的电性质。自此,电生理学迅速发展,并渗透到生理学、药学、医学等多个学科领域。

电生理技术(electrophysiological technique)是以多种形式的能量(电、声等)刺激生物体,测量、记录和分析生物体发生的电现象(生物电)和生物体电特性的技术,是电生理学研究的主要技术手段。电生理技术所使用的仪器包括电子刺激器、微电极、生物电放大器、示波器、记录仪、膜片钳等。

7.5.3　示踪技术

示踪技术是指利用标记物探测生理活性物质或药物等在活体中的代谢或者作用部位。常用的标记物有同位素、荧光试剂等。

7.6 模 拟 研 究

由于生命现象非常复杂,涉及因素极多,因此常用模拟的方法进行研究,以在简化的条件下获得对其规律或机制的认识。

7.6.1 生物模型

用人工方法使实验动物处于与人或其他生物相似的某种生理或病理状态称为生物模型,可用于人体病理、药理等的研究。如果使研究对象处在某种特殊环境中,产生某种生理或病理状态,则可进行环境因子研究。常用于生物模型的实验动物有小白鼠、大白鼠、金黄地鼠、豚鼠、猫、兔、狗、猴、蛙、斑马鱼等。

7.6.2 非生物模型

非生物模型包括各种物理和化学的模拟实验。例如,1953 年美国芝加哥大学研究生米勒(S. L. Miller)在实验室模拟 40 多亿年以前的自然条件。抽象模型为非生物模型中一类不需要实物的模型。抽象模型用符号、数字和图表等表示生物体或生物特征量,人们可以借助计算机进行各种运算和模拟,一方面可以检验模型,另一方面也可以进行预测。抽象模型已经成功运用于生态、解析 DNA 序列信息等。模拟和预测基因的表达及功能的学科称为虚拟基因组学,虚拟基因组学试图以计算机模型代替实验以得到与实验相同的结果。

7.7 实 验 设 计

实验设计是研究者在实验前根据研究目的拟订实验计划及方法策略,其主要内容是合理安排实验程序,并提出对实验数据进行统计分析的方法。实验设计的主要步骤可归纳为:①根据研究目的提出假设;②拟定验证假设的方法和程序;③选择适当的处理、分析实验数据的统计方法,如生物统计学中的正交设计、响应面设计等。

在进行实验时要同时进行对照实验,因为要在同一环境下得出两种或多种实验结果以用于定性和定量的对比分析。同一时间进行对照实验可测出实验对象在环境因素改变的情况下所引起的变化。例如,研究光和植物发育的关系时,要证明是红光引起花的发育就必须同时设计在红光、其他光和黑暗条件下的开花实验。实验要尽可能全面,并设置阳性对照和阴性对照。

习 题

1. 选择题(课堂完成,扫右边的二维码做题)
2. 名词解释

Alzheimer 病、冷冻电镜、扫描电镜、体外研究、生物模型。

3. 简答题

为什么说生命科学是实验性科学?

第8章 生命科学的体系

生命科学的研究对象是形形色色的生物体及其复杂的生命活动规律。生命科学的研究范围很广，从最简单的病毒到结构复杂的蓝鲸和人类。与生物的多样性一样，生命科学的分支学科也是多种多样的。

8.1 生命科学的分支

8.1.1 根据研究对象的不同分类

1. 动物学

动物学是揭示动物生存和发展规律的生物学分支学科。它研究动物的种类组成、形态结构、生活习性、繁殖、发育、遗传、分布和系统进化及其他与动物有关的生命活动的特征和规律。动物学又可以分为动物生理学、动物遗传学、昆虫学等。

2. 植物学

植物学是一门研究植物形态解剖、生长发育、生理生态、系统进化、分类及与人类的关系的综合性科学，是生物学的分支学科。植物学又可以分为植物生理学、植物遗传学、孢子植物学等。

3. 微生物学

微生物学是一门在细胞、分子或群体水平上研究各类微生物（包括原核类的细菌、放线菌、立克次氏体、支原体、衣原体、蓝细菌、古细菌，真核类的真菌、原生动物、显微藻类以及非细胞类的病毒和亚病毒）的形态构造、生理代谢、生物化学、遗传变异、生态分布和进化分类等生命活动基本规律及其应用（工业发酵、医药卫生、生物工程和环境保护等实践领域）的学科。微生物学又可以分为细菌学、真菌学、微生物生理学、微生物遗传学等。

4. 病毒学

病毒学是以病毒作为研究对象，通过病毒学与分子生物学之间的相互渗透与融合而形成的一门新兴学科。具体来讲，病毒学在充分了解病毒的一般形态和结构特征的基础上，研究病毒基因组的结构与功能，探寻病毒基因组复制、基因表达及其调控机制，从而揭示病毒感染、致病的分子机理，为疫苗和抗病毒药物的研制及病毒病的诊断、预防和治疗提供理论基础及依据。

5. 人类学

人类学是从生物和文化的角度对人类进行全面研究的学科。人类学是以人作为直接研究对象,并以其为基础和综合理解为目的的学科。人类学是以综合研究人体和文化(生活状态),阐明人体和文化的关联为目的的。人类学又可分为研究人体形态、遗传、生理等的人体人类学(自然人类学),研究风俗、文化史、语言等的文化人类学,以及研究史前时期的人体和文化的史前人类学。

6. 藻类学

藻类学是研究藻类的学科。藻类是以水生植物为主的一个大类群,其个体大小从微型到小树状。藻类在生态学中有重要意义,某些藻类特别是浮游种类组成食物链中极为重要的部分,因此本学科对人类具有直接利害关系。

7. 昆虫学

昆虫学是以昆虫为研究对象的学科,其研究涵盖了整个生物学规律的范畴,包括昆虫的进化、生态学、行为学、形态学、生理学、生物化学和遗传学等方面。

8. 鱼类学

鱼类学是研究鱼类的分类、形态、生理、生态、系统发育和地理分布等的学科。关于鱼类的地理分布、洄游习性、年龄生长和食性、病害防治、人工孵化等方面的研究,对渔业生产的发展有重要意义。

9. 鸟类学

鸟类学是研究鸟类的学科,一般可分为两大类:一类是以学科为主的基础鸟类学,主要研究鸟类的形态、分类、解剖、生理、行为、鸟巢、发生、进化、生态、分布等;另一类是以应用专题为主的应用鸟类学,主要研究鸟类同人类经济活动的关系等。鸟类学是动物学的一个较大分支学科。

8.1.2　根据研究内容的不同分类

1. 分类学

"分"即鉴定、描述和命名,"类"即归类,按一定秩序排列类群,也是系统演化。分类学的定义有广义和狭义之分。广义分类学即系统学。狭义分类学特指生物分类学,是研究现存的和已灭绝的动植物分类的学科,即研究动物、植物的鉴定、命名和形态描述,把物种科学地划分到某种等级系统以反映其系统发育的情况。

2. 形态学

形态学是研究生物形态的学科。

3. 胚胎学

胚胎学是研究动物个体发育过程中形态结构的变化,阐述怎样从一个受精卵发育成胚胎,从而了解动物发育的特点和规律的学科。

4. 古生物学

古生物学是研究地史时期中的生物及其演化,阐明生物界的发展历史,确定地层层序和时代,推断古地理、古气候环境的演变等的学科。

5. 遗传学

遗传学是研究生物体遗传和变异的学科。

6. 生理学

生理学是研究生物功能活动的生物学学科,包括个体、器官、细胞和分子层次的生理活动的学科。生理学又可以分为实验生理学、分子生理学和系统生理学等。

7. 生态学

生态学是研究生物之间、生物与非生物环境之间相互关系的学科。

8. 生物化学

生物化学是用化学的原理和方法研究生命现象的学科,主要研究生物体的化学组成、代谢、营养、酶功能等。

9. 生物物理学

生物物理学是应用物理学的概念和方法研究生物各层次结构与功能的关系、生命活动的物理、化学过程和物质在生命活动过程中表现的物理特性的生物学分支学科。

10. 免疫学

免疫学是研究免疫系统结构与功能的学科。

11. 发育生物学

发育生物学是一门研究生物体精子和卵子发生、受精、发育、生长、衰老、死亡的学科。

12. 基因组学

基因组学是研究基因组的结构、功能及表达产物的学科。基因组的产物不仅是蛋白质,还有许多功能复杂的 RNA。基因组学包括三个不同的亚领域,即结构基因组学、功能基因组学和比较基因组学。

13. 蛋白质组学

蛋白质组学是阐明生物体基因组在细胞中表达的全部蛋白质的表达模式及功能模式的学科,研究内容包括鉴定蛋白质的表达、存在方式(修饰形式)、结构、功能和相互作用等。

8.1.3 从生物体结构水平来划分

1. 分子生物学

分子生物学是在分子水平上研究生命现象、物质基础的学科,研究内容包括遗传信息的传递,基因的结构、复制、转录、翻译、表达调控和表达产物的生理功能,以及细胞信号的传导等。

2. 分子遗传学

分子遗传学是在分子水平上研究生物遗传和变异机制的遗传学分支学科。经典遗传学的研究课题主要是基因在亲代和子代之间的传递问题,分子遗传学则主要研究基因的本质、基因的功能及基因的变化等问题。分子遗传学的早期研究都是以微生物为对象的,因而其形成和发展与微生物的遗传学和生物化学有着密切关系。

3. 量子生物学

量子生物学是运用量子力学的理论、概念和方法研究生命物质和生命过程的学科,又称为量子生物物理学。量子力学的创立和发展促使科学家用它来分析生物分子的电子结构,并将其结果与其生物学活性联系起来。

4．细胞生物学

细胞生物学是从整体、显微、亚显微和分子等各级水平上研究细胞结构、功能及生命活动规律的学科。

5．组织学

组织学是研究机体微细结构及其相关功能的学科。

6．器官生物学

器官生物学是研究机体各器官、系统结构和功能的学科。

7．个体生物学

个体生物学是研究生物个体的结构和功能的学科。

8．群体生物学

群体生物学是指把群体遗传学和种群生态学综合起来,从进化的观点来研究种群特性的学科。

与此同时,由于在生命科学的发展过程中不断引入了新的技术、方法和视角,产生了多个交叉学科,如系统生物学、生物信息学等。此外,随着人类活动范围的不断扩大,又相继发展出宇宙生物学、辐射生物学、深海生物学及保护生物学等。

8.2　与生命科学相关的技术

8.2.1　遗传工程

由于 DNA、全基因乃至基因组的人工合成,21 世纪遗传工程已经进入了人工设计与合成生物系统的基因结构、基因调控网络乃至基因组的时代。

8.2.2　细胞工程

细胞工程是指以细胞为对象,应用生命科学理论,借助工程学原理与技术,有目的地利用或改造生物遗传特性,以获得特定的细胞、组织产品或新型物种的一门综合性科学技术。细胞工程与基因工程代表着生物技术最新的发展前沿,伴随着试管植物、试管动物、转基因生物反应器等的相继问世,细胞工程在生命科学、农业、医药、食品、环境保护等领域发挥着越来越重要的作用。

8.2.3　酶工程

酶工程是将酶或微生物细胞、动植物细胞、细胞器等放在一定的生物反应装置中,利用酶所具有的生物催化功能,借助工程手段将相应的原料转化成有用的物质并应用于社会生活的一门科学技术。它包括酶制剂的制备、酶的固定化、酶的修饰与改造及酶反应器等内容。酶工程的应用主要集中于食品工业、轻工业及医药工业中。

8.2.4　发酵工程

发酵工程是指采用工程技术手段,利用生物(主要是微生物)和有活性的离体酶的某些功能，为人类生产有用的生物产品，或直接用微生物参与控制某些工业生产过程的一种技术。人们熟知的利用酵母菌发酵制造啤酒、果酒、工业酒精，利用乳酸菌发酵制造奶酪和酸牛奶，利用真菌大规模生产青霉素等都是这方面的例子。随着科学技术的进步，发酵工程也有了很大的发展，并且已经进入能够人为控制和改造微生物，使这些微生物为人类生产产品的现代发酵工程阶段。例如，用基因工程的方法有目的地改造原有的菌种并且提高其产量；利用微生物发酵生产人的胰岛素、干扰素和生长激素等药品。

8.2.5 组织工程

组织工程是综合应用工程学和生命科学的基本原理、基本理论、基本技术和基本方法，在体外预先构建一个有生物活性的种植体，然后将其植入体内，用于修复组织缺损，替代组织、器官的一部分或全部功能，或作为一种体外装置暂时替代器官的部分功能，以达到提高生活、生存质量，延长生命活动的目的。这一技术的核心是活的细胞、可供细胞进行生命活动的支架材料及细胞与支架材料的相互作用。

8.2.6 克隆技术

克隆技术通常是一种人工诱导的无性生殖方式或者自然的无性生殖方式（如植物）。一个克隆就是一个多细胞生物在遗传上与另外一个生物完全一样。克隆可以是自然克隆，例如由无性生殖或是由于偶然的原因产生两个遗传上完全一样的个体（如同卵双生）。但通常所说的克隆是指通过有意识的设计来产生完全一样的复制。克隆技术已经历了三个发展阶段：第一个阶段是微生物克隆，即用一个细菌很快复制出成千上万个和它一模一样的细菌而变成一个细菌群；第二个阶段是生物技术克隆，如用遗传基因克隆；第三个阶段是动物克隆，即由一个细胞克隆成一个动物，如克隆绵羊多莉就是由一只母羊的体细胞克隆而来的。

8.2.7 生物信息学

广义的生物信息学是指应用信息科学的方法和技术，研究生物体系和生物过程中信息的存储、信息的含义和信息的传递，研究和分析生物体细胞、组织、器官的生理、病理、药理过程中的各种生物信息，也可以说成是生命科学中的信息科学。狭义的生物信息学是指应用信息科学的理论、方法和技术管理、分析和利用生物分子数据的学科。

8.2.8 第二代测序

DNA 测序（DNA sequencing）作为一种重要的实验技术，在生物学研究中有着广泛的应用。1977 年，桑格发明的末端终止测序法既简便又快速，经不断改良，成为迄今为止 DNA 测序的主流。然而，随着科学的发展，传统的桑格测序不能完全满足对模式生物进行基因组重测序及对一些非模式生物的基因组测序研究的需要。费用更低、通量更高、速度更快的第二代测序（next-generation sequencing）技术应运而生。第二代测序技术的核心思想是合成测序（sequencing by synthesis），即通过捕捉新合成的末端的标记来确定 DNA 的序列，现有的技术平台主要包括 Roche/454 FLX、Illumina/Solexa Genome Analyzer 和 Applied Biosystems SOLID System。操作流程包括：①测序文库的构建（library construction）；②锚定桥接

（surface attachment and bridge amplification）；③ 预扩增（denaturation and complete amplification）；④单碱基延伸测序（single base extension and sequencing）；⑤数据分析（data analyzing）。

8.2.9　组学

分子生物学中，组学（omics）主要包括基因组学（genomics）、蛋白质组学（proteinomics）、代谢组学（metabolomics）、转录组学（transcriptomics）、脂类组学（lipidomics）、免疫组学（immunomics）、糖组学（glycomics）和 RNA 组学（RNomics）等。科学家发现单纯研究某一方向（基因组、蛋白质组、转录组等）无法解释全部生物医学问题，因此，倡导从整体的角度研究人类组织细胞结构、基因、蛋白及其分子间的相互作用，通过整体分析反映人体组织器官功能和代谢的状态，探索人类疾病的发病机制的新思路。

8.2.10　系统生物学

系统生物学是研究生物系统组成成分的构成与相互关系的结构、动态与发生，以系统论和实验、计算方法整合研究为特征的生物学。人类基因组计划的发起人和组学生物技术开创者之一的美国科学家莱诺伊·胡德认为，系统生物学的重新提出与人类基因组计划有着密切的关系。正是在基因组学、蛋白质组学等新型大科学发展的基础上，孕育了系统生物学的高通量生物技术和生物信息技术。

作为后基因组时代的新秀，系统生物学与基因组学、蛋白质组学等各种"组学"的不同之处在于，它是一种整合型大科学，其核心是把系统内不同性质的构成要素（基因、mRNA、蛋白质、生物小分子等）整合在一起进行研究。对于多细胞生物而言，系统生物学要实现从基因到细胞、到组织、到个体的各个层次的整合。系统生物学整合性还包括研究思路和方法的整合。把水平型研究和垂直型研究整合起来，成为一种"三维"的研究。需要典型的多学科交叉研究，它需要生命科学、信息科学、数学、计算机科学等各种学科的共同参与。信息是其基础，干涉是钥匙，系统生物学研究的并非一种静态的结构，而是要在人为控制的状态下，揭示出特定的生命系统在不同的条件下和不同的时间里具有什么样的动力学特征。

参考文献

[1] 张惟杰.生命科学导论[M].3 版.北京:高等教育出版社,2016.

[2] Neil A. Campbell,Jane B. Reece,Eric J. Simon.生物学导论[M].2 版.吴相钰,尚玉昌,安利国,等译.北京:高等教育出版社,2006.

[3] 赵寿元,乔守怡.现代遗传学[M].2 版.北京:高等教育出版社,2008.

[4] 沈萍,陈向东.微生物学[M].8 版.北京:高等教育出版社,2016.

[5] 周德庆.微生物学教程[M].4 版.北京:高等教育出版社,2020.

[6] 吴相钰,陈守良,葛明德.陈阅增普通生物学[M].4 版.北京:高等教育出版社,2014.

[7] 戈峰.现代生态学[M].2 版.北京:科学出版社,2008.

[8] 朱玉贤,李毅,郑晓峰,等.现代分子生物学[M].5 版.北京:高等教育出版社,2019.

[9] 黄文林.分子病毒学[M].3 版.北京:人民卫生出版社,2016.